本色做人的60个细节
出色做事的60个密码

本色，成功做人的大境界　出色，成功做事的真功夫

本色，无需刻意渲染与描摹，总会有闪光的一面；出色，无需提醒与监督，也能在平凡中做出不平凡的事。

王　峰◎编著

中国华侨出版社

图书在版编目（CIP）数据

本色做人的 60 个细节 出色做事的 60 个密码／王峰编著.

—北京：中国华侨出版社，2010.10

ISBN 978-7-5113-0726-2

Ⅰ．①本… Ⅱ．①王… Ⅲ．①个人 - 修养 - 通俗读物

Ⅳ．①B825-49

中国版本图书馆 CIP 数据核字（2010）第 184636 号

◎本色做人的 60 个细节 出色做事的 60 个密码

著　　者／王　峰

责任编辑／文　心

装帧设计／添翼图文设计室

经　　销／全国新华书店

开　　本／710×1000 毫米　1/16 开　印张 /21　字数 210 千字

印　　刷／北京蓝创印刷有限公司

版　　次／2011 年 1 月第 1 版　2011 年 1 月第 1 次印刷

印　　数／5000 册

书　　号／ISBN 978-7-5113-0726-2

定　　价／35.00 元

中国华侨出版社　北京市朝阳区静安里 26 号　邮编：100028

法律顾问：陈鹰律师事务所

编辑部：(010)64443056　64443979

发行部：(010)64443051　传真：(010)64439708

网址：www.oveaschin.com

e-mail:oveaschin@sina.com

前 言

在一次柏林国际电影节颁奖典礼上，各国女星都浓妆艳抹，袒胸露臂，就连一些保守的东方国家的女明星，也穿着大胆。但是，韩国"氧气美女"李英爱，却以一袭韩装和清纯的气质，成为此次国际电影节上最耀眼的明星，人们昵称为：世界需要的女人、天使女人、透明女人等。

李英爱之所以有如此的人气，其实是本色帮了她大忙。

人的确要学点处世的学问，但是，纵使你胸有城府、八面玲珑，也难把事事办的顺顺当当。因此，鲁迅曾感叹道："人世间真是难处的地方，说一个人不通世故，不是好话。但说他深通世故，也不是好话。世故不可不通，亦不可太通。"人际关系高手郑板桥也说过："处世总无穷竭时"，这足以说明，世事洞明，人情练达，实在是件不容易的事。

俗语说："老要张狂少要稳"，意指老年人要高调，年轻人要低调沉稳。的确如此，年轻人心气高、缺少历练、口无遮拦、直言无忌，难免到处碰壁。正所谓：要知天有多高地有多厚，还得三十岁以后。但是，一个人如果太过于算计、太过于精于处世，也不是一件好事，有句话叫："机关算尽太聪明，反误了卿卿性命。"一句话，能到极处反成愚，更容易吃亏。能修练到郑板桥的"难得糊涂"处世哲学的程度，更是难上加难的事。既然人心难测，处世无止境，不如本色做人，率真处世，不耍滑弄巧，不卖弄做作，活得自然坦然。

本色做人，还有如下诸多好处：第一，胸无机智，可免去勾心斗角可能导致的不测之祸；第二，不动心计，自然神怡体舒，活得坦然自在，此乃修身之福；第三，把心思花在学业上，一旦学有所长，便可受用终身。总之，以本色做人，无欺无诈，时间长了，会赢得别人的尊重。如果一个人能得人心之顺，就可以风波浪里自由自在的行舟了。

做人示以本色，做事一定要全力以赴，不可太过低调。本色做人与出色做事并不冲突、并不矛盾，而是相辅相成、相互补充。

做事出色的人善于创新，因循守旧不能创新的人很难成就大事；出色做事要善于把握机会、创造机遇，如果说创新是做事的门路，那么机遇就是做事的钥匙；富贵险中求、爱拼才会赢，敢于冒险，才会成功，风险与成功是等量的，风险大成大事，风险小做小事；出色做事要善于忍耐，时机不成熟时，不可浮躁轻进，要善于隐忍，等待最佳时机出现；做事出色的人一定是一个做事认真的人，只有认真对待自己的每件事，才能出色的做好每件事。

做人做事是百谈而不倦的话题，从古到今多少人在探讨如何做人与做事，但是本色做人、出色做事到任何时候都会是人们追求的做人做事标准。

目 录

第一章　诗书养气，自尊自贵

万事皆易满足，唯读书终身无尽。人何不以"不知足"一念加之书！

明·吴从先《小窗自纪》

第二章　养性修德，德行合一

读书即未成名，究竟人品高雅；修德不期获报，自然梦稳心安。

清·金缨《格言联璧》

第三章　低调做人，戒除张扬

待人要和中有介，处世要精中有果，认理要正中有通。

清·金缨《格言联璧》

第四章　内外兼修，修身自省

谦退是保身第一法，安详是处世第一法；涵容是待人第一法，洒脱是养心第一法。

清·金缨《格言联璧》

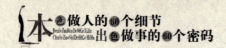

第五章　拿得起，放得下

处世有何定凭？但求此心过得去。立业无论大小，总要此身做得来。

清·王永彬《围炉夜话》

第六章　善于创新，做要事、成大事

一般说来，很多大事都是在创新中完成的，很多奇迹都是在创新中产生的。可以说没有创新，就不会有新发现、新成就。所以要善于创新、敢于创新，有了创新精神想不成大事都难！

第七章　善抓机遇，办实事、做好事

抓不住机遇就无法打开成功之门，机遇难得，没有机遇就该创造机遇，有了机遇就要稳稳地抓住，不要错过，因为下次机遇可能不会垂青于你！

第八章　敢想敢做，肯动脑、多行动

思路决定出路，机遇存在于想象力之中。一个擅长运用思维的人不仅善于牢牢抓住身边的机遇，而且习惯于创造机遇。物以稀为贵，新颖的思维同样能够创造出非凡的价值。

第九章　以柔克刚，以忍成事

以刚克刚，两败俱伤；以柔克刚，刚柔相济；柔与忍像水一样能随形就势，看似无形，实则有力；看似无为，实则有声。水能蕴化万物，也能包容万物。

第十章　认真做好每件事

无论做何等人，总不可有势利气。无论习何等业，总不可有浮心。

清·王永彬《围炉夜话》

做人篇

第一章
诗书养气，自尊自贵

万事皆易满足，唯读书终身无尽。

人何不以"不知足"一念加之书！

明·吴从先《小窗自纪》

1. 开卷有益，多读诗书

有人说：每一本书都是一扇窗户，打开以后能欣赏到更精彩的世界；每一次阅读都是一道门，进去以后改变的也许就是自己的一生。

也许是一张报纸，一本杂志，也许是一幅图片，一本小说，不管是文学还是历史，也不管是科技还是娱乐，只要你去阅读，就会给你带来意想不到的收获。

古人云：开卷有益。每一次阅读可能都会是一次新的远航，都会有很多新发现：那个问题原来是这样，事情还可以这么做，竟然还有这样的人……于是在忽悲忽喜、乍惊乍叹中遨游于古今中外。

阅读可以学习知识、增长见闻，这是不言而喻的。在知识的汪洋大海中驰骋，就如同为自己打开了一扇通往古今中外的大门，能知道很多以前不知道的东西，提升自己的学术素养。与孔孟谈儒学，跟司马迁论历史，跟李白杜甫说诗，同苏东坡辛弃疾讲词，与帝王们探讨治国之道，和改革家论社会利弊，还有绘画、歌舞、书法，以及生活常识，只要用心，都可以在阅读中找到答案。通过阅读，你可以知道四季变换的原因，日月星辰的秘密；你也能知道在大洋洲的某个国家有哪些特产，非洲一些原始部落有什么样的风土人情；你还能知道荷马史诗中的英雄和特洛伊战争中的木马。阅读能够让你在不经意中发现，一些苦苦困扰着你的问题突然会变得简单易解，一些让你棘手的难题便能迎刃而解。

阅读可以放松心情，减轻生活压力。在现代社会中，人们的生活压力越来越大，工作、人事、人情等事情都可能让人焦头烂额、疲于奔命。就在你迷茫无助、无所适从的时候，阅读能够让你心情平静，烦恼尽消。

隽永的语言、优美的散文、曲折的故事都可以让人沉浸其中，忘掉一切的不愉快和不开心。

阅读可以平和心态，让人做到胜不骄、败不馁。在志得意满、踌躇满怀的时候，阅读一些人生哲理，无异于当头棒喝，可以让狂热的头脑清醒；在盛气凌人、自以为是的时候看看名人传记，了解那些伟人如何处世，无疑是为自己敲响了警钟；在人生失意、自怨自艾的时候看看那些成功人士的奋斗历史，想想司马迁、孙膑、贝多芬如何在逆境中奋起，等于给自己重新点燃了希望的明灯。

阅读可以让人思维敏捷，拓宽想象力。很多时候，人都是在踏着别人的脚印向前走，不能说是亦步亦趋，可是却少有创新，只是走在别人走过的道路上。阅读能给人提供一个更加广阔的空间，让人放飞思想，遨游四海。情节曲折、悬念重生的侦探故事，可以培养人的逻辑推理能力；而满怀幻想、不着边际的科幻童话更能增加自身的想象力，让思维不再拘泥于原有的空间。

阅读可以提升人的境界，让人生更有情趣。腹有诗书气自华，饱读诗书者自有其内在的气质，让人不敢小视。多阅读的人，通古博今，谈吐之间洋洋洒洒，言语风趣进退自如；多阅读的人，学贯中西，天文地理均有涉猎，生活细节皆入腹中。多阅读的人不骄不躁，不亢不卑，进可指点江山，畅谈世事利弊，退可油盐酱醋，细说头痛脑热。闲暇无事间，找出一些自己喜欢的书开始阅读，人生自然显得更加充实。不张扬，不自卑，真真实实，清清楚楚，如此人生，岂不快哉！

阅读是一种休闲，可以提高写作能力和表达能力，并能够让人明白一些道理，可以拓宽我们的想象空间，让思维变得敏捷，还可以平和心态，提升自己的人生境界。阅读有如此多的好处，那么怎么阅读为好？是不是随便怎么阅读都可以呢？

阅读是有一定技巧的。

一般来说，阅读分为精读和泛读两种类型。通常，看一些书刊报纸新闻都是泛读，大概知道一下来龙去脉即可，有的甚至只需要了解有这么一回事就足够了，完全看个人兴趣，喜欢的就多了解一些，没兴趣的就少看一些。比如一些娱乐新闻、小道消息、炒作噱头，如果是出于好奇，浏览一下就成，不感兴趣的不看也罢，基本上没有多少仔细阅读的价值。而对于国家颁布的法令法规，对于与之关系密切的人，自然需要仔细研究，认真揣摩。

泛读，也就是浏览，不管是一目十行，还是蜻蜓点水，对于一些自己不感兴趣或者价值不大的刊物书籍，采用这种方式无疑是一种明智的选择。这样阅读的好处是速度快，能够在短期内收获大量的信息。对于日常生活而言，凡是出于了解或者消遣目的而阅读，都可以采用这种方式，其缺点是不能够深层次地了解文章的意思，看过之后往往也还是一知半解，有的甚至没有留下太多印象。

精读是一种有目的的阅读方式，也许是出于兴趣，也许是想寻找问题的答案，所以不但要逐字逐句研究，而且还要寻找相关资料，核实考证。这种阅读不像泛读，需要集中精力，仔细研究揣摩，以期尽可能多的了解文章内在的深层含义。精读能够让人在阅读中获得很专业的知识，对于文章内容也有其独到的见解，但是因为要反复揣摩，认真思考，所以阅读的速度相对来说就会显得比较慢。只有对某一方面或者某一阶段的知识感兴趣的人才有必要去精读。比如有的人喜欢历史，希望从中获得一些知识，蜻蜓点水的泛读肯定是不行的，而要采取认真阅读的方式，这样才可能在自己感兴趣的领域有所收获。

此外，多阅读也不是什么都看，对于一些不宜于身心健康的书还是不看为好，生活中有很多好书，历史、传记、科学、哲学、文学等都可以给生活添色，对于健康生活有百利而无一害，这才是阅读的主要方向。

做人做事一点通

阅读是生活中不可缺少的一部分，阅读一些好的作品更是一种学习的过程，把握生活中的每分每秒，多多阅读，人生会更有乐趣。

2. 经常看报纸电视新闻

现代社会是信息时代，不管是经商、从政，还是普通的公司职员，哪怕是一个打工仔也一定要多看报纸和电视新闻：因为报纸和电视新闻里有最新的商机、国家时政法规等与你日常生活息息相关的东西。

很多人不爱看报纸和电视新闻，这是一个不好的习惯，为什么呢？

①多看报纸、新闻可以增长知识，学到很多东西。

②多看报纸、新闻可以使你在和别人聊天中有话题、不冷场。

③多看报纸、新闻可以了解世界动态，在以后的业务工作中用得着。

④多看报纸、新闻可以了解党和国家的意向以及新的法规条令等，对生活有很大的帮助。

但是看报纸一定要杜绝一张报纸一杯茶，混完一天算一天的现象，这是不求上进、混日子的做法。所以，不能以看报纸来混日子。

有些人会找借口推说时间紧，无暇顾及看报纸，其实，大可不必为此犯愁，每天早上，几份报纸放在桌上，边吃早餐边浏览报纸也是一件美事。于是，家长里短、国家大事、体坛动态、股市资讯都在咀嚼早餐的同时缓缓地进入了大脑。可以说这也是一份精神早餐，最起码也能算个精神甜点了。同时读报多了，对事物的敏感增加了。另外，看报是自我活动，自我把握时间，自我总结感受，什么时间有闲就什么时间看，看的也是自己感兴趣的东西，不用学习讨论，不用写心得体会。

很多人刚开始不太习惯，但是时间长了就会习惯，慢慢地你会觉得看报是每天生活的一部分，至于好处，不同的人群会体会到不同的好处：可以获得知识，这种学习方式有很多优点，学习内容多。报纸的信息量大，时政经济、文化体育、消费娱乐、健康养生，无所不有。通过看报，可以知道国家的大政方针，知道国内外发生的重大事件，知道社会发展的最新变化，等等。如果你是一个机关文字工作者，掌握这些东西，对于"炮制"材料是很有用的。报上所载的大多是最近发生的事情，"新闻"多，"旧事"少。

看报还有一个好处，就是有助于与他人沟通感情，增进了解。如果你知道一个人很喜欢足球，你就可以把从报纸上了解到的足球方面知识用上，同他聊曼联、AC米兰、皇马、马拉多纳、贝克汉姆，与他"套近乎"，这样就会拉近彼此之间的距离；如果你知道一个人喜欢艺术，你就完全可以把你在报纸上了解到的艺术知识用上，同他探讨一番。

总之，经常看报能够拓宽知识面，丰富"谈资"，在与他人交往时就会有更多的共同语言，这对于活跃气氛，加深感情，无疑是颇有帮助的。俗话说，"活到老，学到老。"学习的方式有很多，每天看看报纸，倒不失为一种既有效果，又经济实惠的学习方式。

除了报纸以外，一定要有节制地看看电视。一份调查显示，在电视事业发达的国家，每个人一天看电视的时间至少为三小时，仅次于工作、休息和学习。对于大部分人来说，收看电视节目就跟吃饭睡觉一样，是日常生活中不可分割的一部分。

通过电视可以了解天下资讯，观赏精彩影视，收看社会动态新闻，知道天气变化。

作为人们闲暇之中一种主要的休闲方式，电视在生活中的作用是不可代替的。

电视节目千姿百态，五花八门，收看电视节目是一个学习知识增长见闻的过程。想了解大洋洲的袋鼠，非洲的蝎子，那么就看看动物世界；想看看当前的流行服饰，衣着打扮，就看看时装广场；想了解世界新闻，中东局势，就看看事实百态；想看看影艺明星的表演，就看看娱乐最新报道；想要看看体育赛事，五大联赛或者NBA，那就打开体育频道。电视总会带给你最新的消息，最时尚的表演，最吸引人眼球的画面。

电视还是一个教育平台，一种学习工具。电视的动作和声音能吸引儿童的注意力，同时，它的动感本身容易感知、记忆，可以提高孩子的兴趣。有人说："一张画胜过千言万语"。而一幅具有动感特色的电视画面，对语言发展尚不完善的幼儿来说，其意义和价值更大。而且电视对提高孩子的思维能力、激发其想象力能起到积极作用。和孩子一起看电视，为孩子讲解电视节目，无疑是一个教育他们的机会。

（1）从思想上教育

多看电视新闻可以培养孩子胸怀祖国、放眼世界的情怀；还能够拓宽孩子的知识面，增强信息量，提高表达能力、普通话水平和概括能力。

（2）培养视听结合能力

电视具有视听兼备、声形并茂，兼有报刊、广播、电影的特点。收看时，孩子可以观察电视新闻里图文影像的人、事、物，注意倾听解说、人物的话语，从中了解基本内容和主题思想。

（3）锻炼说写结合能力

孩子收看电视新闻后，在与同学、老师、家长交流时，对国际、国内发生的大事件，会有自己的见解，在老师、家长的帮助下从中受到教益。

可以逐步锻炼孩子把看过的重点内容、领悟到的道理、受到的教育，用日记或观后感的形式写下来，慢慢地灵活地运用到作文中去，提高自己的说写能力。

（4）养成习惯

看电视新闻要熟悉新闻播放的时间，然后抽出相应的时间去看。看时要动眼、动耳、动脑、动口、动手，对值得学习的内容要及时记在本子上，供日后查找和使用。看电视新闻要经常看，持之以恒，形成习惯，这样才会获益更多。

电视上还有一些学习节目，如少儿英语、计算机知识、科普探索等等，不光是对孩子，就是对成年人也是非常有益处的。

看电视能增加家人的感情。和家人一起看电视，当看到一些搞笑逗乐的画面时，大家一起哈哈大笑，发现疑问时，可以共同探讨，这其实

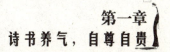

就是一个交流沟通的过程。对于现代人来说，一家人很少有时间专门去谈心、交流、沟通，看电视的时候就是一个很好的机会，也是一个很好的渠道。

电视能丰富人的生活。一些精彩的电视会给人带来无限的欢乐，给平淡的生活带来无穷的趣味，搞笑的卡通片、煽情的感情剧、热火朝天的打斗动作总是能给人生活带来很多开心和满足。

过犹不及。适当地看看电视确实能给人带来很多好处，也不失为一种上佳的休闲娱乐方式，然而过度看电视却不是一件好事。

电视节目往往冗长而情节曲折，悬念重重，对于一些自制力差的人来说，一档精彩、情节曲折的电视节目会使其牵肠挂肚，欲罢不能。而电视剧总是一部接一部，所以看电视应该要有节制。

看电视过多不利于人的身体健康。据科学家研究发现，很多隐性疾病的源头跟电视、电脑等人造光的刺激有关。此外，过多的看电视对于人的视力以及皮肤都有不利影响。

做人做事一点通

挤出点时间来看看报纸和电视新闻，这里面的东西对你绝对有好处。人如果思路闭塞、信息不通，很可能一事无成，只有掌握了最新动态、最新消息才可能做出一番成就。

3. 至少学会一门外语

在今天和明天的中国，无论是谁都应该具备两种生存工具：英语、电脑。这两种工具在你的工作中离不了它们，你可以达不到专家的程度，但是要会应用。特别是将来你所处的环境、你所需要的资料中，有很大一部分是英语。而且我国的外语教育从小学到高中也基本以英语为主，所以无论如何也要加油学一点英语知识。

2008 年在北京举办第二十九届奥运会，早在两年前，北京市政府就号召全民学外语，为北京争光。的确，随着科技的发展、社会的进步，外语的重要性越来越明显，已经逐渐渗透到每个人的学习和工作当中，很难想象，如果一个业务能力很强的人，去外企应聘，只会几个蹩脚的英文单词会是什么结果。这就要求我们一定要学好一门外语，努力提高自己的外语水平，适应日新月异的未来社会。

如果是一个网页设计人员，或是一个平面设计人员，没有一定的英语水平，很难看懂其中软件的执行命令，即便能够操作，也是不求甚解的死记硬背而已。据国际上有关权威机构统计，互联网(Internet)信息量中，有百分之九十以上是以英文的形式发布的。虽然近年来，中文网站显著增加，但无论是从信息搜寻、文件编辑，还是电子邮件的收发，基本都是以英文形式出现的。

在信息网络时代，商品交易也逐渐发展成以电子媒介为基础的电子商务交易，网上交易即将成为时代发展的必然趋势。企业的财会人员很可能因此被赋予除算账、管账等传统职能之外的许多"边缘职能"，如参与商品交易前期的商业谈判，重要合同条款的审定，网上支付款项(包括电子货币)的监控与确认。或许这些交易的对象，是你从未谋面的国外商业合作人，根据通常的商业习惯，作为沟通和交流的语言并不是你的母语，而是外语。这就要求要有较好外语知识才能完成这些工作。

经济全球化发展，促使商品交易日益国际化，这种交易带动着大量的外语商业信函、重要合同文本、往来凭证、支付手段存在于国际交往之间，更何况在以英语为基础的支撑语言而形成的网络时代，很难想象，在这样的时代里，如果财会人员一点不懂外语，不知能否算作一名合格的会计师？

英语难学吗？如果你三天打鱼，两天晒网，你可能终生不能学会；

009

如果以持之以恒的态度去学习，学好英语是没有问题的。

在学习过程中，应该制订一个计划，一天记住几个单词，一天记住一两个句型。你不要小看"持之以恒"的力量。

如果一天能记住五个单词，一年就是一千八百二十五个单词，这个数量相当于初中三年和高中一年两个月的词汇总量。如果是两年坚持记住三千六百五十个单词，相当于中学六年包括本科两年的词汇总量。

光有持之以恒的决心还不够，还要制订几项切实可行的学习计划：

①不要好高骛远，要坚持天天学习。

②要有坚强的毅力，每天都学，不因为某些事而耽误了学习。如果哪天的工作没有完成，第二天一定要补上。连续不学习的时间不要超过两天。

③要有记录，哪天学到了什么东西都要记录在案。

④勤于复习，第二天一定要复习第一天的，第三天一定要复习第二天和第一天的内容。

除此之外，还要有兴趣，只有对英语感兴趣，才能激发求知欲，才能去钻研，去真正领会掌握这种语言的妙处。英语学习的特点是实践性强。只有大胆地参与语言实践活动，才能提高自己在听、说、读、写各方面的交际能力。

如果能每天坚持收听电台的英语广播或收看电视的英语节目，对学到地道、标准的英语也肯定会有帮助。另外，用心多背英语诗歌，学唱英文歌曲也是很好的途径。学习英语，阅读是关键。通过有意识的大量阅读，一方面扩大了词汇量，另一方面培养了语感，而且还能在阅读中复习巩固旧的语言知识，这是其他任何形式的练习都无法比拟的。总之，学好英语的诀窍，在于日常学习中一点一滴的积累，积少成多，功到自然成。

做人做事一点通

赶快行动起来，趁早多学点外语，就为自己增加了一份生存的保障、竞争的筹码。

4. 每日都要抽点时间读书

高尔基说："书籍是人类进步的阶梯。"书籍是人类知识的载体，它记录了人类千百年来的每一点进步，通过阅读不同的书籍，掌握各个时期、各个方面的知识，这就是读书的真谛。一个没有书籍、杂志、报纸的家庭，是缺乏动力的，人们只有通过经常接触书本，才能对学习产生兴趣，才能在不知不觉中增长各种各样的知识，才能不与社会脱节，跟上时代前进的步伐。

耶鲁大学的校长海德雷说："在各界做事的人，无论是商业界、交通界还是实业界，都这样对我说，他们最需要的人才是大学学院培养的、能善于选择书本、能活用书本知识的青年。而这种善用书本、活用书本能力的最初培养，最好是在家庭中，尤其是在那些具备各类书籍的家庭中。"可见，一个家庭的藏书对于自己、对于孩子的未来都是十分重要的。

一位原来只是做补习班讲师的英文教师，后来成为一家著名英文杂志的发行人。他说他一共买了三套英文百科全书，一套缩写本随身携带、一套放在家里、一套放在工作岗位，随时阅读。他以随时随地提高自己为目的，也慢慢地把自己带上了成功之路。

聪明的学生在学生时代就养成了一种重要的能力，那就是怎样从一个汗牛充栋的图书馆中，善于辨别选择书籍，以供阅读。这种能力将对他的一生产生很大的影响，因为掌握了如何在图书馆里寻找自己需要的书籍、资料，就等于掌握了怎样学习的方法。"工欲善其事，必先利其器。"这就像是一个工人善于选择工具一样。

"人，若是能养成每天读十分钟书的习惯，二十年后，必判若两人。"

一位哈佛校长这样告诫他的学生。但是，读书不能不求甚解，对书籍的钻研是一个人从书本中获取新知识的重要途径。

南宋朱熹开创了中国儒学的一个新篇章，他大半生的时间都致力于学术研究和教育工作，成就斐然。

朱熹读书十分刻苦用心，与他同龄的孩子仅满足于读书、识字、背诵相比，他却更倾向于用心去体会圣人所讲的道理。他常常为一句话所含的意义而食不甘味，夜不安寝。一旦他领悟了其中的道理，便又高兴得不能自禁。朱熹不仅读书刻苦，而且非常善于总结学习方法。他喜欢博览群书，但从不贪多贪快。他认为，读书不明其中道理，就算读得再多也没有用。早年他在读《周礼》时，听人说《周礼》的每一句话都仿佛从圣人心中自然流出，但当时他并不理解。后经多年研读、揣摩，终于豁然开朗。他曾比喻说这就好像以前只听说糖是甜的、盐是咸的，今天亲自尝到了，才真正明白了何为糖甜、盐咸。他还形象地把读书比作射箭，刚刚练习时，只要射到箭靶上就行。但经反复训练，最终要射中靶心，否则也就不能说学会了射箭。朱熹认为，读书的目的在于弄懂书中的义理，尔后再按照这些义理去做。

朱熹在十七八岁时读《孟子》，到了二十岁，只能逐句去理解。以后才明白，书中很多长段是首尾相连的，不能割断了它们的联系，只有把大段的文字综合起来理解，才能得到其中的真谛。

朱熹读书还十分讲究循序渐进的方法。他认为，读书都有一个由浅入深的过程，比如要先读《论语》，再读《孟子》；先读《论语》的"学而"篇，再读"为政"篇。读某一本书或某一篇时就要读到把它弄懂为止，再接着读下面的内容。这样，读到融会贯通的地步，就可以说把知识学到手了。

朱熹不仅爱读书，而且会读书。他早年兴趣广泛，禅、道、楚辞、诗、兵法样样涉猎。但后来，他又转向专攻儒家经典研究。这"一博"、"一专"，为朱熹的学术研究打下了坚实的基础。朱熹的读书经验值得后人认真学习。

现代社会，每个人都面临着不同的压力，属于自己的时间空间被压缩得很小。但时间是挤出来的，每天只拿出十分钟的时间读书，应该不是什么难事。每天坚持做下去，你将会受益无穷。

培根曾有过"知识就是力量"的著名论断，他这样诠释了知识的重要性，"人类知识和人类的权利归于一点，任何人有了科学知识，才可能驾驭自然、改造自然，没有知识是不可能有所作为的。"

随着社会的发展，知识的作用愈加重要，特别是在知识经济来临的今天，一个人如果不继续学习就会被社会淘汰。可以无可置疑地说：知识不仅是力量，而且是最核心的力量。

一个人的能力是有限的，财富也是有价的，而知识无限又无价。知识不仅创造财富，它本身就是最大的财富。

李嘉诚曾经说过："在知识经济的时代里，如果你有资金，但是缺乏知识，没有新的讯息，无论何种行业，你越拼搏，失败的可能性越大；但是你有知识，没有资金的话，小小的付出都能够有回报，并且很可能达到成功。现在跟数十年前相比，知识和资金在通往成功的路上所起的作用完全不同。知识不仅指课本内容，更包括社会经济、文明文化、时代精神等整体要素。"

在学校里你能够学习很多科学知识，但是由于书本知识与现实生活有一定的距离，现实感很强的学生就学不进去。而老师的视野里又常常有一个误区，似乎这些学生就不是好学生。其实我们都有一个体会：那些只会读书的学生不见得就有发展，相反，那些调皮捣蛋的学生往往有所作为。

在生活中，很多人离开了学校之后，才知道读书的用处，他们还有成功的机会。不幸的是有些人只是发出叹息，不付诸实际行动，这样的人才是一辈子没有希望了。

很多人在走出校门后，首先被谋生的问题所困扰，一天到晚疲于奔命，慢慢地就会放弃学习，而只有意志坚强的人才能坚持不忘自己的使命，他们知道掌握了一定知识之后，才有可能走向成功。

哲学家告诉我们：人"不可能"做的事，往往不是由于缺乏力量和金钱，而是由于缺乏想象和观念。

柏拉图在两千多年前就断言："知识是一切能力中最强的力量。"

高尔基则认为："只有知识才是力量。"

雨果在《悲惨世界》里提出："人类只应当受知识的统治。"

一位著名的博士曾指出："物质财富可以私有也可以公有，但同一物品只能供有限人使用，使用越多其价值越低；知识财富可以私有也可以公有，但知识使用的人越多，其价值越高。"然而知识作为商品的另一个突出特点是它具备独一无二性和不可取代性。

知识供方是垄断的，知识产权和知识保密使得知识成本十分昂贵。从这个意义上说，谁掌握了最新知识，谁就掌握了巨大的财富。因此掌握现代知识，并具创新和运用能力的人才是知识经济中的决定因素。财富再定义和利益再分配取决于拥有信息、知识的多少及创造力的高低。

美国前总统克林顿的首任劳工部长罗伯特·希赖在其名著《国家任务——迎接二十一世纪》中写道："我们正经历一场转变，这一转变将重组下一世纪的政治和经济。将会没有一国的产品或技术，没有一国的公司，没有一国的工业。至少将不再有我们通常所指的一国经济。存留于国家界限之内的一切，是组成国家的公民。每一个国家的重要财富将是其公民的技能。"

知识经济的时代，是彻底的"以人为本"时代。高智慧的人将决定一个企业乃至一个产业的兴衰，企业的竞争将集中在人才上。"争天下者，必先争人"（《管子·霸言》）。反过来说"一个人的知识越多，就越有价值"。高知高酬、高智高位，势所必然。

这又从另一个方面突出了学习的极端重要性，正如国际经合组织在关于知识经济的报告中所指出的："在知识经济中，学习是极为重要的，可以决定个人、企业乃至国家的经济命运。"

古语说："万般皆下品，唯有读书高"，在今天，这句话仍不失其闪光点，因为学习知识是永不过时的。

读书破万卷，下笔如有神。每天抽出一点时间来读书，这看似很少的时间，但却能为你今后的工作、生活带来精神上的收获。

5. 一生一定要读的书

读书是人类进步的阶梯，所以人一生离不开书籍，你可以不喜欢读书，但是却不能不读书，在你人生的不同阶段，要有选择性的读书，这会对你的一生有好处。

根据性别的差异，男人和女人要有选择的读书：

男人的必读书

一些男人不喜欢看书，更不喜欢看名著。可无论有多少个理由，作为一个男人，一个渴望成功和想有所作为的男人，有些书一定要看，而且要仔细地看：因为它们会教你如何去看待生活，如何做一个优秀的男人。

（1）《三国演义》

罗贯中在《三国演义》中对男性的描写，可以说已淋漓尽致，表现出的人物性格、军事才能也是形象各异，各有千秋。曹操的奸诈，一举一动都隐伏着阴谋诡计；张飞的心直口快，无处不带有天真、莽撞的色彩；诸葛亮羽扇纶巾，神机妙算治国安民，得心应手，从容不迫；刘备的礼贤下士，"三顾茅庐"千古传诵等等，在这本书中，你可以学到许多的德、识、才、学。所以，作为一位男人，特别是做管理行业的男人，一定要看这本书，而且要仔细地看。

诸葛亮是中国历史上传奇式的人物，他用智慧"七擒孟获"、"空城计吓退司马懿"的故事广为流传。见识非凡、善于用人、长于思考、行动谨慎，是男性们的楷模。作为知识男性，一般处于高层的地位，或是决策者，或是企业的主要骨干，诸葛亮的许多思维方式和领导方式都是值得借鉴的。如"目标明确，争取主动；知己知彼，百战不殆；深谋远虑，见识非凡"等等。"商场如战场"。一位成功的男性不但要有丰富的知识，还要有领导才能和处理好人际关系的能力。

《三国演义》里的曹操，许劭曾评论是"治世之能臣，乱世之奸雄"。曹操的奸诈、残忍，被世人所憎恨，但是曹操善于接纳人才，对于降将对旧主的感情能给予谅解。他爱才、惜才、重才，因此天下英雄豪杰竞相归附。这种胸怀胆略，令人叹服。在今天知识爆炸，科技进步日新月异的时代，人才的地位日益显著。企业成功的关键或根本就是人才，如何发现和引进人才，成为企事业单位共同面临的重大课题。所以，曹操虽奸诈、残忍，但其爱才、惜才、重才的胆识还是值得我们借鉴的。

（2）《平凡的世界》

如果你现在是一名在外地为了生计而漂泊的打工仔，或者是在失业中寻找就业机会的下岗男性，我建议你们现在找一本《平凡的世界》来好好地读一下。《平凡的世界》是著名作家路遥倾注了毕生心血的作品。它讲述了农村青年孙少平奋斗的故事。孙少平少年时，饱尝贫困的辛酸，在艰难的环境中摸索前行，得到学识广博的女友田晓霞的赏识与帮助，并深受其益。后来，他到黄原城闯天下，成了地道的揽工汉。劳动与读书使他加深了对读书的理解。他的大哥孙少安当年由于家庭的贫穷，毅然放弃了学业，帮助家里扛起家庭的重担。孙少平与少安都不是轻易向命运妥协的人，他们相信自己的双手可以改变自己的命运。他们在一次次苦难中得到锤炼与升华，表现出男人的顽强与坚韧；他们不向命运屈服，展示出男人的自尊、自信与自强。

你看完这本书后，会使你的心灵产生共鸣，对生活的认识更加透彻、更加明确。不安于现状、勇于拼搏、不断求知的孙少平；吃苦耐劳、全心全意照顾家庭的孙少安，都是现代男人所要认识到的。或许你现在还是个打工仔。这并不重要。生活有着更广阔的意义，它不在于我们实际得到了什么，关键是我们的心灵是否充实，能否找到生活的意义。或许你已是一位富有的男人，建议你去翻读这本书，它将会唤醒你怎样去看待生活，怎样看待财富，怎样面对挫折。

（3）莎士比亚四大悲剧

莎士比亚是欧洲文艺复兴时期的代表作家，"英国戏剧之父"。少年时期就读于当地学校，后因家道中落而辍学，二十岁赴伦敦谋生。在剧院打过杂差、当过马夫。1590年，他成为雇拥演员，开始舞台和戏剧创作生涯。后成为剧团股东巡回演出。

莎士比亚四大悲剧包括《哈姆雷特》、《奥赛罗》、《李尔王》、《麦克白》。《哈姆雷特》写的是丹麦王子哈姆雷特回国奔丧，父王鬼魂诉冤，嘱其报仇。王子装疯，安排戏中戏，证实了新王杀兄的罪行。新王备下毒酒毒剑，挑唆大臣之子与王子决斗，最后三人同归于尽，母后也误饮毒酒而死。《奥赛罗》写的是威尼斯大将、摩尔人奥赛罗与元首之女苔丝狄蒙娜倾心相爱，冲破家庭阻力结为夫妻并一同出行。军官伊阿古因私怨而设计诬陷苔丝狄蒙娜，奥赛罗轻信中计，亲手将妻子掐死。最后真相大白，奥悔恨交加，拔剑自刎。《李尔王》叙述不列颠王李尔将国土全部分给了花言巧语的两个大女儿，而将秉性耿直的小女儿远嫁法国，最终遭到长女次女的百般虐待，流落荒野，疯癫而死。《麦克白》写的是苏格兰大将麦克白受女巫诱惑，在野心和夫人的驱使下，杀君自立，后终日被噩梦纠缠，神思恍惚。其妻也发狂自杀而死。最后王子率兵讨伐，麦克白兵败而死。

莎翁在剧中塑造了一批具有人文主义理想的正面人物，描写他们与恶势力进行的悲剧性斗争、毁灭及道义力量。人物形象鲜明，作者善于深入刻画人物的内心世界，使其性格更丰满深刻。如哈姆雷特的著名独白，富有哲理性。麦克白杀人后精神崩溃的过程更是刻画得细腻真切。此外，作者还善于渲染气氛，营造悲剧性的氛围，烘托人物的心理活动。如《麦克白》剧中暴雨荒原一场，激烈哀愤……凡此种种，都使莎士比亚悲剧成为文学史上不朽的名篇。莎剧构思壮阔，内容丰富，语言丰寓多彩，清新隽永，既富有哲理，又带有浓郁的诗意。阅读莎翁的戏剧，你会享受到人类智慧的熏陶。

（4）《约翰·克利斯朵夫》

罗曼·罗兰是法国文学史上跨世纪的伟大作家，世界著名的和平战士。他从巴黎高等师范学校毕业后，前往罗马研究历史，那里丰富的艺术遗产，大大提高了其艺术修养，他的音乐才华也得到了充分体现。

《约翰·克利斯朵夫》讲述的是：约翰从小就表现出非凡的音乐天赋，其祖父和父亲都是从事音乐事业的，母亲是个柔弱善良的厨娘。因在母亲的雇主家反抗富贵孩子而遭到父母毒打，使他尝到了人间的不平。约翰十四岁时就成了一家之主，靠教钢琴谋生。他与富家子弟奥多的友谊及与参议员女儿弥娜两小无猜的爱情都因金钱、门第的差异而失败。父亲死后，约翰搬到市区内居住，在那里爱上了新寡的萨比纳，萨比纳的死给他以沉重的打击。接着，他被一个女店员抛弃，他骄傲的自尊心再次受伤。一天，他因拔拳相助被大兵侮辱的乡间女子，而造成人命案，被迫逃到法国巴黎。

后来，约翰认识了奥里维，并彼此互相吸引、互相鼓励、互相安慰，两人结成知己。随后，约翰在法国赢得了声誉。

罗曼·罗兰为我们成功地塑造了他心目中的英雄人物约翰·克利斯朵夫。约翰并不是依靠"思想或武力取胜的人"，他是克服了一切困难后才成为生活强者的，他完全是有了内心王国的精神与道德力量，才能无所畏惧地面对现实、鄙视豪门权贵、揭穿艺术的虚伪、进行不倦的追求，最后达到自我完善的至高境界。约翰的一生是个人英雄主义的一生，他的幻想、抗争、追求、成就，从内容到形式都没有超越个人主义的范畴。因此，约翰总有怀才不遇、陌生孤独之感。最后，作者通过约翰坎坷一生中心灵的忧惑不安，恰好象征了一些洁身自好的个人奋斗的知识分子处在消沉、动荡、堕落社会中的焦急心态，说明他们渴望和谐、静谧的幻想必然破灭。

坚持读书以至养成习惯，不仅可以使一个人的心灵日渐臻于充实和完美，而且可使一个人保持青春的朝气和魅力。

女人的必读书

一个成功的女性有四本书必须精读，它们像启蒙老师那样，教你如何看一个男人，如何做一个女人。

（1）《神雕侠侣》

大侠金庸对女人的研究几乎和他笔下的众多英雄一样出神入化：聪明机灵的黄蓉、心机深沉的周芷若、善良坚强的程灵素……每一个女人都栩栩如生呼之欲出。每一本书也都精彩纷呈，尤其是 《神雕侠侣》更值得女人一读。

林燕妮曾这样评价杨过："一见杨过误终生"，确实不假。杨过是性情中人，小龙女与他生死相许，程英、陆无双苦苦痴恋着他，公孙绿萼更是情深一片，甚至连小郭襄也眷恋于他，可见杨过的魅力。可单纯的女人轻易不要爱上他，除非你自认够本事，不然你一定会为情所伤。

因为像杨过这样的新好男人，他看得上的只会是"小龙女"这般清丽绝伦的人，说什么山盟海誓、海枯石烂，是因为他拥有最好的啊……

事实上真正为杨过"误了终生"的却是郭芙，她一直暗恋杨过，在得不到杨过的爱恋后，性情大变、怨天尤人、脾气暴躁，闯了无数大祸。可谁能明白她的心事呢？郭芙在乱军之中的一番感慨，堪称金庸小说所有心理描写最成功的一笔，令人感慨万分！可郭芙这个人物实在是太不得人心了，一说起她，无不愤愤不已，这是她的失败。

《神雕侠侣》里李莫愁，也是个很有个性的女人，但李莫愁这种女人最可怕，一个陆展元就让她痴恋哀怨一生，任青春白白流逝，还到处杀人泄愤，害人又害己，为世人所唾弃，女人绝不可以为这是用情至深，这是变态了。

（2）《围城》

《围城》的精彩之一便是描绘了中国男人的劣根性，帮你打破这男

019

性世界种种不切实际的幻想，使你顿然梦醒回归现实。而集劣根性之大者，首推方鸿渐。

方鸿渐本性善良，可他的最大缺点便是优柔寡断、毫无原则。时至今日，男人优柔寡断、毫无原则便是致命伤。

其他诸如赵辛楣、李梅亭、高校长之流，生活中不是没有的，对他们最好明哲保身。倒是几个女孩子很有特点。苏文纨虽不可爱，但仔细想想，用现代人的眼光看，她是个女强人；唐晓芙则甚为可爱，她看不上方鸿渐这种男人；孙柔嘉没有可爱之处，有其心机深沉的一面，可这没错，对男人就得多个心眼儿。

《围城》的作者钱钟书先生是当之无愧的大家，看两性关系细腻而且尖锐，女性读者读懂《围城》，看男人就不会走眼了。

（3）《飘》

光看《乱世佳人》这部世界名片是不够的，原著是应该读的。因为玛格丽特·密切尔会教你做一个成功的女人。这里没有中美差异，郝思嘉能够做到的，你也能够做到。坚强、独立、积极，是现代女人的必备素质。如果你没有郝思嘉那般美丽动人，你千万别自卑，你也有追求美好的权利，同样可以使自己变得风情万种。像郝思嘉不能真正拥有白瑞德那样，如果你不能得到自己深爱的男人，不要紧，你还可以爱自己。

现代女人要学习的是郝思嘉那种风范，永不放弃、永远与残酷的现实抗争。从某种意义上说，这个世界是由男人控制的，只有这样残酷，才显得郝思嘉的可贵，也唯其可贵，女人更应该好好读一读《飘》。

（4）《红楼梦》

一个女人如果没读过《红楼梦》的话，简直有些不可思议。理由很简单，只有看过《红楼梦》，才会明白原来女人是如此哀婉动人，这样仪态万千，这样楚楚可怜，这样冰雪聪明……曹雪芹告诉你什么才是真正的女人。

豪迈如史湘云，也有醉卧芍药的娇憨；聪慧如薛宝钗，也有花间扑蝶的稚气；也唯有幽怨如林黛玉，才有掩埋落花的闲情。《红楼梦》让我们真正看到女人的精彩，领略什么是水做的女人的深刻含义。即使势利狠毒如王熙凤，她的善于交际、果断坚决、处变不惊还是值得今天的女性学习。

做人做事一点通

书，可以使空虚的心灵得到充实，也可以使狂躁的灵魂趋于安静。谁泛舟书海，谁的人生之舟就不会搁浅！

6. 常听音乐，心清气爽

音乐能够贯穿于整个生命。在一些民风淳朴的地方，还保留着这样的习惯：婴儿刚出生的时候，人们载歌载舞，欢庆新生命的诞生；老人去世之后，人们围坐灵堂里，以歌声寄托自己的哀思。

不管是自己唱歌，还是听别人唱歌，音乐都能给人带来快乐。你可以一边走路一边吹着口哨，还可以一边休息一边听着舒缓的催眠曲，更不用说来到专门的 KTV 拿起麦克风高歌一曲了。

走在大街小巷，不时在耳边传来一阵悠扬的歌声；穿行于田间地头，往往会有婉转的牧笛声在四周回响；经过西部山区，嘹亮的民歌不由得让人心情振奋。音乐无时无刻不在围绕着每一个人。

为什么有这么多人喜欢音乐，这么多人喜欢唱歌呢？

经过研究发现，唱歌是一种非常古老的休闲娱乐。在很早的时候人们就发现，大自然中很多声音能够带给人欢乐和喜悦。比如风吹竹林声，松涛，海浪声，流水声，还有各种鸟的声音等，慢慢地人类发现自己也可以发出类似的声音，于是音乐便诞生了。

随着社会的进步，音乐一步步地向前发展，曲调、节奏也有了更多种变化，再加上各种乐器的使用，最后就逐渐发展成为现在这个样子。

近年来有很多科学家通过研究发现，学习音乐、喜欢唱歌的孩子思路更加清晰，考虑问题也更加专心。因此，从小培育孩子多听听音乐是有好处的，更有很多准妈妈们用音乐对腹中的胎儿进行教育引导，也就是所谓的"胎教"。

此外，在医学研究中人们更进一步了解到，经常唱歌或者听音乐的人健康状况要比一般人好。美国的一位医学家曾经做过这样一次统计：在三十多个已经去世的著名歌唱指挥家中，他们的平均年龄比美国男子的人均生命要高，同时根据欧洲一些国家的调查发现，经常听音乐的人比不喜欢听音乐的人寿命要多出五到十年，不管从哪一方面来说，这都是一个非常惊人的数字。此外医学家还通过临床试验得到一个结论：音乐对放松身心、振作精神、诱导睡眠等有着很好的效果，这也是为什么小孩子经常在摇篮曲中安然入睡的主要原因。

经过人们的长期试验总结，可以肯定地说，音乐对于人体健康有着非常明显的作用。

（1）音乐可以使人放松。对于生活压力太大的现代人来说，这一点非常关键。每天下班回家，在好听的音乐中，人们的压力得到缓解，心情变得愉快，身体也能够放松下来，从而更好地休息和睡眠，养精蓄锐准备接下来的工作，避免因为身体上的疲劳以及精神上的紧张而导致一些心理或者精神疾病的产生。如果心情不够爽快，对着麦克风吼上几嗓子也能够宣泄一下心中的郁闷，这对于人身健康来说，都有积极的意义。

（2）音乐对于一些心理疾病的治疗有着十分积极的意义。音乐往往能够打开个性孤僻自闭者紧闭的心灵大门，使得他们开始与周围的人交流和沟通。对于心情压抑、情绪低落的人来说，轻快激昂的音乐也能够让他们重新看到生活和人生的希望，不再绝望颓废。

（3）经过研究发现，音乐对人大脑的刺激是非常明显的，通过音乐能够活跃脑细胞，甚至延缓衰老。除此之外，长时间听音乐能够让人变得更加聪明，如果从婴儿时期就开始培养，效果会更加明显，现代家长也认识到了这一点，"胎教"的流行也是音乐这一功能的体现。

（4）舒缓的音乐能够让人心情平静、心跳减缓，有助于提高人的睡眠质量。在人失眠的时候听听轻松舒缓的音乐能够帮助入睡。很多轻音乐都是很好的催眠曲，而哄宝宝入睡的摇篮曲正是在这基础上的杰作，人们在调查中还发现，几乎所有的地方都有摇篮曲，虽然民族、文化各有差异，但是节奏和韵律基本上都是一样的。

（5）音乐还能够促进人体神经传导速率，平衡身心。长时间听音乐，尤其是古典音乐，能够促进人身心的适度发展，增强记忆力和注意力。

（6）音乐能够陶冶人的情操，提高人的修养。音乐在人的生活中不仅仅是一种休闲，它更是感官上的享受。长时间沉浸在高雅的音乐中，不知不觉中就会受到影响，起到修养身心的效果。

（7）音乐还是一种交流的方式。母亲对着咿呀学语的孩子轻轻哼着小曲，孩子的脸上总会乐开花；一些少数民族青年男女通过情歌对唱的方式表达对意中人的情意。

（8）音乐还有它的现实意义。不管是流行歌曲还是民歌散调，也不管是乡村音乐还是城市摇滚，其中往往蕴含着一个时代的追求和思想，通过对音乐的了解，有助于人们更深的了解一个时代的社会现实。

音乐能够给人带来众多好处，但不分时间或场合地唱歌、听音乐则会对人产生不好的影响。比如，如果上班时间嘴还在哼哼着小曲或者半夜三更了还在房间里吊嗓子，那显然是不合适的；如果要睡觉了还在听着激昂的进行曲，自然更加难以入睡；要是心情抑郁还偏要听一些伤感的歌曲，无疑是雪上加霜，情绪只会更加低落。

做人做事一点通

生活在继续，音乐也在继续，有人的地方就能听到婉转悠扬的歌声，在人的生命历程中，音乐是一个不可缺少的部分。如果想让自己活得轻松愉快，生活得更有品位，就少吃一些生猛海鲜，少在灯红酒绿中耗费生命，在闲暇的时间里多听一些轻松愉快的音乐，在高雅的音乐中寻找自己的灵魂。

7. 书法绘画，调剂生活

书法不是单纯的写字，是一种纯艺术，经常练习书法，能够培养人刻苦顽强的意志和高雅乐观的情趣。

书法是靠毛笔运动的灵活多变和水墨的丰富性，留下斑斑墨迹，在纸面上形成有意味的黑白构成，所以说书法是一种艺术。

书法家在练习书法的过程中，充分调动脑和手的协调，能够同时练脑、练手，一个人的生活感受、学识、修养、个性等能够通过书法折射出来，所以有"字如其人"、"书为心画"的说法。

现在由于电脑和网络的普及，练书法的人越来越少了，然而，练习书法确有很多的好处：

（1）陶冶心气

书法是一种柔性运动，可以陶冶心灵、练气养气，对于锻炼体能和心智也有好处。长期练习书法的人，不仅能够修心养性、改变气质，更可以稳定情绪、平和心境，使人身心清爽愉快。

（2）激励自我

一分耕耘一分收获，运用适当有效的方法练习书法，一段时间之后，就能发现自己不但字写得漂亮了许多，而且一定程度上提高了创作和书写能力，这种进步无疑能够激励自己，从而对事业和人生更有信心。

（3）忙闲皆宜

练习书法对于时间要求不高，忙人能练，闲人更能练。工作忙碌的人，哪怕只有十来分钟的闲暇时间，也可以提笔挥毫，自得其乐；而闲暇的人，多用点时间练习书法，不但能增加情趣，还能充实生活。

（4）增加文学素养

练写书法的人，肯定会阅读很多古典文籍和诗词，文学素养自然而然的就提高了。如果多选择一些名言警句等有益自身及社会教化的文字内容进行练习，则效果更佳。

（5）抒发个人情绪

书法是抒发个人情绪的好方法，心情好时自能乐在其中，心情不好时也能去忧解闷、忘却烦恼。

练习书法对成年人有益，对于孩子的成长也有很大的好处：

（1）培养孩子的观察、分析以及表达能力

书法老师可以通过教导学生学习书法，有意识地引导孩子们观察、分析字体的形状和具体笔画的异同，并且教导他们怎么样才能在书写过程中表达出来，时间一长，孩子们的观察、分析和表达能力肯定得到提高。

（2）使孩子养成细致、专注的学习习惯

学习书法可以使人变得细心、集中注意力。因为书法是一项精细的活动，要想写好字，必须全神贯注、凝神静气，认真观察字体结构，仔细揣摩运笔的轻重缓急，这一切都对养成孩子良好的学习习惯有好处。

（3）培养孩子的审美情趣

书法是一种艺术，各种字体都具有审美价值，在结构的疏密、运笔的轻重中蕴含着很多东西。虽然孩子一时难以理解，然而在教导他们将字写得规范、整洁、美观的同时，已经让他们初步体会到了什么是美，而这种学习的过程，也就是培养孩子们树立正确审美观念的过程。

（4）发展孩子的个性，培养他们的创新精神

书法可以说是一种休闲方式，但它更是一种艺术，而艺术的生命在于个性，需要创新。在欣赏和接纳别人的美的同时，还要发展出属于自己的东西，从这个意义上来说，个性和创新在书法这里无疑有着足够大

的发挥空间。

有位艺术家说过这样的一句话："对待传统要以最大的功力打进去，又要以最大的勇气打出来。"打进去是要学习和模仿，而能打出来则需要创新和发展。所以，教导孩子学习书法的过程也就是让他们从模仿学习再到发展创新的过程，无论其将来能否成功，在这个过程中他们已经不知不觉地找到了需有的东西——从模仿走向了创新。

（5）激发孩子的学习兴趣

汉字不只是一种承载信息的符号，它几乎区别于所有其他文字，因为汉字的背后还沉淀着中华民族数千年的睿智和精华，为人们耳熟能详、千古流传的不仅仅是王羲之父子、欧阳洵、柳公权、颜真卿这些大书法家的字，还有他们刻苦学习的精神，这也为所有学书法的孩子们树立了榜样。讲着这些先人的故事，学习他们的字，孩子们学习的兴趣能不高吗？

书法就好像知识大都市中的世外桃源，走进去以后感觉是那么的自然、质朴、宁静，而走出来却又回味无穷，给人无限的想象空间。

练完书法，不妨再学学绘画，闲来无事，即兴画上几笔，自娱自乐，无疑也是人生的一大乐事。

画有很多种，如贴画、风景画、人物画、宣传画以及年画等等，漫画、连环画更是深受人们的喜爱，画已经成了人们日常生活中不可分割的一部分。

绘画在中国有着悠久的历史。从考古人员挖掘的器皿中不难发现，其渊源可能要追溯到石器时代那些刻在陶器上的山水鸟兽花纹，或许更早一些。在绘画的发展过程中，日月星辰、神话传说、风景名胜、农林牧渔、山水花木都是描绘对象，画中的情景既反映了当时的社会生活和风俗习惯，又反映了当时的政治、经济、文化发展状况。

根据绘画方法，绘画则有工笔画、写意画和半工半写画三种；根据内容，绘画可分为人物画、山水画和花鸟画三大类。

工笔画严谨工整、细墨勾勒，不上颜色，注重形似，讲究写实；写意画则要求用笔简练，奔放活泼，善于描绘神韵，能更直接地抒发作者的感情；半工半写画则介于两者之间，兼有工笔和写意的特点。

人物画是指以人物活动为主要描绘对象的中国传统画科，按题材不同可分为历史人物、宗教人物、社会风俗画、仕女写真画等等；山水画主要是指以山水风景为描绘对象的画科，起源于魏晋南北朝，在唐宋时期形成了一个高峰；花鸟画是以花卉、草虫、飞禽、走兽等动植物形象为主要描绘对象的绘画形式，石器时代那些陶器上的鱼鸟花纹，可说是最早的花鸟画。

此外，还有油画和壁画。油画是用油料调和颜色所作的一种画，这是西方最重要、最有代表性的画科，能够表现丰富的色彩效果，强调画面的立体感，让人感觉十分形象。壁画，即画在壁上的画，也是绘画的一个重要分类。中国的宗教画中，壁画要占据相当大的比重，比如中外驰名的敦煌壁画。西方的教堂壁画也很出名，比如文艺复兴时期米开朗琪罗的壁画世界闻名。

一直以来，绘画都是一项传统而高雅的艺术，流行于上层社会。随着时代的发展，绘画开始在全社会普及，成为人们生活中一种主要的娱乐休闲方式。只要喜欢，就可以在画板上信手涂沫，抒发自己的感情与个性，表达喜怒哀乐，漫画就是其中很有代表性的一种。

漫画是绘画的一个另类，主要分为两种类型：一种笔触简练，篇幅短小，具有讽刺、幽默、诙谐风格，蕴含着深刻寓意，为单幅绘画，每一张画面上通常为一个图或者几个图，联合起来表达了某种意思，它用笔不讲究有多么传神，甚至会采取一些夸张、对比手法揭露讽刺社会上的不良现象以及丑陋的行为，使人在会意一笑中受到教育；而另外一种漫画风格精致写实，内容广泛，常用分镜式手法表达一个完整的故事，为多幅作品，跟连环画极为相似。

做人做事一点通

绘画对于人的身心健康有很大影响。近几个世纪以来，一些生理学家和心理学家通过大量的实验发现：绘画对于调整人的心理状态，释放人的情绪有良好的效果，对于高血压、精神抑郁、焦虑狂躁等症状也有一定的疗效。

8. 有自己的见解和主张

天下事只怕不认真，故依违观望，看人言为行止。认得真时，则有不敢从之君亲，更那管一国非之，天下非之。若做事先怕人议论，做到中间一被谤诽，消然中止，这不止无定力，且是无定见。民各有心，岂得人人识见与我相同；民心至愚，岂得人……

明·吕坤《呻吟语》

这是一个流传很久的民间故事：父子俩赶着一头驴到集市上去。路上有人议论他们父子二人太傻，放着驴不骑，却赶着走。父亲觉得路人的话有理，就让儿子骑驴，自己步行。可是没走多远，又有人议论说儿子不孝，自己骑驴，却让老父亲走路！父亲听了，赶快让儿子下来走路，自己骑驴。没走多远，又有人说父亲的不是，不知疼爱自己的儿子，只顾自己舒服。这下父亲犯难了，怎么办才好呢？干脆，两个人都骑到了驴背上。刚走几步，有人为驴打抱不平了：天下还有这样狠心的人，看驴都快被压死了！父子俩脸上挂不住了，索性把驴绑上，抬着驴走……

故事中父子俩的确可笑，但仔细一想，我们自己是不是也经常这样？做事或处理问题没有自己的主见，或自己虽有考虑，但常屈从于他人的看法而改变自己的想法，人云亦云，随波逐流，这是做人很忌讳的毛病。

吕坤《呻吟语》里面的"依违观望，看人言为行止"指的就是没有主见。日常生活中经常会遇到这样的事情：做事先怕人议论，做到中间一有人提出反对意见，就不敢再做下去了，这不仅说明这个人没有"定力"（可理解为毅力），也没有"定见"（坚定的立场和观点）。吕坤所说的"认得真"，就是要能辨明是非，选择正确的立场观点。一旦"认得真"了，就要坚持这个"真"，哪怕是玉皇大帝，也不屈从。其实，每个人的想法都不会完全一致，我们不能要求人人的看法都与自己相同。因此我们做事要看我们想达到的目标效果，而不要过于顾虑事前一些人的议论；等你事情做好了，那些议论自然也就停止了。即使事情没做成，但只要是正确的，也就是我应当做的，论不得成败。

就拿故事中的父子二人来讲，是该赶着驴走，还是该骑着驴走，总有一种情况是可以采纳的：骑着驴走可以，赶着驴走也可以；如果驴十分强壮，两个人同骑也无妨。又何必在意别人指指点点呢？纵有人说三道四，也不至于抬着驴走。

古代寓言"邯郸学步"的那个人是典型的没有主见，最后失了自己本色，连路都不会走了。现实生活中，这样的例子也很多，拿最普通的穿衣打扮来说，有的人不懂得要根据自身的特点来打扮，而是一味追逐所谓"潮流"。看别人把头发染成了黄色，自己也跟着去染；看别人穿瘦腿裤，自己也把一双腿裹得紧绷绷。他们认不得什么是美什么是丑，只是紧跟"潮流"走。这类人其实也很悲哀，做事没有自己的主见，只是盲从于他人。

西方有句格言说得好："走自己的路，让别人去说吧！"问题是很多人经受不住别人的意见或议论而改变了自己的初衷。要成就一项事业或工作，常常会听到许多反对意见，这些意见或来自朋友与亲近的人，他们从自己的角度考虑，或纯粹是为我们担心，可能不赞成我们的做法。也可能来自那些对我们心怀恶意的人，他们诬蔑、攻击、诽谤，把我们所要做的事说得很危险。面对这种情况，如果我们过多地顾虑别人的看法和议论，不敢坚持自己已"认得真"的想法，我们就可能半途而废，甚至事情还没做就夭折了。因此，要想有所成就，就要有自己的主见。

当然，这并不是说我们可以不去认真听取别人的有益的意见。如果别人的意见有可取之处，哪怕是来自"敌人"的意见，我们也应该吸取。

但这和丧失自己的主见、屈从于他人不正确的议论是两回事。

意大利著名影星索菲娅·罗兰从影几十年，拍过六十多部影片，演技炉火纯青，曾获得1961年度奥斯卡最佳女演员奖。

索菲娅·罗兰十六岁时来到罗马，立志要做一名演员。但她从一开始就听到了许多不利的意见。用她自己的话说，就是她个子太高，臀部太宽，鼻子太长，嘴太大，下巴太小，根本不像一般的电影演员，更不像一个意大利式的演员。但是，制片商卡洛看中了她，带她去试了许多次镜头，但摄影师们都抱怨无法把她拍得美艳动人，因为她的鼻子太长、臀部太"发达"。卡洛的意见也动摇了，他建议索菲娅把鼻子和臀部"动一动"。索菲娅断然拒绝了卡洛的要求。她说："我为什么非要长得和别人一样呢？我知道，鼻子是脸庞的中心，它赋予脸庞以性格，我就喜欢我的鼻子和脸保持它的原状。至于我的臀部，那是我的一部分，我只想保持我现在的样子。"她决心不是靠外貌而是靠自己内在的气质和精湛的演技来取胜。她没有因为别人的议论而停下自己奋斗的脚步。她成功了，那些有关她"鼻子长，嘴巴大，臀部宽"等等的议论自然也没有了，这些体征反倒成了美女的标准。索菲娅在20世纪行将结束时，被评为这个世纪的"最美丽的女性"之一。

后来，索菲娅·罗兰在她的自传《爱情与生活》中这样写道："自我开始从影起，我就出于自然的本能，知道什么样的化妆、发型、衣服和保健最适合我。我不模仿其他人。我从不去奴隶似地跟着时尚走。我只要求看上去就像我自己，非我莫属……衣服的原理亦然。我不认为你选这个式样，只是因为伊夫·圣罗郎或第奥尔告诉你，该选这个式样。如果它合身，那很好。但如果还有疑问，那还是尊重你自己的鉴别力，拒绝它为好。……衣服方面的高级趣味反映了一个人的健全的自我洞察力，以及从时新式样选出最符合个人特点的式样的能力。……你唯一能依靠的真正实在的东西……就是你和你周围环境之间的关系，你对自己的估计，以及你愿意成为哪一类人的感情。"

索菲娅·罗兰的"不去奴隶似地"盲从别人就是有主见的最好表现。

做人就应该尊重自己的鉴别力，培养自己健全的自我洞察力。一个正直、诚实的人，不会因为别人的非议而改变自己的原则，不会做"奴隶"般的盲从者，不要因为担心个人的利益，比如安全、财产、面子、职位等而像墙头草一样，哪边风大就往哪边倒。

小泽征尔是世界著名交响音乐指挥家。在一次欧洲指挥大赛的决赛中，小泽征尔按照评委给他的乐谱指挥乐队演奏。指挥中，他发现有不和谐的地方。他以为是乐队演奏错了，就停下来重新指挥演奏。但还是不行。"是不是乐谱错了？"小泽征尔问评委们。在场的评委们口气坚定地都说乐谱没问题，"不和谐"是他的错觉。小泽征尔思考了一会儿，突然大吼一声："不，一定是乐谱错了！"话音刚落，评委们立刻报以热烈的掌声。原来，这是评委们精心设计的"圈套"。前两位参赛者虽然也发现了问题，但在遭到权威的否定后就不再坚持自己的判断，终遭淘汰。而小泽征尔没有盲从权威，最终摘取了这次大赛的桂冠。

还有一则类似的故事：一位大夫给病人做完手术后，对一旁第一次做助手的护士说："我们一共在患者体内放了十一块棉球，都取出来，可以为患者缝合了。"年轻的护士回答："大夫，是十二块棉球，还有一块没有取出来。"大夫生气地说："我记得很清楚，是十一块，不会错的。"护士低头又仔细数了数手中盘子里的棉球，然后抬起头，说："大夫，是十二块，还少一块。"这时大夫笑了，他摊开左手，给护士看了一眼，原来最后一块棉球他攥在手里，他是要故意试探这名护士的。

做人做事一点通

做人就应该有自己的定力和主见，而它的根本，就在于我们能不能坚持下去！

9. 人格和尊严是你成长的脊梁

人格是河，尊严是山，只有人格和尊严合起来才能撑起你的天空！

很多人都看过契诃夫的小说《小公务员之死》。说的是一个小公务员在看戏的时候不小心打了一个喷嚏，结果口水溅到了前排一位官员的脑袋上。小公务员十分惶恐，赶紧向官员道歉。那官员没说什么。小公务员不知官员是否原谅了他，散戏后又去道歉。官员说："算了，就这样吧。"这话让小公务员心里更不踏实了。他一夜没睡好，第二天又去赔不是。官员有点烦了，让他闭嘴出去。小公务员心想，这下子得罪官员了，他又想法去道歉。小公务员就这样因为一个喷嚏，背上了沉重的心理负担，最后，小公务员死了。

这个故事看似荒诞离奇，却道出了一种社会现象，一些"小人物"因地位低而缺乏自尊。

智利作家涅高梅德斯·胡斯曼说过："尊严是人类灵魂中不可糟蹋的东西。"俄国作家陀思妥耶夫斯基也说过："如果你想受人尊敬，那么首要的一点就是你得尊敬你自己。只有这样，只有自我尊敬，你才能赢得别人的尊敬。"

现实生活中，类似小公务员这样的糟蹋自我尊严的人和事也时有发生，甚至我们自己也常自觉不自觉地丧失了自尊。

杰克的母亲在他十岁那年不幸去世了，幼小的他受到了这突如其来的打击。后来，继母来到他家。那一年，杰克十二岁了，虽然还小，但他还是不情愿接受这一事实。

继母刚来到他家的时候，杰克并不喜欢她，大概有两年的时间都没有叫她"妈"，为此，父亲经常骂他。但越是这样，杰克越是在情感中有一种很强烈的抵触情绪，他无法接受现实。然而，杰克第一次喊继母"妈"，却是在他第一次也是唯一的一次挨她打的时候，这给他留下了深刻的、不可磨灭的印象。

一天中午，杰克偷摘了别人院子里的葡萄，恰好被主人逮住了。主人特别的凶，在平日里，杰克就特别畏惧他。现在又在他的跟前犯了错，心里更害怕，他吓得浑身哆嗦。

主人并没有动怒，只是说："现在我也不打你不骂你，但是你必须给我跪在这里，一直跪到你父母来领人，否则，我就打你。"

听说要自己跪下，杰克心里确实很不情愿，也感觉很难堪。主人见他没反应，便大吼一声："给我马上跪下！"

正是在对方的威慑下，杰克很无奈，战战兢兢地跪了下来。这一幕，恰巧被他的继母给撞见了。她什么也没说，立刻冲上前，一把将杰克提了起来，然后，对着对方大叫道："你太过分了，你怎能对一个孩子这样呢？"

在别人的眼里，杰克的继母是一个没有多少言语、性格内向的人，突然如此震怒，让对方也不知所措。而杰克也十分意外，这是他第一次看到继母性情中另外的一面。

看来这回继母真的生气了，她把杰克带回家后，用枝条狠狠地抽打了杰克两下，边打边说："我打你并不是因为你偷摘葡萄，哪有小孩不淘气的？这是正常的现象。但是，别人让你跪下，你就真的跪下？这样你就会失去人格，失去尊严，等长大以后怎么成事？你永远都站不起来。"继母说到这里，突然地抽泣起来。当时杰克尽管只有十四岁，但继母的话在他的心灵深处还是引起了强烈的震撼。他情不自禁地抱住了继母的臂膀，哭喊道："妈，我以后不这样了，我会改掉的。"继母抚摸着杰克的头，说："孩子，无论遇到什么样的事情，都要站起来"。

继母与杰克的故事也许能给成长中的我们一个启示：一个失去人格和尊严的人，可能会失去所有的美好事物。

古往今来，中国出现了许多自尊自强的人：陶渊明不为五斗米折腰，"廉者不食嗟来之食"，李白高吟"安能摧眉折腰事权贵，使我不得开心颜"，朱自清宁可饿死不吃美国救济粮……他们都是有人格、有尊严的人，是一种时代的象征，感召着一代又一代的中国人。

德国伟大的作曲家贝多芬在维也纳时，曾受到李希诺夫斯基公爵的倾慕和照顾，他感激公爵，但并不因此出卖尊严。一次，公爵要求贝多芬到他家为一批占领维也纳的拿破仑军队的军官演奏。贝多芬看不起公爵这种阿谀逢迎的态度，断然拒绝了。公爵凭他的地位和布施者的身份，一定要贝多芬演奏。公爵的傲慢冒犯了贝多芬的自尊，他冒着倾盆大雨冲出公爵的庄园，一回到家中，就把案头上公爵的半身塑像猛掷在地上，摔了个粉碎，并给公爵写了一封信。他写道："公爵，你之为你，是由于偶然的出身；我之为我，是靠我自己。公爵现在有的是，将来也有的是，而贝多芬却只有一个。"

中国有句俗话：男儿膝下有黄金。我们没必要看到别人有地位、有金钱就不自觉地软了自己的膝盖。缺乏自尊的人是可悲的。你会因此而扭曲自己的性格，改变自己的正确看法，作出违心之举。在权势者面前，你唯唯诺诺，小心翼翼，给自己添了多少苦恼？你自卑自贱的举动，换来的只能是让人瞧不起。自卑的心理是一种自我折磨。

列宁曾在进入克里姆林宫时，也遇到了卫兵的拦阻，要他出示证件。旁边的人及时提醒说："咳！这是列宁同志。"卫兵说："任何人都必须出示证件。"列宁说："他是对的，我忘了出示证件，对不起。"列宁和卫兵都表现出了可贵的品格：不因对方的身份而屈从或轻视对方。卫兵和列宁都值得我们学习。

做人做事一点通

徐特立说："任何人都应该有自尊心、自信心、独立性，不然就是奴才。但自尊不是轻视别人，自信不是自满，独立不是孤立。"的确如此，自尊是一种平等。保持自尊，也是在尊重别人，无论是大学教授还是捡破烂的，无论是有钱人还是穷光蛋，无论是小公务员还是大官，都不要自傲也无需自卑，人格和尊严是一个人成长的脊梁。

10. 做一个公正的人

公正的字面意思是：公平正直，没有偏私。虽是简短的八个字，说起来很简单，但是做起来很难。

在第四十八届上海世乒赛中，有一场淘汰赛令人难忘。双方选手是中国的刘国正对德国名将波尔，这一场的胜者进入下一轮，负者则打道回府。

高手过招，自然是厮杀得难解难分，两人的比分交替上升咬得紧紧的，这种胶着状态一直持续到决胜局，在这局里，刘国正以十二比十三落后，再输一个球就将被淘汰。岂料越是关键时刻越是出错，刘国正的一个回球偏偏出界了！整个比赛场馆顿时寂静无声，观众们对眼前的一切似乎还没明白过来，刘国正自己也蒙了，愣愣地站在那里。波尔的教练已经开始起立狂欢，准备拥抱自己的弟子。

可就在这时，波尔却做了一个优雅的手势，指向台边——示意这是一个擦边球，这就意味着刘国正要得一分。就这样，一个幸运球使刘国正把比分扳平，严格地说，刘国正是被对手从悬崖边"救"了回来，最终刘国正反败为胜战胜了波尔。

这堪称是一场震撼乒乓球界的经典之战！第一，顶尖高手过招，高超的球艺就是一场完美的表演；第二，刘国正在绝境中的坚韧不拔意志让在座的每个人都钦佩不已；第三，波尔那个优雅的手势足以震撼每一个人，虽然输了比赛，却赢得了人格、赢得了比冠军更可贵的体育精神。

不管是刘国正还是波尔，夺取世界冠军是他们的夙愿，但是冠军要一场一场的拼，对波尔而言，只要赢下那一分，就可以顺利晋级。而这个球是否擦边或许只在分毫之间。这样微乎其微的差距，观众看不到，对手也看不清楚，裁判也可能误判。

但是，波尔却看到了，他毫不犹豫地选择了主动示意。波尔虽败犹荣，赢得了异国观众雷鸣般的掌声。

赛后，有人追问波尔为何要这么做，他只是轻描淡写地说了句："公正让我别无选择。"是的，波尔不假思索地做出的那个动作，又轻描淡写地说出了心里话，这说明诚实已成为他的一种下意识的举动。

在赛场上，本着公正、诚实的心态去比赛，才能征服观众，波尔——这位赛场上的败将给我们上了一堂生动的人生之课。

通过这场比赛可以看出，波尔是一位公正的运动员，相信在生活中也是一个做事公正的人。

做人做事一点通

做事公正的前提是公心，没有公心便没有公正可言。

11. 小处不可随便

勿以恶小而为之，勿以善小而不为！

前几年，有一个很有意思的相声段子：一位有心脏病的老先生住楼下，楼上新搬来一个小伙子。这个小伙子每天夜里睡得很晚，基本都是夜里十二点以后回家睡觉。这下楼下的老先生可有些吃不消了，为什么呢？原来这小伙子回来时的脚步重而急促，动静特大。基本的动作流程是：噔、噔、噔——上楼了；咣当——开门了；哗、哗、哗——洗漱；最后一个环节是上床脱皮鞋，先脱一只，一扔，咣！楼下老先生心一哆嗦，再脱另一只，又是"咣"一声，老先生心又一哆嗦。这四个环节折腾完了，老先生才安静下来，这才入睡。一开始，老先生以为过一阵就会好的，所以一直忍着，可没想到夜夜如此，再好的脾气也受不了呀！这天，老先生见了小伙子，就对小伙子把这事说了，小伙子态度非常好，虚心接受。

可到了夜间，那一套动作又来了——噔、噔、噔！咣当！哗、哗、哗！老先生想，忍着吧，不就有两声就完了吗？咣！一声。老先生在等第二声，奇怪，怎么不响了？老先生的心立马悬起来了，就等着第二声响过好睡觉。怪了，他左等右等等了一夜，第二声愣没响——原来这小伙子脱第二只鞋时，突然想起了老先生白天提的意见，所以就轻轻地把鞋放在了地上……

这虽是一个相声段子，却反映了一个问题。

现实生活中，的确有看似小问题，却能反映大道理的事。有些小区的绿地上写了一个牌子："芳草茵茵，踏之何忍！"牌子是写了，可有些走路的人，为了少走几步，省些力气和时间，仍旧我行我素，从草地上斜插过去，有一个人走就有两个人走，时间一长，竟踩出一条小路来。这是不是小事呢？现在城市交通的拥挤状况让人说起来头痛，国家每年都要拿出很多钱来改善交通设施，确保城市居民出行方便，但是交通拥挤状况依旧很严重，其中原因有之：驾驶员开车加塞、逆行、走非机动车道，这也是造成交通拥挤的重要原因之一，这类司机朋友小小的随便了一把，这又是不是小事呢？

明人吕坤在《呻吟语》中说："礼义之大防，坏于众人一念之苟。譬如由径之人，只为一时倦行几步，便平地踏破一条蹊径，后来人跟寻旧踪，踵成不可塞之大道。是以君子当众人所惊之事，略不动容，才干碍礼义上些须，便愕然变色，若触大刑宪然，惧大防之不可溃，而微端之不可开也。嗟夫！此众人之所谓迂，而不以为重轻者也。"

　　细细品味吕坤的这番话不是没有道理，生活中由于一些人小处随便，结果酿出大祸的事并不鲜见。据报载：有人从高层住宅上随手扔下一个酒瓶，结果将楼下经过的行人砸死。一家旅游度假村在一处玻璃门上不做警示标记，结果让奔跑的小孩一头撞上，受到重伤。日常生活中，随便扔烟头一个就有可能造成一场大火……

　　可见，小处随便，决不是什么无伤大雅、无足轻重的小事。做人就应该像吕坤所说的那样："惧大防之不可溃，而微端之不可开也。"

　　一个人如果私德不修，公德欠缺就有可能小处随便，"微端"不谨。比如说做事不负责任，马虎应事，只图自己方便，不考虑他人利益，总之，这些情况都属于自私自利之心作祟。随便乱扔烟头的人，哪会考虑到森林着火、消防员冒死扑救、地球资源遭到破坏？几年前，一种病毒在网络上疯狂蔓延，造成巨大经济损失。后来查明，这种病毒不过是几个外国青年在玩自家电脑时"随便"下载了一个病毒程序，并用电子邮件发了出去，结果导致了一场网络灾难。事后这个青年说：他一点儿也没想到会闯出这么大祸……

　　做人，小处随便不得。就算没有惹出大漏子，但是有些事也得不偿失，比如随地吐一口痰，随手丢一只空易拉罐，结果让人罚了几十元钱；明明没有停车线，有些朋友却认为十几分钟就完事，结果让人贴了违章停车的条子，罚款二百元，去银行交费耽误时间不说，还得从口袋里掏钱，你说冤不冤？

　　现在正处在城市化的进程中，过去住一二百户的胡同由"横"变"竖"，变成了高层建筑。一二百户住一个楼，你小处随便，楼道里乱堆东西，夜里把电视机音量放到最大，从窗户往外随意扔垃圾，你觉得没什么是小事，可碰上较真儿的人，也有麻烦上身。美国一老人从一户人家门前经过，由于这家没有清扫门前冰雪，老人滑了一跤，老人便把这家告上了法庭。这个认为扫不扫自家门前雪无所谓的人家，最后不得不为自己的小小过失付出赔偿的代价。

　　一般说来，古圣先贤都从道德的角度劝人不要忽视小处的修养。今天，除了道德的软约束外，法制也告诫我们不要放纵自己的"小小不严"处，不要"不以为重轻"而苟且做人。一旦因为我们的"小过失"而引发了大祸，也会触犯刑律。

也有些"小处随便"并不属于法律管辖的范围，也谈不上是多严重的道德问题，但我们也不可放任自己。比如，在地铁上坐座位时跷二郎腿，让站着的乘客别扭；开会迟到；雨天开快车，溅行人一身水；打公用电话时煲电话粥，不顾后面有人等；消防队救火时围观挡道；嚼完口香糖乱吐；小区内养宠物，宠物随处大小便……这些举止，给他人添不便，惹他人不痛快，自己又怎能心安理得，毫无惭意？如他人也如此待你，你作何感想？所以，千万不要把此等事认为是小事而不加以约束！

唐代诗人李商隐写过一组《杂纂》，专谈人情世相。其中写世人"恶模样"有：作客与人相争骂；筵上乱叫唤；搀夺人话柄（乱插嘴抢话）；对众倒卧；着鞋卧人床；说主人密事；作客踏翻台桌；嚼残鱼肉置盘上；等等。

清代石成金写《除嫌约二集》，讲为人举止要忌：主人未迎便先上厅坐；翻人书籍；人前假咳吐痰；吃烟向人喷气；烟灰火屑敲满地（吃旱烟时）；项多油滞不洗拭（不洗脖子）；门庭不扫拂；谦上下动手力扯（谦让尊卑先后时动手乱拉扯）；探手（伸手）隔座取物；坐即摇膝；桌上乱写字；坐下脚跷膝上；冷笑；摘花嗅香；开人箱柜；坐不耐久；坐立不宁；偷看人书简；粗鲁撞倒人器物；借人器物以及书文多日不还；好勉强量小之人饮酒（逼人喝酒）；在病丧家嬉笑等等。

039

做人做事一点通

何谓随便，指生活细节方面随意而为，这种行为的结果是妨碍他人，自己也没得到什么好处，所以应该改掉这种习惯。

12. 任何时候都要保持镇静

自乱阵脚是成功的克星，要想成就一番惊天动地的大事，就必须具备"泰山崩于前而色不变"的大气，无论遇到什么困难都应保持镇静。

《庄子》中讲了一个"畏影而走"的故事：一个人走路时突然见到自己的影子非常害怕，便拼命快跑想甩掉影子，谁知他跑得越快，影子也跟得越快。结果被这个"怪物"吓得要死。

其实，恐惧是自己给自己心灵投下的阴影。如果你站到背阴处，影子自然就消失了。同样，我们也可以找到有效的办法来克服恐惧，保持镇静。

战国时，著名侠客荆轲带着燕国的地图和樊於期将军的人头去见秦王嬴政，想借献图之际刺杀秦王。和他随行的还有勇士秦舞阳。当二人进入戒备森严的秦王宫殿，见到秦王时，秦舞阳便"色变振恐"，引起周围大臣怀疑。而荆轲则异常镇静，他看着瑟瑟发抖的秦舞阳，对秦王说："他是乡下人，没见过天子，所以有些害怕。"说完将图献上……

荆轲才是当之无愧的大侠，他的镇静让所有人都刮目相看。在他眼里，威震天下的秦王和他的狼臣虎将"都是无名竖子"——没什么了不得，他毫不恐惧。而秦舞阳号称"勇士"，却不能稳住心气，他所缺少的，就是镇静、沉稳的心理素质。

那么，这种镇静的心理素质是不是天生的呢？是不是我们如果有畏惧、怯场的毛病就再也不能改变呢？不是的。勇敢的士兵不是天生就勇敢的，而是锻炼出来的。

著名演员石挥原来只是一家剧团的勤杂工。一次剧团演出时，一个扮演茶房的演员临时缺场，导演就让石挥顶替。这个角色只有一个字的台词："是！"但要分三次说。临到上场时，石挥非常紧张，小腿转筋、嘴巴发抖，不听使唤，缩在台口发怵。但是事到如今，他只好硬着头皮上，团长嘱咐他说："小家伙，不要慌，上台后说话声音要大点！"没等他答应，台上大声呼唤："茶房！"团长将他朝台上一推，石挥不由冲了上台。舞台上，强烈的灯光朝他照来，他只觉得眼睛发花。台下黑压压一片，他慌乱地连声喊着"是！是！是！"然后就跑下台去了。有了这样的几次上台演出，石挥慢慢适应了舞台和观众，演得越来越自如，最后，终于成为一名优秀的演员。

恐惧多是毫无道理的。要知道，不会发生的事终究不会发生，你恐惧，只是徒增烦恼；而该发生的事也不会因你的恐惧而停止。因此，应该以平静的心态去对待天地万物，无恐无惧。而这种镇静之勇是可以通过修养和锻炼获得的。

看过《三国演义》的人都知道，诸葛亮在万般无奈下唱起了"空城计"。面对司马懿统领的大军，诸葛亮大开城门，不设一兵一卒，自己在城楼上弹琴。虽然他根据司马懿多疑的性格，估计司马懿不敢贸然攻城，但谁能保证司马懿绝对会上当呢？危险的后果是确实存在的。要说诸葛亮一点儿紧张都没有，那也太夸张了。但诸葛亮的确没有表现出慌张和心虚。他怎么做到呢？方法很简单——专心弹琴。老奸巨猾的司马懿果然上当，他非常仔细地听诸葛亮琴声，没有听出丝毫破绽，认定诸葛亮肯定有埋伏。于是，急忙下令撤兵。"空城计"就这样成功了。

人有一种本能的反应，会在极端危险的时候产生恐惧感，比如火灾、地震、洪水暴发等情况下。但恐惧对人脱离险境不但没有丝毫帮助，反而会加大危险。这时不要去想万一逃不脱会怎样，而是集中注意力做自救和他救工作。当根本无法逃避的时候，就静下来积极主动地做点儿什么事，耐心地等待援救或等待奇迹的发生。电影《泰坦尼克号》中，在巨轮行将沉没时，几位乐队成员仍专心地演奏着音乐。他们面临着死亡的威胁，却远离了恐惧，而是沉浸在美妙的音乐之中。

自信也是克服恐惧的方法之一。对别人，特别是对地位高或比自己在某方面占优势的人，不必害怕，要记住：你和对方都是平等的，对方是个重要人物，我在和他谈话，所以我也很重要。

在面对比自己身高的人时，由于眼位高低的差距，容易使自己不由自主地退到劣位上，产生胆怯和不自然。这时最好的办法就是请对方坐下来谈话，既显得礼貌，也可以免除不必要的心理紧张。

实在没有办法的时候，可以找一个小玩意儿在手中玩弄，这样可以缓解紧张不安的情绪。

类似的方法还有许多，你也可以自己研究一些。方法虽然简单，但常会有意想不到的效果。

克服恐惧感的第三个要点是尽量不去想可能产生的结果，而把注意力集中在你眼前正在做的事上。我们常常会为后果担心，比如：面对强大的敌手我可能失败，公司业务不好可能会负债，演讲可能不受欢迎，我可能要出丑……我们老在想后果，只会越想越怕。强迫自己不去想，似乎也办不到，刚刚不想了，不知怎么的又担心起来。要克服这个毛病，你需要做一件事，把注意力完全集中到这件事上来。

做人做事一点通

明人吕坤在《呻吟语》里说："主静之力大于千牛，勇于十虎；当尊严之地、大众之前、震怖之地，而心动气慑，只是涵养不定；静中看天地万物都是无名竖子。"其实吕坤是在教人"静"，镇静、沉着地面对那些会使人们感到害怕的事情、场合和人。心理镇静的力量比一千头牛的力量还要大，比十只老虎的凶猛还要强。人镇静地看世界万物，其实都算不了什么。一个人之所以在尊严的场合、众人的面前、恐怖的情况下心跳加快、大气儿也不敢出，是因为"静"的涵养还没有稳固。

做人篇

第二章
养性修德，德行合一

读书即未成名，究竟人品高雅；

修德不期获报，自然梦稳心安。

清·金缨《格言联璧》

1. 不谈论别人的隐私

不能公开示人的事为隐私，既然不能公开示人，最好就不要在私下场合谈论，这是尊重人的一种表现。

一家公司的一位员工赵娜辞职了，便新招了一个叫李玲的女孩来顶替她。赵娜的电脑自然也归李玲使用。上班没多久，李玲便在公司里眉飞色舞地传播："前面那个人蛮有趣的，在电脑里存了好多小说，好感人哦！不知道她从哪里下载的……你们要看吗？"第二天，公司里几个同事的邮箱里都收到了一篇"日记体小说"，开篇第一句就是："爱上我的上司王强，已经两年。"凑巧的是，女主角名赵娜，而这家公司的部门经理也叫王强。多亏李玲没有"邮件群发"，王强收不到这封邮件。

大家看完了面面相觑，把李玲吓坏了。有人拍拍她的肩，"删掉这篇文章吧，以后不要提……"叫她不提，可私下里李玲怎么忍得住："怎么那么粗心，走的时候都不'格式化'硬盘"。"她暗恋了那么久，王强说不定是知道的，但是不理她。她这明摆着是让这些东西漏出来让王强难堪嘛！""也不一定，说不定她在等着有一天可以传到王强耳朵里，反正他太太也不在上海……"如此传来传去，其结果可想而知。不到半年李玲就辞职了。应该怎样注意这方面的事情呢？

（1）了解别人的隐私是一件危险的事

秦桧当上宰相后，许多人都想巴结他。有个人非常善于阿谀奉承，和秦桧的关系很好，并且受到多方关照，得了无数的好处。

为了使关系"更上一层楼'，这个人挖空心思，弄来了一条十分珍贵的地毯送给了秦桧。地毯送来后，秦桧让家人铺在了屋里，一看尺寸不多不少，大小正好合适。众人纷纷称赞送礼的人有眼光，想得真周到；那个人也沾沾自喜。但是秦桧的心里却感到很不舒服。

原来，这个人为了博得欢心，此前每次到秦桧家里来时，都仔细观察屋子的大小，并加以准确地目测。因此，他送来的地毯才会完全合适。

不过，这个人没有再得到秦桧的褒奖，后来，秦桧找了个借口把他收拾了。为什么呢？因为秦桧感到这个人心计太深了，对自己的屋子大小都能计算得如此准确，毫厘不差，那么他对自己其他方面的事情也一定了如指掌。秦桧感到，把这样的人留在身边实在太危险了。

无数事实都告诉人们，了解别人不愿说出来的隐私，对自己来说是很危险的。可是，尽管我们不愿主动去打听别人的隐私，有时候却会无意间碰巧看见或听见了，这时候应该怎么办呢？最巧妙的做法，就是假装没有注意到。

（2）不要谈论别人的隐私

避免谈论别人的隐私，一是不可在谈话中拐弯抹角地刺探别人的隐私，二是不可知道了别人的一点点隐私就到处宣扬。宇宙之大，谈资无所不有，何必非要把他人的隐私当作谈资呢？

对待别人的隐私，要切忌人云亦云，以讹传讹。为什么这样说呢？首先你要明白，你所知道的关于别人的事情不一定确凿无误，也许还有许多隐情你不了解。要是你不假思索就把你所听到的片面之言宣扬出去，难免颠倒是非。话说出口就收不回来，事后你完全明白了真相时才后悔不迭，但此时已经造成了不良影响。

那么，我们该如何保护自己的隐私呢？

即使是相对宽松的工作环境，也还是要以工作为重。公私分明的员工是老板欣赏的员工，而敬业不仅仅意味着勤奋地干活，而且意味着以大局为重，不把私人领域的事情带到工作中来。

有些很个性化的东西，如果不是工作的创意，最好别表现得太淋漓尽致。因为个性是私人的，而工作是大家的。在工作场合，还是多一点共性，隐藏一点个性为好。

同事是工作伙伴，不是生活伴侣，你不可能要求他们像父母兄弟姐妹一样真正地包容你，体谅你。很多时候，同事之间最好保持一种平等、礼貌的伙伴关系，彼此心照不宣地遵守同一种"游戏规则"，一起把"游戏"进行到底。更多的时侯，你需要去体谅别人。站在同事的角度替他们想一想，也许更能理解为什么有些话不该说，有些事情不该让别人知道。

同事是由形形色色的人组成的，大家都是普通人，有着平常的善良与平常的心计。很少有人刻意去伤害别人，但彼此知道得太多，无心的伤害便不可避免。

如何应对别人的关心或者窥探也是一门艺术。比如当同事在席间亲切地问起"你最近怎么样啊"这类问题时，除了大而化之地说"还行"或者"挺好"之外，你还能怎么办？你知道对方是出于善意的关心，你也知道对方期待着你在"还行"或者"挺好"之外能再多说点什么，以显示你们的关系比一般客套更进一步。但无论如何，这时候必须谨记，千万别把人家当成了心理医生。

有的人会认为关心别人的私事是一种关系亲密的暗示，或者是导向亲密关系的途径。事实上有些东西是不方便与人分享的，所以在希望别人不要窥视你的内心世界的同时，你也不要用谈论私事的方式来拉近和同事的关系。

现实生活中有一种人，专好推波助澜，把别人的隐私编得有声有色，夸大其辞地逢人就说。人世间不知有多少悲剧由此而生。你虽不是这种人，但偶然谈论别人的隐私，也许你无意中就埋下了祸患，其不良后果并非你所能预料的。

做人做事一点通

人们好说女人最爱谈论别人隐私，其实男人当中也不乏这种人。如果你茶余饭后要找谈话的资料，那天上的星河、地上的花草，无一不是谈话的好题目，不是一定要说东家长、西家短才能消遣时间。

2. 允许别人比自己好

人人都想争第一，但是第一只有一人。如果只能容下自己而不能容纳别人，其结果只会使自己更加处于不利的局面，甚至会失控走向犯罪！

嫉妒是一种缺陷心理，是以多种形式表现出来的一种变态情感，它包含着忧虑和疑惧、羡慕和憎恶、愤怒和怨恨、猜疑和失望、屈辱和虚荣。从本质上说，嫉妒是看到与自己有相同目标和志向的人取得成就而产生的一种非正当的不适感。它是由于羡慕一种较高水平的生活或者是想得到一种较高的地位或者是想获得一种较贵重的东西，但自己又未能得到，而身边的人或站在同等位置的人先得到了而产生的一种缺陷心理。

在做事过程中，嫉妒往往有强烈的排他性，嫉妒心理出现以后，很快地就会导致嫉妒行为的产生，例如中伤别人、怨恨别人。而更强烈的嫉妒心理还有报复性，它把嫉妒对象作为发泄的目标，使其蒙受巨大的精神或肉体的损伤。实际上，嫉妒心理及相应的嫉妒行为除了暂时地平衡他们的心理之外，毫无可取之处。一方面，深受其害的嫉妒对象会远离这个"作恶多端"的嫉妒者，旁观者也会对嫉妒者的小人行径不满，嫉妒者以前建立的一些人际关系也可能由此变得紧张起来。另一方面，嫉妒者并不是一个胜利者，他们自己也承受着巨大的心理痛苦，在以后的活动中也会裹足不前，不敢与那些条件比自己优越的人交往。

听一听智者的箴言，让我们再次认识嫉妒之害。英国作家萨克雷说："一个人妒火中烧的时候，事实上就是个疯子，不能把他的一举一动当真。"

亚当契斯说："不要让嫉妒的蛇钻进你的心里，这条蛇会腐蚀人的头脑，毁坏人的心灵。"

罗素说："善嫉的人，不但从自己所有的东西中拿掉快乐，还从他人所有的东西中拿走痛苦。"

雪莱说："嫉妒的眼睛易受欺骗。"

培根说："嫉妒会使人得到短暂的快感！也能使不幸更辛酸。"

海涅说："失宠和嫉妒曾使天使堕落。"

既然嫉妒如毒素，就要转移它。一滴水成不了海洋，一棵树成不了森林。任何事业的成功都少不了合作，而嫉妒却总是会拆散所有的合作。因而，要克服嫉妒，你就要时刻提醒自己，否则将一事无成。

其实，对于那些嫉妒他人才能的人来说，这嫉妒也大可不必。俗话说，"尺有所短，寸有所长。"每个人都有自己的长处，也有自己的短处，为何非拿自己的短处与他人的长处相比，自添一份烦恼呢？

做人做事一点通

巴鲁克说："不要嫉妒。最好的办法是假定别人能做的事情，自己也能做，甚至做得更好。"记住，一旦你有了嫉妒，也就是承认自己不如别人。你要超越别人，首先你得超越自身。坚信别人的优秀并不妨碍自己的前进，相反，它可能给你前所未有的动力。

3. 待己要严，对人要宽

能够忍的人，必定是个胸怀宽广的人，做人要想做到更高的境界，就必须有宽大的胸襟，成为有海量的忍者，这样人心自会归服于你，你的事业也定会有成功之日。

唐朝时，有个大臣叫子弘，他不仅有渊博的学识而且气度不凡，因此皇帝非常欣赏他，并且屡次重用他。能够受到皇帝的宠幸是许多人的梦想，而且一旦有了皇帝的支持，有的人便飞扬跋扈起来。但子弘依然车服卑俭，对人忠厚谦让。正因为他的这种性格，不但在官场上交际得心应手，而且家庭也十分和睦。他家中曾经发生的一件事，更能充分说明他的为人之道。

他的弟弟子丑，倚仗他的权势，为人凶悍，经常酗酒闹事。有一次子丑喝醉了酒，将子弘的马给射杀了。子弘的妻子知道后，很不高兴，等他回到家就抱怨说："叔叔酒醉后耍酒疯，将马射死了，你说怎么办？"

子弘听了，看了看妻子，什么也没说，吩咐家人将死马卖了。子弘的妻子很生气，一直唠叨个不停。这时子弘平静地说道："我已清楚了。"他一点也没显出不满的情绪，脸色温和，手拿书卷，继续去书房读书。

他的妻子见丈夫如此大度，感到很过意不去，从此不再提子丑杀马的事情了。而子丑也感觉对不起哥哥，再也没犯过类似的错误。

《易经》上说："同一家之中，丈夫应该像个丈夫，妻子应当像个妻子，这样才能治家。"子弘妻子能忍受丈夫的大度，而子弘又能宽容弟弟的粗鲁行为，都可谓具有忍的度量。由于家里的人都能忍，才带来了家中上下和睦、亲密无间的局面，正如俗话所说："忍一时风平浪静"。

魏国公韩琦就是一个很有度量的人，他生性浑厚纯朴，行事向来光明磊落，从来都不暗中伤人。

他的功劳有目共睹，在大臣中地位也最高，但从未见过他为此骄傲待人或者忍不下别人的过错。尽管身份高，但他上朝以后依然站着与其他官员说话，回家以后休息时与家里的仆人谈话，都是出于真心。他的一个下属，跟随韩琦几十年，记下了韩琦的言行，反复对照，发现他说的与做的都十分吻合，没有不相应的地方。这充分体现了他宽广的心胸与不凡的气量。

当韩琦在镇守大名府时，有人送给他两只玉杯，说："这是耕田人

049

在地里挖掘的，里外都没有瑕疵，是很好的宝玉啊。"韩琦非常地珍惜它，他用白金装饰后，玉杯显得更漂亮了。韩琦为有这对杯子而自豪，每逢开宴会招待客人时，都用绸锦盖上它，放在桌子上，让大家欣赏。

有一次，韩琦宴请一名重要的官吏，于是拿出那对玉杯装酒招待客人。当宴会要开始的时候，一位侍者不小心，撞到了玉杯，两只玉杯掉到地上摔碎了。出了这样的事情，所有人都为侍者捏了把汗，那位侍者吓坏了，马上伏在地上等候惩罚。韩琦不仅没有发怒，而且笑着对客人说："天下的东西是坏还是不坏，都有其自己的命运，人是无法左右的。"接着对那个侍者说："你并不是故意的，没有什么过错，起来吧！"客人们对他的宽容与气量赞叹不已。

做人做事一点通

能够忍让的人，事情一般都能够做得比较圆满，不会有太多的意外，至于别人是否正确，那并不是最重要的。有位名人曾经说过："谨慎而忠厚，不怕容忍坏事，又有什么妨碍呢！"能够宽容待人，忍一时风浪，迎来广阔天空，这是古人的经验，也是现代人需养成的必要品质之一。

4. 自我克制，不随便发怒

很多人有动辄发怒的习惯，这是欲成大事者的大忌。我们每个人都避免不了动怒，愤怒情绪也是人生的一大误区，是一种心理病毒；它同其他病一样，可以使你重病缠身，一蹶不振。也许你会说："是的，我也明知自己不该发怒，但就是控制不住自己"。如果你是一个欲成就一番事业的人，就应该时刻注意，学会制怒，不能让愤怒左右自己的情绪。

其实，并非人人都会不时地表露自己的愤怒情绪，愤怒这一习惯行为可能连你自己也不喜欢，更不用说他人感觉如何了。因此，你大可不必对它留恋不舍，它不能帮助你解决任何问题。任何一个精神愉快、有所作为的人都不会让它跟随自己。

愤怒既是你做出的选择，又是一种习惯。它是你经历挫折的一种后天性反应。你以自己所不欣赏的方式消极地对待与你的愿望不相一致的现实。事实上，无端愤怒是一种精神错乱，每当你不能控制自己的行为时，你便有些精神错乱。因此，每当你气得失去理智时，你便暂时处于精神错乱状态。

同其他所有情感一样，发怒是大脑思维后产生的一种结果。它不会无缘无故地产生。当你遇到不合意愿的事情时，就告诉自己：事情不应该这样或那样，于是你感到沮丧、灰心；然后，你便会作出自己所熟悉的愤怒的反应，因为你认为这样会解决问题。只要你认为愤怒是人的本性之一，就总有理由接受愤怒情绪而不去改正。

但只要你不去改正，你的愤怒情绪将会阻止你做好事情。成功人士是不会让愤怒情绪所左右的。历史上有好多这样的例子，他们中能压下怒火的就成功，而凭着这一时之气行事的则大多失败了。请看下面的两个例子：

公元前283年，刘邦与项羽在战场上进行激烈的战争，就在此时，韩信攻占齐地后派人给刘邦送来了信，要求封他为假齐王。刘邦见信后勃然大怒说：我被困在这里天天盼他来帮助，他却想自立为王。正在这一时刻，张良用手拉了拉刘邦的袖子，悄声对他说："现在战场形势于我不利，怎么能阻止韩信称王呢？不如答应他的要求，立他为王以稳住其心，否则他会倒戈叛乱的。"刘邦这才恍然大悟，忙改口对使者说："大丈夫平定诸侯，就当个真王，哪能当假王呢？"这一步棋稳住了韩信，使韩信尽心竭力地为刘邦效命，为汉朝的统一立下了汗马功劳。

三国时期，关云长失守荆州，败走麦城被杀！此事激怒刘备，遂起兵攻打东吴，众臣苦谏皆无济于事，实在是因小失大。正如赵云所说：

"国贼是曹操，非孙权也。宜先灭魏，则吴自服，操身虽毙，子丕篡汉，当图中原……不应置魏，先与吴战。兵势上交，不得卒解也。"诸葛亮也上表谏曰："臣亮等切以吴贼逞奸诡之计，致荆州有覆亡之祸；陨将皇于斗牛，折天柱于楚地，此情哀痛，诚不可忘。但念迁汉鼎者，罪由曹操；移刘祚者，过非孙权。窃谓魏贼若除，则吴自宾服。陛下纳秦宓金石之言，以养士卒之力，别作良图。则社稷幸甚！天下幸甚！"可是刘备看完后，把表掷于地上，说："朕意已决，无得再议。"执意起大军东征，最终导致兵败，自己也因此丢了性命。

从这两件事中就可看出，在关键时刻是不可以让怒火左右情感的。不然有可能会为此付出代价。

那么，怎样消除愤怒情绪呢？下面几种方法我们可以借鉴。

（1）愤怒的误区

如果你仍然决定保留心中的愤怒，你可以以不造成重大损害的方式来发泄愤怒。然而，你不妨想想，你是否可以在沮丧时以新的思维支配自己，且以一种更为健康的情感来取代使你产生惰性的愤怒。虽然世界绝不会像你所期望的那样，你很可能会继续厌烦、生气或失望，但无论如何，你完全可以消除那种不利于精神健康的有害情感——愤怒。

每当你以愤怒来应对他人的行为时，你会在心里说："你为什么不跟我一样呢？这样我就不会动怒，甚至会喜欢你。"然而，别人不会永远像你希望的那样说话、办事；实际上，他们在大多数情况下都不会按照你的意愿行事。这下现实永远不会改变。所以，每当你为自己不喜欢的人或事动怒时，你其实是不敢正视现实而让自己经受情感的折磨，从而使自己陷入一种惰性。为根本不可能改变的事物自寻烦恼真是太愚蠢了。其实，你大可不必动摇；只要你想想，别人有权以不同于你所希望的方式说话、行事，你就会对世事采取更为宽容的态度。对于别人的言行，你或许不喜欢，但决不应动怒。动怒只会使别人继续气你，并会导致生理上心理上的病症。真的，你完全可以做出选择——要么动怒，要么以新的态度对待世事，从而最终消除愤怒。

也许你认为自己属于这样一类人，即对某人某事有许多愤愤不平之处，但从不敢有所表示。你积怨在胸，敢怒不敢言，成天忧心忡忡，最后积怨成疾。但是，这并不是那些咆哮大怒的人的反面。在你心里，同样的有这样下句话："要是你跟我一样就好了。"你想，别人要是和你一样，你就不会动怒了，这是下一个错误的推理，只有消除这一推理，你才能消除心中的怨愤；以新的思维方式看待世事，根本不动怒，这才是最可取的。你可以这样安慰自己："他要是想捣乱，就随他去。我可不会为此烦恼。对他这种愚蠢行为负责的，是他不是我。"你也可以这样想："我尽管真不喜欢这件事，却不会因此陷入愤怒的误区。"

所以，为了消除了这一误区，首先你要以一种平静的方式勇敢地表示出自己的愤怒，然后，以新的思维方式让自己保持精神愉快；最后，不再对任何人的行为负责，不因为别人的言行影响自己的精神状态。你可以学会不让别人的言行搅乱自己的心境。总之，你只要自尊自重，拒绝受别人的控制，便不会用愤怒折磨自己。

（2）消除愤怒的最佳方法

生活中有些人，他们对生活的态度严格得近乎呆板，这当然是一种不可取的态度。只要我们观察一下周围那些精神愉快的人就会发现，他们最为明显的特点是善意的幽默感。让别人开怀大笑，在笑声中观察五彩缤纷的现实生活，这是消除愤怒的最佳方法。

对于"幽默"这个词，我们也许并不陌生，然而，究竟什么是幽默呢？心理学家认为：幽默是人的个性、兴趣、能力、意志的一种综合体现，它是语言的调味品。有了幽默，什么话都可让人觉得醇香扑鼻，隽永甜美。它是引力强大的磁铁。有了幽默，便可以把一颗颗散乱的心引入它的磁场，让每个人的脸上绽开欢乐的笑容。它是智慧的火花，可以说，幽默与智慧是天然的孪生儿，是知识与灵感勃发的光辉。

幽默中渗透着一种紧张的意志。富有幽默感的人往往是一个奋力进取者。

幽默也能展示人的乐观豁达的品格。半夜时分小偷光临，一般不会令人愉快，可巴尔扎克却与小偷开起了玩笑。巴尔扎克一生写了无数作品，却常常手头拮据，穷困潦倒。有一天夜晚，他正在睡觉，有个小偷摸进他的房间。在他的书桌里乱摸。巴尔扎克惊醒了，但他并没有喊叫，而是悄悄地爬起来，点亮了灯，平静地微笑着说，亲爱的，别翻了。我白天都不能在书桌里找到钱，现在天黑了，你就更别想找到啦！"

幽默，实在具有神奇的魅力：可以为懒惰者带来活力，可以为勤奋者驱散疲惫；可以为孤僻者增添情趣，可以使欢乐者更愉悦……

你的生活是否过于严肃，以至于你所看到的都是生活的荒谬之处？每当你的言行过于严肃时，提醒自己，你所享有的时间只是现在。当开怀大笑可以使你如此愉快时，为什么要以愤怒折磨自己呢？

笑吧，为笑而笑，这就是笑的理由。其实，你并不需要为笑寻找理由。只要笑，这就足够了。冷静地观察生活在这个世界上的各种人——包括你自己，而后再决定选择愤怒还是幽默。请记住，幽默会使你和其他人都得到生活中最珍贵的礼物——笑。开怀大笑吧，笑声会使你的生活充满阳光。

（3）愤怒的表现形式

不管在什么时候，你都可以看到人们动怒的情形。不管在什么地方，你都可以看到人们陷入不同程度的愤怒，从轻微的烦躁不安到严重的咆哮大怒，尽管愤怒是一种逐渐形成的习惯，但它也是一种侵蚀人际关系的病症。下面是人们愤怒的常见原因：

第一，当他人做事马虎、丢三落四时动怒，尽管你的怒气很可能会鼓励别人继续自行其是，而你自己也会继续气下去。

第二，对无生命的东西动怒——要是你胫骨给撞了或大拇指给锤子砸了，尖叫一声倒可以减轻不少痛苦。但如果你为此大动肝火并做出某种行为，如用拳头砸墙，那么不仅无济于事，反而会使你更加痛苦。

第三，因丢失东西动怒——不管你怎样咆哮大怒，丢失的钥匙或钱夹都不会物归原主。相反，它只会阻碍你有效地寻找遗失的物品。

第四，因个人不能控制的天下大事动怒——你可以不满意政治局势、外交关系或经济状况，但你的愤怒以及随之而来的情性却不会改变任何事情。

上面我们列举了人们可能动怒的若干情况，现在让我们看看愤怒有哪些主要表现形式：

第一，责骂讥讽，经常对爱人、孩子、父母或朋友如此。

第二，粗暴行为，摔东西、掼门甚至动手打人等。当此类行为走向极端时，便会导致暴力犯罪。

第三，语言发泄，"他真把我气死了"或者"你太让人生气了"等等。虽然，你可能会认为这仅仅是讲讲而已，但这些话的确助长愤怒情绪和暴力行为，会使友好竞赛变成愤怒逞强的暴力争斗。

第四，大发脾气，这不仅是通常表示愤怒的方式，而且往往使发脾气的人如愿以偿。

第五，嘲弄、讥讽、生闷气，这些方法同暴力行为一样，具有很大的破坏作用。

（4）消除心中的怒气

发怒，完全是一种可以消除与避免的行为，只要好好地把握自己，你就可以让自己走出这一误区。当然，你需要选择很多新的思维方式，并且需要逐步实现。每当你遇到使你愤怒的人或事时，要意识到你对自己说的话，然后努力用思维控制自己。从而使自己对这些人或事有新的看法。并做出积极的反应。下面是消除愤怒情绪的若干具体方法：

第一，当你愤怒时，首先冷静地思考，提醒自己：不能因为过去一直消极地看待事物，现在也必须如此，自我意识是至关重要的。

055

第二，当你想用愤怒情绪教育孩子时，可以假装动怒：提高嗓门或板起面孔，但千万不要真的动怒，不要以愤怒所带来的生理与心理痛苦来折磨自己。

第三，不要欺骗自己。你可以讨厌某件事，但你不必因此而生气。

第四，当你发怒时，提醒自己，人人都有权根据自己的选择来行事，如果一味禁止别人这样做，只会加剧你的愤怒，你要学会允许别人选择其言行，就像你坚持自己的言行一样。

第五，请可信赖的人帮助你。让他们每当看见你发怒时，便提醒你。你接到信号之后，可以想想看你在干什么，然后努力推迟动怒。

第六，在大发脾气之后，大声宣布你又做了件错事，现在你决心采取新的思维方式，今后不再动怒。这一声明会使你对自己的言行负责，并表明你是真心实意地改正这一错误。

第七，当你要动怒时，尽量靠近你所爱的人。

第八，当你不生气时，同那些经常受你气的人谈谈心，互相指出对方最容易使人动怒的一些言行，然后商量一种办法，平心静气地交流看法。比如可以写信、由中间人传话或一起去散步等，这样你们便不会以愤怒相待。

第九，当你要动怒时，花几秒钟冷静地描述一下你的感觉和对方的感觉，以此来消气。最初十秒钟是至关重要的，一旦你熬过这十秒钟，愤怒便会逐渐消失。

第十，不要总是对别人抱有期望，只要没有这种期望，愤怒也就不复存在了。在遇到挫折时，不要屈服于挫折，应当接受逆境的挑战。这样你便没有空闲来动怒了。

愤怒没有任何好处，它只会妨碍你的生活。同其他所有误区一样，愤怒使你以别人的言行确定自己的情绪。现在，你可以不去理会别人的言行，大胆选择精神愉快——而不是愤怒。

（5）避免发怒的方法

愤怒是一种不良的情绪状态。古代素有"怒伤肝、喜伤心、忧伤肺、思伤脾、恐伤肾"的说法。生理研究表明，人在发怒时，会有一系列生理变化，如心跳加快、胆汁增多、呼吸紧迫、脸色改变，甚至全身发抖。这种情况对人的健康不利是不言而喻的。

怎样使自己不发怒呢？归纳起来有以下几种方法：

第一，生理中遇到能引起人发怒的刺激时，应当力求避开，眼不见，心不烦。这是自我保护性的制怒方法。

第二，在受到令人发怒的刺激时，大脑会产生强烈的兴奋灶，这时如果主动在大脑皮层里建立另外一兴奋灶，用它去找到或消除引起发怒的兴奋灶，就会使怒气平息。比如盛怒下的妻子，看到可爱的孩子天真的表演会怒气全消就是这个道理。

第三，怒从何来？常常是虚荣心强、心胸狭窄、感情脆弱，盛气凌人所致，对此，可以用疏导的方法将烦恼与怒气导引到高层次，升华到积极的追求上，以此激励起发奋的行动，达到转化的目的。

第四，这是一种主动的意识控制，主要是用自己的道德修养、意志修养缓解和降低愤怒的情绪。有人在要发泄怒气时，心中默念"不要发火，息怒、息怒"，会收到一定效果。

做人做事一点通

现实生活中，应当提高自己控制愤怒情绪的能力、时时提醒自己，有意识地控制自己情绪的波动。千万别动不动就指责别人，喜怒无常，改掉这些坏毛病，努力使自己成为一个容易接受别人和被人接受，性格随和的人。只有这样的人才能成大事。

5. 虚怀若谷，人亦近之

孟德斯鸠说："夸奖的话，出于自己之口，那是多么乏味！"谦受益、满招损。虚怀若谷，低调为人，人们喜欢接近。骄傲狂妄，自以为是，无形之中就拒人于千里之外。

许多时候人们之所以感觉难堪，其根本就在于自以为是的小聪明。现代社会中，有不少人觉得自己有点能耐就自以为是，什么都懂了，两眼看着天上，但是实际呢？下边故事的主人公就是这样一个人。

有一个年轻人，自幼聪明好学，三十刚出头就拿到了博士学位，志得意满，自我感觉实在是太好了，因此找工作他是挑三拣四，这个感觉不好，那个也看不上眼，转眼一年多时间过去了，他仍旧待业在家。他父亲看他这样子深感焦急，但是却没有一点办法，倒是这个年轻人脾气依旧，觉得现在的问题主要是没有慧眼识英才的伯乐，等到时机一到，自然就能施展才华，大显身手了。

一天他父亲接到一位远方朋友的来信，说需要几个人帮忙管理农场。这位父亲一转念，想到这个眼高于顶的儿子，就把年轻的博士生叫到跟前，问他是否愿意去农场待一段时间。

从小生活在城市里的年轻人想到可以去山清水秀、阳光明媚的农村，立即来了兴致，很快就收拾好东西，去了那个农场。

到那以后，农场的主人先带他去周围参观了一下，然后让他自己四处走动走动以熟悉地形。过了几天，年轻人来找农场的主人，依旧是很高傲自大的样子，问道："你这里有什么新鲜有趣值得我去做的事情吗？"农场的主人早就从他父亲的来信里知道了这个年轻人的性格，也想趁机磨磨他的性子，就说道："挤牛奶比较有意思，你会做吗？"

年轻的博士生很不屑地说："不就是挤牛奶吗？有什么难的！"

农场的主人就给了他一个铁桶，一个凳子，跟他说你去把铁桶挤满了以后就回来吧。

年轻人带上铁桶和凳子，兴冲冲地去草场那边了。

一个多小时以后，年轻的博士生没有回来，两个多小时，他还没有回来，一直等到天黑了，农场的主人发现他还没有回来。就拿着灯去找，眼前的场景让他哭笑不得。

只见博士生使劲地拽着一头奶牛往凳子上按，奶牛拼命挣扎，博士生累得气喘吁吁，身上到处都是泥土，衣服也破了几处，就连脸上也不知道是碰的还是摔的，有几处淤肿，眼镜也不见了，情形说不出的狼狈，铁桶里面什么也没有。

农场主人叫住了年轻的博士生，把他领回了屋子，等到洗漱了以后，才心平气和地问："挤牛奶不是很容易吧？"

洗漱好、回过气的年轻人把头一昂，胸脯一挺，不以为然地说："挤牛奶还不简单，难的是怎么让奶牛坐到凳子上去。"

骄傲的年轻人碰到了自己不明白的事情，他劳心费力也不能把牛奶挤进桶里，但到了这个时候仍然没有谦虚的意思，不能不让人摇头感叹。

相反，孔子的做法就值得我们去多多学习，尤其是有着骄傲情绪的人更应该借鉴。

孔子是我国古代著名的大思想家、教育家，学识渊博。他周游列国时，在一次外出的时候，却被一个小孩子难住了。

那个孩子非要让孔子回答他两个问题才给他让道，孔子没有办法就答应了，于是小孩就问他："为什么鹅的叫声那么大？"

孔子不以为意，觉得这个没什么难的，就随口说："那是因为鹅的脖子长。"不料小孩紧跟着问："青蛙的脖子很短，为什么叫声也那么大呢？"

孔子张口结舌，无言以对，这件事情过去以后，他惭愧地对学生说："这个事情上我确实不如他，他可以做我的老师！"

还有一个故事，也跟孔子有关。

据说孔子一次去各国游历传道，在路上看见两个小孩在说什么，争得面红耳赤，他就好奇地问他们在争论什么。

一个小孩说："我认为太阳刚出来时距离人更近，而正午的时候距离人要远一些。"另一个小孩的看法却刚好相反。

孔子问他们这么说的原因是什么？

前一个小孩说："太阳刚出来的时候很大，像马车上的轮子一样，等到正午时候就变得像碗口那样小，我们看东西不都是远的看起来小而近的看起来大吗？"

孔子考虑了一会，觉得他说得很有道理。

另一个小孩不服气地说："太阳刚出来时气温很低，天气凉爽，但是到了正午以后非常热，就像在蒸笼里一样，这不正是说明了近的就觉得热，远的就觉得凉快吗？"

孔子听了以后，觉得这种说法也没有错。

两个孩子于是问孔子哪个说的对？孔子不能判断谁是谁非，就老老实实承认他不知道，结果被两个孩子嘲笑了一通。

孔子的学问知识不用说，那是很渊博的了，可是他在遇到自己不明白的事情的时候仍然坦白地承认，即使面对的是几岁的小孩子，就算被嘲笑，也没有自以为是，强词夺理。相比较那个骄傲自大的年轻人而言，孔子这样虚怀若谷的态度尤为难得。

骄傲自大的情绪在每个人心里都有，尤其是稍微有点成就的时候。富兰克林在他的自传中就写到：我们各种习气中再没有一种像克服骄傲那么难的了。虽极力藏匿它、克服它、消灭它，但无论如何，它在不知不觉之间，仍旧显露。同时巴甫洛夫也认为：绝不要陷于骄傲。因为一骄傲，你们就会在应该同意的场合固执起来；因为一骄傲，你们就会拒绝别人的忠告和友人的帮助；因为一骄傲，你们就会丧失客观标准。

做人做事一点通

有一个形容谦虚的成语叫"虚怀若谷"，意思是说，胸怀要像山谷一样宽阔。只有空，才能容得下东西，才能容得下别人，才能让别人接近你，而自满，除了你自己之外，容不下任何东西。想想那个年轻人吧，再回忆一下那些先贤们，为人何须恃才傲物，大可和逊致谦，人生的路会更好走。

6. 谦让为上，不要狂妄自大

有的人依恃着自己的才能、学识、权力和金钱等等，便目空一切，狂妄自大。"狂"其实是不好的，要不得的，处世如果与"狂"相结合，便会失去人的常态，便会产生不文雅的名声。

人们习惯称狂妄轻薄的少年为"狂童"，称狂妄无知的人为"狂夫"，称举止轻狂的人为"狂徒"，称自高自大的人为"狂人"，称放荡无羁的人为"狂客"，称狂妄放肆的话为"狂语"，称不拘小节的人为"狂生"……

有时候，狂妄与无知是联系在一起的，举凡狂妄的人，都过高地估计自己，过低地估计别人，他们口头上无所不能，评人论事谁也看不起，总是这个不行，那个也不行，只有自己最好。在这种人眼里，他自己好比一朵花，别人都是豆腐渣。这种人处世怎么会恰到好处呢？

有的人读了几本书，就自以为才高八斗，学富五车，无人可比，现在的文学大家、科学巨匠全部不在话下；有的人学了几套拳脚，自以为武功高强，身怀绝技，到处称雄，颇有打遍天下无敌手的气势。然而，狂妄的结局是自毁家门，自断后路，人缘关系很糟。

《三国演义》里有一个祢衡，堪称"狂夫"。他第一次见到曹操，把曹营中勇不可挡的武将、深谋远虑的谋士，一个个贬得一文不值。他贬起人来，如数家珍，如"荀彧可使看坟守墓，程昱可使关门闭户，郭嘉可使白词念赋，张辽可使击鼓鸣金，许褚可使牧牛放马，乐进可使取状读诏，李典可使传书送檄，吕虔可使磨刀铸剑，满宠可使饮酒食槽，于禁可使负版筑墙，徐晃可使屠猪杀狗，曹子孝呼为'要钱太守'，其余皆是衣架、饭囊、酒桶、肉袋耳"。

祢衡称别人是酒囊饭袋，称自己却是"天文地理，无一不通；三教九流，无所不晓；上可以致君为尧、舜，下可以配德于孔、颜。岂与俗子共论乎！"更有甚者，当曹操录用他为打鼓更夫时，他却一边击鼓一边骂起曹操，然后扬长而去。对这种人，曹操自然不肯收留。祢衡又去见刘表、黄祖，依然是一副狂妄的架子，骂骂咧咧的，最后他被黄祖给砍了脑袋，做了个无头狂鬼。他的个性太张扬了。

同样，《三国演义》里面的另外一个人物——关羽也是一个狂妄自大的人。

关羽镇守荆州时，诸葛亮再三叮嘱关羽"东和孙权，北拒曹操"，但关羽目空一切，骄傲自大，一次次地破坏孙刘联盟。

一次，孙权派诸葛瑾为使，前来索要荆州。刘备已经许诺东吴先交割三郡，诸葛瑾带着刘备的书信来到荆州找关羽交涉，关羽以"将在外，君命有所不受"拒之，而且还执剑在手，大声怒斥："不看军师面上，教你回不得东吴。"这其实是刘备、诸葛亮玩弄的把戏。但关羽却不明就里，不懂扯皮术，致使矛盾激化，走向极端。

还有一次，诸葛瑾奉孙权之命，为孙权之子与关羽之女联姻，并明确提出"两家和好，并力破曹"。此次如果关羽许亲，就可以巩固孙刘联盟；如果不愿许亲，婉言谢绝也就是了。但是关羽却不，非但不许亲还谩骂道："吾虎女安嫁犬子乎"，不仅如此，又威胁诸葛瑾说："不看汝弟之面，定斩汝首"，将其逐出。关羽这种骄矜的态度，拒婚、谩骂、侮使，激怒了孙权，孙权下定决心采取武力夺取荆州。

关羽因为狂妄自大，不得善终，败走麦城……关羽的悲剧虽然令人感叹，但更为后人敲响了警钟。无论自己多么显赫，还是要时时提醒自己不要骄傲自满，以免因忘乎所以而不得善终。

《三国演义》中还描写了一个狂妄自大的人——吕布，吕布是三国中非常厉害的骁将，几乎难逢对手。曾经辕门射戟，吓退袁绍三万精兵。但他最致命的弱点就是容易忘乎所以，"让胜利冲昏了头脑"。盛名之下的吕布有些得意忘形了，开始目空一切、唯我独尊、骄傲恣肆起来，他经常怒气冲天，颐指气使，好像一切都是他的功劳。最后，他众叛亲离，殒命白门楼。能够夺取天下的，不仅仅是靠勇武，更是谋略、智慧的较量。一个人如果能控制自己的怒火自然能运用谋略，取胜的机会也自然提升；如果控制不住自己的性情，那么就只好逞匹夫之勇，胜算的把握就可想而知了。刘邦在项羽要把老父烹煮的恫吓之下，依然面不改色，仅凭这一点，善于斗智的刘邦就能战胜力拔山兮的项羽。而吕布只不过是又一个项羽的化身罢了。

人们常说"谦虚使人进步，骄傲使人落后"，这句话确实有它的道理。在兵家的说法中，有一条就是骄兵必败，这一点在历史上已经有过无数的经验教训。有时往往由于暂时的胜利，狂饮欢歌，甚至忘记敌军的存在，这种被胜利冲昏头脑的军队，必然会遭到失败。明末的农民起义领袖李自成，当他成功夺下了北京后，没有重视雄踞关外的清兵，结果一败涂地，将胜利的果实拱手送给了清兵。

虽然一个人的个性与先天有很大关系，但是人的脾气还是可以控制的。不论你的个性如何，只要你愿意，只要你努力，你都可以积极有效地管理你的脾气。但无论如何，有一件事情你必须明白，那就是骄者必败。正因为这样，每个人都应该保持谦虚的作风，戒骄戒躁，因为谦卑能使人的心灵得到升华，得到充实，而骄傲却只能使人的心灵低微和无知。

人的个性是一种最为基本的气质或情绪本质，与个人的性格有着极为密切的关系。比如，同样是一件事情，有的人可以忍受，有的人可能根本无法忍受，或做出异样的行为。每个人的个性都是天生的，与后天的人生经历也有相当的关系，有些人的个性很容易被激怒，而有些人的忍耐力就比较强，能容忍不公的待遇。骄傲自满就是一种最典型的个性气质。人生最可怕的，不是失去什么，也不是生老病死，而是骄傲。失去什么是我们无法挽回的，而生老病死是自然规律，不是人为可以改变的。但是人的心态是可以改变的，看看周围，有多少天资聪慧的人都败在了骄傲上。

做人做事一点通

一个人的本事有多大，别人都看得见，心里都有数，不用自吹，更不能狂妄。"天不言自高，地不言自厚"，没有多少人乐意接触一个言过其实的人，更没有一个人乐意帮助一个言语不恭的人。不论是庄子、老子，还是孔子，儒道两家都劝人要以谦让为上，不可自作聪明地显示、夸耀自己的才能和实力。只有这样处世，才能不被人妒忌，才能真正达到自己的目的。

7. 敬人者，人亦敬之

我诈则尔虞，用什么样的态度对待别人，别人就会用什么样的态度对待你。你狂妄别人更狂妄，你骄傲别人更骄傲，你谦虚别人也谦虚，你尊敬别人，别人也会尊敬你。

人与人之间的关系严格来说是平等的，大家生来都是一样的，没有高低之分，也没有尊卑之别，这是毫无疑问的。不过，在后天的发展中，有的成为农民，有的成为工人，有的成为教授，有的成为领导，有的一贫如洗，有的家财万贯，有的目不识丁，有的学富五车。

即使这样，领导和平民，富翁和穷光蛋，教授和文盲之间的关系依旧是平等的。

曾经有这样一个笑话：

有两个人，一个是富人，一个很穷，但是穷的那个人并没有因缺钱而显得低人一等，更没有因此对富人恭恭敬敬。富人很不满意这一点，他觉得这跟他们现在的状况不一致，于是他找到那个穷人说："我有钱，你没有，你应该尊敬我。"

穷人并不买账："你有钱是你的，跟我有什么关系？我为什么要尊敬你呢？"

富人一想，觉得穷人的话也有道理，于是又说："要是我把我的钱分给你四分之一，你可以尊敬我吗？"

穷人一听，还有这样的事情，于是就说："你不过给我四分之一的钱而已，我为什么要尊敬你？"

富人开始加价："要是我给你一半的钱呢？"

穷人并不让步，说道："要是那样，我的钱跟你的钱一样多，我又何必尊敬你呢？"

富人没有罢休，他又问："如果我把所有的钱通通都给你，你总可以尊敬我了吧？"

穷人哈哈大笑："你所有的钱都给我了，我有钱你没有，我为什么还要尊敬你呢？"

在这个笑话中，说明了一个再简单不过的道理：能否得到别人的尊敬和钱没有关系，同样，跟名利、权力、地位也没有关系。真正有关系的是自身的态度——敬人者，人亦敬之。

德国前总理勃兰特访问波兰时，专程到华沙的遇难犹太人纪念碑前献花圈。面对冰冷的纪念碑，围观的政要、群众以及众多的新闻记者，勃兰特突然双膝下跪，向这些惨死在第二次世界大战中的犹太人道歉谢罪。我们大多数人也许不知道勃兰特的生平，也许不了解这位德国总理曾经有过什么丰功伟绩，但是很少有人不知道他的这一跪。他以行动表达对这些遭受纳粹侵略过的人民的歉意，这是对历史的尊重，也是对这些死难人民的尊重，也为他自己赢得了世界人民的尊敬、敬人者，人亦敬之，什么时候都不例外。

低调做人是获得成功的关键，三国时候的刘备本是一个贩夫走卒，但是他尊重人才，不以身份自重，能礼贤下士，结交有才能的人，从而三分天下。刘备的成功与他低调做人，尊重人才有着密不可分的关系，其中三顾茅庐邀请诸葛亮出山最能体现这一点。

065

　　为了请诸葛亮出山，刘备带着他的两个结义兄弟三次去隆中诸葛亮的家中拜访，前两次连诸葛亮的人都没见着，无功而返。第三次去拜访才见到了诸葛亮，刘备的诚意，打动了诸葛亮，他答应出山辅佐刘备。

　　那时，刘备是当朝皇帝的叔叔，身份显赫尊贵。诸葛亮只是一个普通的读书人而已，并没有显露什么了不起的才能。只是听了徐庶和司马徽的话，刘备就不辞劳苦，三顾茅庐，用十足的敬意，终于请得诸葛亮出山辅佐。刘备的低调谦和以及对诸葛的尊敬换来了一个为他鞠躬尽瘁死而后已的千古名相。

　　刘备低调做人，尊敬名士的态度不仅让他得到了诸葛亮的倾力帮助，同时也帮他获得了大批人才，其中他结交益州名士张松，就是一个很好的例子，这让他拿到了至关重要的川西地理图，为将来蜀中称王、三分天下奠定了良好的基础。

　　张松是益州名士，虽然身材矮小，相貌丑陋，却很有才华，智谋非凡。他本来是西川刘璋手下的官员，但是早想辅佐明主成就一番大事，于是暗中画了一幅西川地图，把蜀中的山川险要，府城县乡等重要的地方都一一做了标记，准备见机行事。

　　张松本来觉得曹操是个很了不起的人，于是在一次去许都见曹操的时候就暗中把西川地图带上，准备献给曹操。不料曹操见张松相貌丑陋，身材矮小，言语无礼，并没有热情接待。为人很有几分傲气的张松见曹操根本不把自己放在眼里，就打消了把地图献给曹操的念头。

　　后来，曹操邀请张松前去观看曹军演练。曹操自夸军容鼎盛，问西川是否有这样的军队。张松说西川没有这般军队。但是他并不示弱，以曹操濮阳攻吕布，宛城战张绣，赤壁遇周郎，华容道逢关羽，割须弃袍于潼关这些败绩来讥讽他，曹操见张松尽揭他的短处，自然心中很不高兴，就下令将张松赶出许都。

　　受挫而归的张松没有死心，他转而取道荆州，想顺便看看刘备是个什么样的人，就在他刚到荆州边界的时候，便被刘备的爱将赵云接到驿馆，随后刘备的结义兄弟关羽也前来为他设宴接风，这让张松很受感动。

很快刘备就带着军师孔明、庞统等人亲自来迎接张松，一连设宴款待了他三天。刘备对张松的盛情把张松感动的不行，铁下心来帮助刘备谋划，还极力劝说刘备攻取西川，他愿意作为内应，并把所带的西川地图献给刘备，还把好友法正、孟达推荐给刘备，说他们德才兼备，可以委以重任。尤其法正，对刘备以后的事业起着不可低估的作用！

由这两件事情不难看出，刘备为人低调、谦和敬人，因此也获得了诸葛亮、张松等人的敬重，奉他为主，为他流血流汗、鞠躬尽瘁甚至牺牲性命。

做人做事一点通

本色做人，谦和敬人者，人亦敬之！想要成就一番事业，为人低调，谦和敬人的态度是必不可少的。

8. 忍小节者成大事

一个人不能事事操心，平分精力。人的精力是有限的，如果处世不分轻重主次，必然徒劳无功，弄不好纠缠于小事之上，反而耽误了大事。

北宋吕端善忍小节，被人称为"大事不糊涂"。

吕端聪明好学，成年后风度翩翩，对于琐碎小事毫不在意，心胸豁达，乐善好施。一次吕端奉太祖赵匡胤之命，乘船出使。突然海上狂风大起，巨浪滔天，飓风吹断了船上的桅杆，一行人十分害怕，吕端不为所动，仍然十分平静地在那里看书。

宋太宗赵光义时代，吕端被任命为协助丞相管理朝政的参知政事。当时老臣赵普推荐吕端时，曾对宋太宗说："吕端不管得到奖赏还是受到挫折，都能够十分冷静地处理政务，是辅佐朝政难得的人才。"

宋太宗听后，便有意提拔吕端做丞相。有的大臣认为吕端"平时没有什么机敏之处"，太宗却认为："吕端大事不糊涂！"

终于，吕端成为宋太宗的宰相。在处理军政大事时，吕端充分体现出机敏、果敢的才能。每当朝廷大臣遇事难以决策时，吕端常常能较圆满地解决问题。

淳化五年，归顺宋朝的李继迁叛乱，宋军在与叛军的作战中，捉到了李继迁的母亲。宋太宗单独召见参知政事寇准，决定杀掉李母。吕端预料太宗一定会处死李母，等到寇准退朝后，便巧妙地询问寇准："皇上告诫你不要把你们计议的事告诉我吧？"寇准显出为难的神色。吕端见寇准没有把话封死，接下说道："我是一朝宰相，如果是边关琐碎小事，我不必知道，如果是国家大事，你可不能隐瞒我啊。"

吕端、寇准都是明大义、知轻重的人，所以吕端才敢公开地向寇准询问他与皇帝议事的内容。寇准听懂了吕端的话中之意，便将太宗的意思如实告诉了吕端。吕端听后急忙上殿奏太宗说："陛下，楚霸王项羽俘虏了刘邦的父亲，威胁刘邦，扬言要杀死他的父亲。刘邦为了成大事，根本不理他，何况是李继迁这样卑鄙的叛贼呢？如果杀掉李母，只会使叛军更加坚定了他们叛乱的决心。"

太宗听了，觉得有理，便问吕端应该如何处置李母。吕端富有远见地回答："不如把李母放置在延州城，好好地服侍她，即使不能很快招降叛贼，也可以引起他良心上的不安；而李母的性命仍然控制在我们手中，这不是更好吗？"吕端一席话，说得太宗点头称赞："没有吕爱卿，险些坏了大事。"

吕端巧妙运用攻心战术，避免事态扩大，李继迁最终又归顺宋朝。

如果说处理李继迁的问题时，吕端深明大义，努力纠正皇帝的错误，避免了大的失误，那么在关系到江山社稷大事上，一向不拘细节的吕端却反其道而行之。

宋太宗至道三年，皇上赵光义病危，内侍王继恩忌恨太子赵恒英明有为，暗中串通副丞相李昌龄等人图谋废除太子，另立楚王元佐。楚王元佐是太宗长子，原为太子，因残暴无道，太宗废了他。吕端知道后，秘密地让太子赵恒入宫。

太宗一死，皇后令王继恩召见吕端来见。吕端观察到王继恩神色不对，知道其中一定有变，就骗王继恩进入书阁，把他锁在里面，派人严加看守，自己冒着生命危险去见皇后。皇后受王继恩等人怂恿，已经产生了另立楚王元佐的意图，见吕端来，便问道："吕丞相，太宗皇上已经去世了，让长子继承王位才合乎道理吧？"吕端回答说："先帝立太子赵恒，正是为了今天，怎么能违背他的遗命呢？"皇后见吕端不同意废太子赵恒，默然不语。吕端见皇后犹豫不定，立即说道："王继恩企图谋反，已经被我抓住。赶快拥立太子才能保天下安定啊。"皇后无可奈何，只好让太子继承皇位。

太子赵恒在福宁殿即位的那一天，垂帘召见群臣，吕端担心其中有诈，请求卷帘听朝。他登上玉阶，仔细看了一番，确认是太子赵恒才退了下来。随后，他带领群臣三呼万岁，庆贺宋真宗赵恒登基。

卷帘认准了自己拥立的皇帝才肯行礼，吕端确实是大事不糊涂。正是吕端善于容忍平时的小事，但对于重大问题的细节却一点也不忽略，才能圆满地处理问题。

处事恰到好处，要做到小事装糊涂，这是种容忍的功夫。如果什么事都看不惯，看不惯就要插手管，结果会什么事也管不好，反而会得罪一大批人。

069

做人做事一点通

对大事不含糊，认认真真地干好。忍小节是为了精力充沛干大事。对人不要做得太绝，给人余地，是以宽恕的态度感化对方，让对手成为伙伴，事业会更加壮大。

9. 低调处世，淡泊名利

许多低调处世的人，把荣誉、金钱、地位看的很淡泊，大有一种"去留无意，任天边云卷云舒，宠辱不惊，闲看窗外花开花落"的洒脱，这种精神的超逸是一种很高的人生境界。

我国东汉时期的严子陵是一个典型的低调处世的人，他不汲汲于名利，更不戚戚于富贵，他知道人生的道路非常宽阔，不是用名和利就能够衡量出来的，所以在某种情况下，要懂得"激流勇退，去留无意"的道理，也许，在名利的砝码上减轻几分，生活会更有滋味呢。

严子陵才华出众，是汉光武帝刘秀的老同学，他为人很低调，从不因为有这样一个老同学而骄傲，对名利没有一点向往的他还怕刘秀封自己做官，所以隐居在齐县境内富春山中，隐姓埋名，以垂钓为生。

刘秀告示天下，令人寻找严子陵。并且请来宫廷的一流画师为严子陵画像，在他细细的描绘下，画师将严子陵画得形神毕肖，刘秀非常满意，下诏复制许多份颁发天下，让各地官吏负责寻找严子陵，很长时间过去了，仍然没有一点消息，光武帝非常焦急，却没有任何办法。

有句话叫"踏破铁鞋无觅处，得来全不费功夫"，一天，一个农夫上山砍柴，远远的看见河边做着一个身穿羊皮大衣的垂钓者，觉得眼熟，再往前走发现很像集市上贴的严子陵的画像，这可是武帝下重金要寻找的人，于是农夫顾不得砍柴，便飞一般跑到衙门，向县令报告此事，农夫自然拿到了应得的奖励。

县令不敢迟疑，迅速上书光武帝说："一农夫在富春山溪水边，发现一位身披羊皮大衣的垂钓者，很像严子陵。"

刘秀听后，立即派官吏带上优厚俸禄，请严子陵出富春山回朝做官，然而淡泊名利的他毫不犹豫地拒绝了，可是武帝不甘心，后又多次派人去请，终没有收获。刘秀便派人最后一次去富春山，让官吏无论如何一定要把严子陵请回京城，于是这些官吏只好硬把他拉上官车，一路快马加鞭把严子陵带回京城，刘秀早已为他准备好房子、食物、仆人，然而，严子陵不但没有感谢刘秀，甚至不屑一顾。

那时，严子陵还有一个旧时好友，在朝中做大司徒，名叫侯霸，他听说老朋友已到皇宫，就派臣下侯子道带上自己的亲笔书函专程去探望，可是，侯子道恭恭敬敬地把信递过去后，发现严子陵斜倚在床上根本就没动一下，只是接过信，粗略地看了看，不以为然地放在桌子上。侯子道以为严子陵因为侯霸没有亲自看望而不高兴，于是说道："大司徒因为公事无法脱身，所以没能亲来看您，晚上，他一定会登门拜访，您这先写个回信，也让大司徒安心。"

严子陵便提笔给侯霸写了一封简短的回信："君房（侯霸字君房）先生，既为汉朝大司徒，就应为人民做好事，如果一味地奉承君王，不顾人民死活，那样是不可以的。"

侯子道回去把信交给侯霸，侯霸看信后很不高兴，以为严子陵根本没把他这个大司徒放在眼里。于是把信交给刘秀看，谁知刘秀不怒反笑说："他还是这个倔脾气。"

当晚，刘秀亲自登门看望严子陵。可是他仍然不愿理睬，躺在床上都没动。刘秀没有恼火，反而笑着拍拍严子陵，说："老同学，你难道一点也不念咱们同窗一场，帮我一把吗？"严子陵说："我怎么是不念旧情呢，只是我不喜欢做官，你就不要逼我了吧。"刘秀只好失望地走了。

不久，刘秀封严子陵为谏议大夫，但是他不肯上任，一定要回富春山继续过他的隐居生活，刘秀没办法，只能暂时同意他的要求，严子陵回到富春山，每日都在富春江上的一个台子上钓鱼，后有人把这个地方称为"严子陵钓台"。

建武十七年，刘秀又召严子陵入宫，他再一次拒绝。严子陵一生只寄情于山水间，这是一种人生的极大乐趣，更是一门低调做人的学问。事实上，他的无意仕途正是对自己最好的保护，因为他很清楚名利场上的险恶，与其为名利挣得个你死我活，倒不如低调一点做人，从而保持清高的节操，快乐地度过一生。

在这个多姿多彩、充满诱惑的世界上，安于低调的人很少，多数人都盼望自己成为顶天立地的英雄豪杰，但是他们没有想到，即使达到了目标，在这个浩瀚的宇宙中，也不过是沧海一粟。所以，奉劝人们，即使要追求成功，也应该保持一颗安分、低调之心，才能从生活中找到快乐。

春秋时期齐国的一个大夫田乞，有很高的声望，原因是他和百姓的关系很好……

田乞在向百姓粜粮食时，用大斗量出，而在收取赋税时，却用小斗，这样一来，百姓的粮食不但没少反而变多了，田乞的家人很不理解，问他为什么非要这样做，他说："一个国家的兴衰取决于百姓，如果百姓相信你、支持你，那么国家就会安定富强。反之，如果百姓怒视你、反对你，那么国家就将不复存在。所以，要想得到百姓的拥戴，就得给他们实实在在的好处，光靠嘴上讲得好听，没有任何用处。"

家人听了又问："你说的很有道理，可是为什么不明白地告诉百姓呢？"

田乞说："你不明白'德'，有阴德和阳德之分，如果说白了要给人家什么好处，这叫阳德，但这不是最高尚的德行，最高尚的是阴德，它给别人好处，并且不让别人知道，让人们自己悟出其中的道理。我的这种'大斗出，小斗进'的做法，便是行阴德于人民！"家人听了他的一番道理，都信服了。

不久后，有一个叫叔向的大臣，看到田乞的行阴德于民的做法，偷偷地和家人说："百姓是非常明白事理的，会真心地归向田氏，田氏将来肯定会取得齐国的政权。"果然，到田乞的儿子田成子的时候，田氏取得了齐国的政权。

现实生活中，人们都渴望得到名利、金钱、地位，但是人们在追求这一切的过程中，一定要注意：低调做人，坦然面对得失，该进则进，该退则退，效仿大诗人李白"天生我材必有用，千金散尽还复来"的坦荡。

10. 养成良好的习惯

好习惯造就人，坏习惯摧毁人。所谓摧毁，是指从身体和精神上摧毁。

有的人习惯"黎明即起，洒扫庭院"，有的人则习惯睡懒觉；有的人滴酒不沾，有的人则每天都要喝几杯；有的人十分注意自己的衣着整洁，有的人则大大咧咧，不修边幅；有的人对人说话谦恭有礼，有的人则高声大嗓、唾星四溅；有的人做事井井有条，有的人则手忙脚乱；有的人总是乐观地看待一切，有的人遇到一点儿小事，就会愁眉不展；有的人承诺别人的事，就决不食言；有的人当面答应得好好的，一转身就忘得干干净净；有的人节俭，有的人铺张；有的人多话，有的人寡言……

习惯的养成，与我们从小所受的家庭和社会的影响有关。有一个小幽默说明了这点：

有人问："你家的狗怎么走起路来总是七扭八歪的？"

对方回答："可怜的小东西！我丈夫从酒店里回来时，它总是跟着，跟惯了。"

习惯也与文化有关。美国人对自己的父母都直呼其名，这对中国人来说是不可思议的。

习惯并不只限于行为方面，像是绑鞋带或开车，我们的情绪反应以及感觉也决定于习惯。如美国著名的成功学奠基者之一马尔登所说：

"你可以养成这样的好习惯：把自己想象成为一个有用、积极的公民，每天都有生活目标；也可把自己想成一名失败者，一个没有价值的人。这种思想方式也是一种习惯。"

习惯有好有坏。好的习惯是你的朋友，他会帮助你成功。古希腊哲学家苏格拉底说："好习惯是一个人在社交场合中所能穿着的最佳服饰。"而坏习惯则是你的敌人，它只会让你难堪、丢丑、给你添麻烦、损坏健康或者事业失败。莎士比亚说得好："习惯若不是最好的仆人，它便是最坏的主人。"让坏习惯主宰了自己的生活，它不就是你"最坏的主人"吗？

坏习惯，明人吕坤称之为"惯病"。他说"任意"（这也是一种坏习惯）、"惯病"都是很难戒除的，如果能真正在戒除它们上下工夫（就个人的修养来说），那就像是扎针治病找准了穴位，挠痒痒找对了地方。

戒除惯病是很难的。古代有一个官员，特别容易发怒。他下决心要改掉这毛病，便在案头上放了一块木牌，上面写着"制怒"。这天属下来说事，他听着听着又怒了，拿起牌子便扔向了属下。

吕坤说，要戒除惯病，就要"着力"，的确如此，不以坚强的意志来强迫自己改正，坏习惯是很难去掉的。

戒除坏习惯还有一难，就是"习惯成自然"后，你要改变它，可能一时奏效，但过段时间它可能又会发作。拿戒烟来说，许多烟民都多次戒了又多次"破戒"。马克·吐温曾幽默地说："戒烟有什么难？我已经戒过一千次了。"戒除坏习惯，要有打持久战的毅力。

现代社会经济发展，科技进步，人们的生活内容更加多样。另一方面，人们承受的压力也在增大。这种情况下，我们的"惯病"也增加了许多"新花样"。比如酗酒和吸烟，已蔓延到女性和孩子中间。吃得太多太好造成的肥胖，已成为富裕社会的大问题。美国政府的调查显示，半数美国人超重，三分之一人患了肥胖症。还有电子游戏，成为许多青少年陷入其中不能自拔的"惯病"。网上聊天也是如此。

你可能会说，我也知道有些习惯不好，甚至很坏，我也试着改掉它，但我发现改不掉。

真的改不掉吗？马尔登说："你可以改变习惯，当然不像滚动木头那样简单，但是你可以办得到，只要你真心希望这样做。"他提出了六条建议：

（1）首先相信你可以改变你的习惯。对自己的控制能力要有信心，如此才能为你的基本个性带来积极的改变。

（2）彻底了解这些坏习惯对身体造成的不良影响，使你愿意去承受暂时的损失——甚至痛苦——而培养出要求改变的强烈愿望。面对这些可怕的事实：体重过重会使你的重要器官不堪负荷，酒精会破坏你的身体组织，过度工作（这也是一种不好的习惯）可能会伤身体等等。

（3）找出某种令你感到满意的事物，用来暂时安慰自己。因为你在戒除一项长期的习惯之后，必会经历一段痛苦的时期，这时就要找些事物来安慰你，像摄影、园艺或弹钢琴这些嗜好，可能会协助你不抽太多香烟。

（4）发掘将你逼到这种情况的基本问题。你的挫折究竟是什么？你是否低估了自己的价值？为何对自己如此敌视？（这是针对那些因挫折或失败而有了酗酒、多食、吸毒等坏习惯的情况而言的。）

（5）认真处理这些问题，调整你的思想，接受你的失败，重新发掘你的潜力。

（6）引导自己迈向积极的习惯，这将使生活获益。为自己制定新的目标。在积极的活动中获得成功的感觉，这将发挥你的能力与热诚。

075

做人做事一点通

改掉你的坏习惯吧——假如你有。当你在改变的过程中动摇了，就请重温一下马尔登的建议。因为这将使你的健康、事业、生活乃至一生都受益无穷。

11. 微笑使生活轻松

有没有一种东西给了别人以后自己更有好处?

有没有一种东西不需要耗费一点成本,却能盈利无数?

有没有一种东西能给所有的人带来开心?

不用费心思琢磨了,这种东西每个人都有,那就是——微笑!

　　微笑是上天赋予人类的一项特权,是人与生俱来就拥有的。微笑是社交制胜的法宝,也是公关办事的利器,一个善于使用微笑的人,无论走到哪里都会受到人们的欢迎,并在人际交往和公关办事中轻松自如,无往不利。

　　如果你希望别人高兴见到你,喜欢与你相处,那么就要微笑,因为你发自内心的笑容在确切无疑地传递着一个信息:"我很高兴见到你""我喜欢与你在一起。"而这样的效果无论是多么精辟的语言也不能准确而直接地表达出来的,有一位作家在书中曾经这样写道:"你向对方微笑,对方也报以微笑。他用微笑告诉你:你让他体验到幸福感。由于你向他微笑使他觉得自己是一个受别人欢迎的人,所以他也会向你报以微笑。换言之,你的微笑使他感到了自己的价值。"这就是微笑的魅力。

　　"笑,实在是仁爱的表现,快乐的源泉,亲近别人的桥梁。有了笑,人类的感情就沟通了。"这是英国诗人雪莱说的。在社会交往中,如果你想得到别人的尊敬,那么就需要拥有高尚的品质和杰出的成绩,如果想得到别人的好感,则容易很多,你只需要微笑。从这一点来看,微笑无疑是一座最可靠、最廉价的沟通桥梁。

　　微笑不仅能让人感觉温暖,体会快乐,也是公关办事中不可缺少的武器。

小柳所在的单位，由于人事变动，一个很难填补缺额的部门少了一个人。几经周折之后小柳找到了一个很合适的人选，那是一所名牌大学的毕业生，基本功扎实，虽然经验稍微欠缺，但是只要稍作培训，胜任这份工作肯定不在话下。小柳与他通了几次电话，在交谈中小柳得知还有几家公司也希望聘用这个毕业生，而且那几家公司的实力比小柳所在的公司要强出很多。所以，当这个毕业生表示愿意到小柳的公司工作时，小柳在高兴之余，也很意外。

后来在一次午餐中，小柳才明白了这个毕业生来他们公司的原因。这个毕业生说："其他公司的经理在电话里的声音都是一个腔调：生硬、直接、不带感情。虽然那里的条件不错，可是感觉缺乏人情味，彼此之间就像是在做生意，这让人很不舒服。可你却完全不同，听起来很亲切，是在用心沟通。感觉你是真诚地希望我成为你们公司的一员。我似乎看到电话的那一边你正在微笑着与我交谈。"

"一阵爽朗的笑，犹如满室黄金一样眩人耳目。"这是法国作家福楼拜说的，这个事例就是对这句话的最好的解释。那几家公司恐怕很难想象，他们的失败竟然是因为不善于微笑。从这点来说，微笑就是最好的敲门砖，通过微笑能够轻松与人沟通，更容易接触到对方的心灵，从而取得成功。

不要以为任何类型的笑都能起到敲门砖的作用，笑也有很多种，除了真诚的微笑之外，还有假笑、冷笑、皮笑肉不笑、干笑等，这样的笑容不但起不到沟通的作用，还会阻碍人的交往，给办事带来障碍。只有发自内心的微笑才会让人感受到你的真诚，才有助于彼此的交流和沟通。

微笑是改善人际关系的重要力量，可以让你轻松自如地提升人气，受到别人的欢迎，并为日后的成功播下种子。

做人做事一点通

"微笑是一句世界语。"这句话很精辟，也很实在。也许语言难以沟通，也许性格差异很大，可是微笑却是最容易被人接受和理解的。不管是在生活还是工作中，只要拥有微笑，经常微笑，你将会发现，生活也在朝你微笑。

12．拥有感恩的心

任何人的成功都离不开自己的努力。实际上，还有一个不容忽视的事实是，他们接受过许多的帮助。生活中你会在不经意间发现许多人给予你的意料之外的协助。因此，你必须感谢这些帮助过你、支持过你、鼓励过你的人，同时也要感谢苍天对你的眷顾。

心怀"感恩"是一种深刻的情感蕴积，它能够增强个人的魅力，开启你神奇的幸福之门，发掘出无穷的智慧源泉。感恩是一种生存的态度和良好的习惯，你必须真诚地感激别人，感激一切美好的事物，而不只是虚情假意。

感恩和慈悲有异曲同工之妙。时常怀有感恩的心，你会变得更谦和、可敬、和蔼可亲。

世间所有的事情都是相对的，不论你遭遇多么恶劣的情况，多么大的困难，它们都还可能变得更糟。你要庆幸所经受的磨难很少。每天都用一点点的时间，为所得而感激，为幸运而感恩。

生活中的虔敬之辞应该经常挂在嘴边，千万不要吝啬。以特别的方式表达感谢之意，付出时间和心力，这比物质的礼物更可贵、更持久。

例如，你是否曾经想过写一张字条给你的领导，告诉他你的工作进展，感谢工作中获得的点点滴滴。有了这种独具一格的感谢方式，你的领导肯定会注意到你。感恩是相互的，也是会传染的，领导也会以同样具体的方式传达他的谢意，感谢你的努力工作。

生活处处存在感激，不要忽略了周围的人：你的丈夫或妻子、亲人、朋友及工作的伙伴。他们或多或少都理解你、支持过你，勇敢地说出你的感谢可以增强亲情、友情与家庭的凝聚力。

有这样一个故事。一只小老鼠不小心掉进了一只装满水的大木桶里，无论它怎么挣扎都是徒劳，根本爬不出去。老鼠吱吱地发出凄惨的哀鸣，可是却没有谁能听见。可怜的老鼠心想："也许这就是我的宿命，这只桶应该就是我的坟墓。"正在它绝望时，一只大象从桶边经过，听到了小老鼠的呼救声，于是就用鼻子把它救了出来。

小老鼠对大象说："谢谢你的救命之恩，我希望能报答你。"

"你认为你怎样才能报答我呢？你不过是一只弱小的小老鼠。"大象不屑地说。

没过多久，一天晚上，大象在丛林中不幸被猎人捕获。猎人们用绳子把大象捆了起来，准备天亮后运走。大象痛苦地躺在地上，无论它怎样挣扎也无法扯断绳子。

这时，小老鼠出现在大象面前。它开始用力地咬绳子，终于在天亮前咬断了绳子，大象在小老鼠的帮助下获得了自由。

小老鼠对大象说："我已经偿还了你的救命之恩，我的诺言也履行了。"

现实生活中，每个人都在与他人交往，相互帮助是自然的，如果你只知道一味地索取而忽略了付出，换句话说，就是知恩不报，那么总有一天会被周围的人抛弃。

079

做人做事一点通

无论遇到什么样的情况，永远都会有些人需要感谢。感恩不花一分钱，却是一项具有无穷魅力的投资，它会充实你的人生，成就未来。

13. 祸福来去，泰然处之

　　塞翁失马，焉知非福。树活千载，生老病死不可免；人生百年，旦夕祸福难预料。祸福来去，既然不能左右，不妨坦然面对，泰然处之。

　　祸福之间的关系很微妙，当有什么事情发生时，不妨不忧不喜，坦然面对。老子曾经说："祸兮，福之所倚；福兮，祸之所伏。"意思就是在灾祸的里面，未必不隐藏着幸福的因素，而在幸福之中，未必不隐含着祸患的根源。陈忠实的小说《白鹿原》中也有这么一段话："世事就是俩字：福祸。这俩字半边一样，半边不一样，就是说，这俩字相互牵连着。就好比箩面的箩筐，咣当摇过去是福，咣当摇过来就是祸。"多么浅显而富有哲理的话，形象地说明了祸福之间相依相存的关系。

　　有一个关于祸福的故事，那就是"塞翁失马"。故事说的是：塞外有个老头不小心丢失了一匹马，邻居朋友都为他感到惋惜，纷纷前来劝慰他。老头却说："这没准还是件好事。"众人听了都暗自摇头，以为老头被气糊涂了。不料想，没过几天，老头丢失的马不但自己跑了回来，而且还带回了另一匹马。众人看到这情景羡慕的不行，又前去给老头道贺。没想到老头一点高兴的神情都没有，很平淡地对邻居们说："你们怎么知道这不是件坏事呢？"大伙听了这话都以为老头给高兴坏了，连好事坏事都分不清。可是几天后，意外就发生了，老头的儿子骑着马在玩，一不小心跌下来把腿摔断了。于是众人都劝老头不要伤心难过。老头却笑着说："你们怎么知道这不是一件好事呢？"邻居们听了都觉得不可思议，认为老头的脑子肯定出了问题。然而这个事情过去没多长时间，这个地方就发生了战争，凡是身体好的青年人都被拉去当兵，大多数人都战死沙场，很少有人能够回来，而老头的儿子因腿瘸了留在家里，安然无事。

这就是"塞翁失马"的故事。趋福避祸几乎是每个人都有的心态，但是过分地追求未必就能得到真正的幸福，反倒是失马的塞翁，面对福祸，心境平和，坦然处之，成为美谈。

做人做事一点通

有了喜事，不用欢呼雀跃，遭遇灾祸，不必沮丧绝望。驻足于一棵大树，也许就看不到整个森林；为一颗流星伤神，可能失去的是整个星空。平和心境，心向远方，人生才会更好。

14. 诚实不欺，赢得尊重

德者，道德、品德。古人说"德行谓人才堪任之优劣"，道德、品德关系到一个人的行为动机，是判断人才的首要标准，一个人的道德人品决定着事业的成败。

现在用人讲究"德才兼备"。目光短浅者，常盯着财，而目光长远者，则更注重"德"。

小王到一个公司去面试，他在一间空旷的会议室里忐忑不安地等待着。不一会儿，有一个相貌平平，衣着朴素的老者进来了。小王站了起来。那位老者盯着小王看了半天，眼睛一眨也不眨。正在小王不知所措的时候，这时老人一把抓住小王的手："我可找到你了，太感谢你了! 上次要不是你，我女儿可能早就没命了。"

"怎么回事呢?"小王丈二和尚摸不着头脑。

"上次，在友谊公园里，就是你，就是你把我失足落水的女儿从湖里救上来的！"

老人肯定地说道。小王明白了事情的原委，原来他把小王错当成他女儿的救命恩人了："老伯，您肯定认错人了！不是我救了您女儿！"

"是你，就是你，不会错的！"老人又一次肯定地回答。

小王面对这个感谢不已的老人只能做些无谓的解释："老伯，真的不是我！您说的那个公园我至今还没去过呢！"

听了这句话，老人松开了手，失望地望着小王："难道我认错人了？"

小王安慰老伯："老伯，别着急，慢慢找，一定可以找到救你女儿的恩人的！"

后来，小王在这个公司上班了。有一天，他又遇见了那个老人。小王关切地与他打招呼，并询问他："您女儿的恩人找到了吗？""没有，我一直没有找到他！"老人默默地走开了。

小王心里很沉重，对旁边的一位司机师傅说起了这件事。不料那司机哈哈大笑："他可怜吗？他是我们公司的总裁，他女儿落水的故事讲了好多遍了，事实上他根本没有女儿！"

"噢?"小王大惑不解，那位司机接着说："我们总裁就是通过这件事来选人才的。他说过有德之才，才是可塑之才！"

透过这个故事，不难看出这位成大事者"不拘一格降人才"的高明之处。事实上，"德"确实是一个人最应具备的"才"。

当道义与功利目的一致时，在为社会尽道义责任的前提下，不放弃合理的回报，即所谓"君子爱财，取之有道"。清初颜无曾有一句著名的话，就是"正其义以谋其利，明其道而计其功"。

当道义与功利发生冲突时，应该舍利而取义。中国古代哲学家孟子有一句名言，即"舍生而取义"，他认为，生命固然重要，而人格更为可贵，如果二者不能两全，应当"舍生而取义"。由此可见"义"的重要。

很多现代工商界人士只知道名震海内外的"宁波帮"，但极少知道它的奠基者严厚信，更不知道他是我国近代第一家银行、第一个商会、第一批机械化工厂的创办者。

严厚信原籍慈溪市，少年时，因为家里贫困，只上过几年私塾，辍学后在宁波垣业钱庄当学徒。由于他食量超过一般人一倍以上，没多少时间就被老板借故"炒了鱿鱼"。之后，他经同乡介绍在上海小东门宝成银楼当学徒。在此期间，他手脚勤快、头脑灵活，很快掌握了金银熔化技术，并掌握了打铸钗、髻、镯、戒指和项圈等各种首饰的技巧。同时，业余时间他酷爱读书，尤其酷爱书法和绘画。他常常临摹古今名家的作品，几乎可以达到乱真的程度。

后来，严厚信在生意中结识了"红顶商人"胡雪岩。一次，胡雪岩在宝成银楼定做一批首饰，严厚信亲自动手，做好后又亲自送去。胡雪岩给他一包银子，要他点一下，他说："我相信胡老爷，不用点。"但是，拿到店里数一下，按数少了二两银子，他不声不响，将自己的辛苦工钱暗暗地凑在里面，交给了老板。又一次，胡雪岩要宝成银楼的首饰，严厚信送去之后，又数也不数拿了一包银子回来。可是，一数，吓了一跳，多出了十两银子。十两银子，当时相当于一个小伙计的几年辛苦工钱。然而，他想起家里大人的教诲，绝不能要昧心钱。

于是，次日一早，马上送还给了胡。其实，同前一次一样，这也是胡雪岩试他的品行。自然，他得到了胡雪岩的好感。继而，他以自画的芦雁团扇赠给胡雪岩，深得胡的赏识，称赞他"品德高雅、厚信笃实，非市侩可比"。于是，将他推荐给权臣李鸿章。他得到了在上海转运饷械、在天津帮办盐务等美差，逐渐积累了一些金钱。尔后，在天津开了一家物华楼金店。

京津沪等地的"八大样"是个历史悠久的老商号。其创业老板姓孟，是山东章丘人。过去，有个叫张云德的孤儿，靠亲戚帮忙，过继给孟家，改姓孟，在布店做小伙计。入店后，他勤快、踏实、沉默寡言。一天，老板叫云德带八匹马去济南田家做一笔绸缎生意，根据路程限定他次日返回。当天傍晚，他准时把布送到了济南田家。次日一大早，老客户田老板将货钱给了云德。云德像大掌柜一样数也没数就将钱包好上路了。因为这是老板第一次叫让他单独做生意，他心里有点不踏实，中午到平陵城时，趁其他伙计休息的时候，他偷偷点了一下货款。一点吓了一跳，货款多出了不少，远远超出了这笔生意的利润。怎么办？他想田家发现后一定会很着急，当即决定，让其他伙计先回家，自己重返济南。掌灯时分，他把多余的钱送到了田老板手里。谁料，田老板不但不感谢，反而责骂了他一通："你这家伙，存心不良，既然多了钱，为什么当时不说？害我怀疑这个怀疑那个，弄得鸡犬不宁！"云德怕断了老板的生意，不敢争辩，只好低头不作声。第三天回到章丘，自己的老板又大骂了他一通："第一次让你出门办事，你就这么放肆，竟敢冒犯店规，迟一天返回！你这种人今后谁还敢用？明天中午，到账房领工钱，你不再是这里的伙计了！"没想到做了好事反而砸了自家的饭碗，他只得把眼泪往肚里咽。次日上午，他把自己的房间打扫得干干净净，并把东西都整理得井井有条。中午，准时去账房。他从大掌柜手里拿了钱，向一旁在座的老板深深鞠了一躬，说了声："谢谢您过去的教诲。"转身走了。走到门口，突然被老板叫住了。原来，这一闹剧是老板对他的考验。他当即被老板委任为大掌柜（相当于现在的经理）。从此，他以身股参与分红，并用分红办了自己的店铺，成了一个远近闻名的富商。

做人做事一点通

我们每天都在喊"以诚为本、以诚待人"，但是究竟有几人能做到呢？其实以诚为本、以诚待人，人人都能做之一二，就看能不能一如既往地坚持下去。

做人篇

第三章
低调做人，戒除张扬

待人要和中有介，处世要精中有
果，认理要正中有通。

清·金缨《格言联璧》

1. 行而不言，处低瞻高

甘愿处低，是一种境界，是一种修养。耐得住低就，实现厚积薄发的冲击，才可以到达赢得人生、成就事业的最高点；拥有处低瞻高的胸襟，才可以更好地展现登高望远的风度与气魄，这才是做人的真本色。

关于低调做人，自古以来，就大有学问，其中最重要的一条就是能够以较低的姿态来对待自己，始终把起点放在较低的位置，然后以此为基点向高目标迈进。

一个人走入社会的第一天，就应该有充分的心理准备。在陌生的环境里，不知道很多事情，需要时刻请教别人，如果这时候没有虚心、耐心，恐怕要吃大亏。如果一不小心，犯了点小错误，更容易招致不满，被同事埋怨被领导批评。甚至有时候明明不是你做错事情，可是领导却认为是你干的，而你会很委屈，如此等等。这时候如果你自命不凡或者火气太大，就容易引起争执，破坏了同事间的关系，也会使自己的工作难以开展，所以，一定要做好低姿态的准备。既然自己对工作不熟悉，就虚心向别人请教。如果自己不小心犯了错，也应该坦白地承认，并且立即用心纠正，没有人不犯错，知错能改就好。就算受了一些委屈也不要斤斤计较，别人未必就是故意的。要明白，这个世界并非什么时候什么地方都在使用公正公平的游戏规则，对于不善待你的人，应该宽容低调善意地对他，而不是以牙还牙。降低姿态，低调做人将会帮你适应新环境，给人留下好印象。

在单位里，更要勤学好问、乐于助人。如果同事把一些本来不归你负责的工作交给你，你尽量把它做好，这对你有很大的好处：

第一，把这些工作当成一个学习的机会，多学会一种工作，多熟悉一种业务，对自己总会有好处的。

第二，反正你在办公时间总要做事，只要是公事，而且不妨碍你自己分内的工作，就不分彼此一律照做。

第三，要乐于帮助同事做事，这是跟同事接近和建立良好关系的机会。倘若某同事把自己应做的工作交给你，如替他做一个表格或发一个函件，你很乐意地接受下来，并很认真地替他做好，这样就会给对方留下一个良好的印象。

第四，你要知道自己没能得到足够的赏识和重视是一种暂时的现象，因为你是新来的，或许是因为没有合适的工作，所以，别人有机会把各种工作都拿来让你试试，或者请你帮帮忙。等到你对工作与环境都渐渐熟悉了，自己分内的工作也渐渐有了头绪并固定下来，同时你跟同事们之间也已经建立了良好的关系，这些现象就会自然而然地消除。所以，你大可不必在开始的时候，为了多做一点事就使自己和别人都弄得不愉快，以致妨碍以后的和谐相处。

低调做人能使你很好地处理与同事间的关系，成为一个受大家欢迎的人。

如果你能在工作上做到认真负责，对各项业务非常熟悉、老练，对同事诚恳和善，对下属谦逊、和气，就可以说已经站稳脚根了。这时候你在公司里、在同事间就已经建立了不可动摇的威信。人人都知道你很负责、能干，对同事很好，每个人都信任你，尊重你。即使有人想说你的坏话，造谣、损害你的名誉，人家也不相信他，反而会支持你、同情你，孤立那些无事生非、别有用心的人。

行而不言，通俗地讲就是少说话多做事。行，其实也就是做事，做好应该做的事情，多学习业务知识，多学习不明白不了解的东西；不言，是要你少说空话、大话，不要夸夸其谈。仅仅做到这些还不够，同时也应该看到，身在低处不是没有机会，处在低处并非不能望远，每个人都应该有长远的目光。只要打好了基础，总有成功的一天。低调做事，做好应该做的事，处低而心存高远，这是一种境界，显示出一个人良好的修养。

行而不言，处低瞻高，讲述的就是要切实工作，不要夸夸其谈，不管身处何等位置都要有长远的理想并为之奋斗。

做人做事一点通

知了天天"知了"，成为笑柄，蜜蜂不辞辛劳，赢得尊重；能处低，表达的是心态，显示的是智慧；能瞻高，体现的是勇气，反映的是理想。如同海豚，只有潜得越低，才能跳得更高，看得更远。

2. 放下身段，以低就高

能屈能伸好做人，可高可低大丈夫。即使才高八斗，位高权重，家财万贯，也是一个普通人，如果能放下身段，降低姿态，前面的路会更宽广，得到的可能会更多。

每个人都有对自我的认识，如性格爱好、身份地位、特长缺点等等，全面的认识能帮助自己更好的定位，但是自我认识有时候也会成为一种限制，往往容易形成这样的想法：我喜欢什么、擅长什么、性格怎样、学历多高，所以不能去做这个事情或者那个事情。自我认识越清楚，自我定位越准确的人，对自己的限制也越厉害。大学生不想去基层工作，博士生不做业务员，上级领导不和下级职员交流……他们觉得这么做和他们的身份地位不符。

了解自己，认识自我，有助于发挥特长，但是也不能墨守成规，一成不变，下面先看看这个小故事：

很久以前，一位落难的王子和他的仆人在逃难，风餐露宿，历经艰险，眼看就能脱离险境，不幸突然发生了：他们盘缠用尽。这本来不是大问题，要命的是王子认为自己不能丢了家族的尊严、血统的高贵，任仆人如何劝说，都不愿意低头向路人讨要哪怕一口水，一碗粥。一天，在仆人乞讨归来时，发现他的王子已经因为饥渴死在路边。

实在是令人扼腕叹息啊，如果他能够通融一下，能够低一下头，能够放下王子的身份，悲剧就很有可能避免。

相反，放下身份，选择的方向就会更多，路更容易走。再来看看这个发生在我们身边的故事：

有一个青年，考上大学之后，认真学习，深得老师和同学的认可，认为他将来肯定有所作为。

如人们预测的一样，他确实做出了很大的成就，但是和人们想象中不一样的是，他不是在机关单位或在公司企业里成功的，而是靠摆小摊起家。

这年轻人在毕业以后，一时没有找到合适的工作。后来听说学校附近有一个摊子要转租，就跟人借钱把它租了下来。因为他很擅长做饭，而且做得一手地道的家乡菜，就自己当老板，卖起面皮来。尽管以他的才学摆小摊确实有些大材小用，但这也引来许多好奇的目光，等于是为自己做了一次免费的宣传，加上他做的面皮确实口味极佳，价格公道，因此生意非常火爆。

现在他还在卖面皮，不过早就不用自己亲自动手了，同时还做别的生意，已经成了远近闻名的人物了。

那位同学有一句话："放下面子，路会越来越好走。"时至今天，他自己从未对自己用非所学产生过怀疑，也没有认为自己是大材小用。这大概也是他能获得成功的重要原因吧。

大学生，曾经是人们心目中的天之骄子，即使是在大学疯狂扩招的今天，一个大学生去摆摊也是件非常"掉价"的事情。那位同学如果不去卖面皮或许也会很有成就，但他能放下大学生的身份，却不由得不让人佩服。我们没有必要学他去摆小摊，那是教条主义，但在必要的时候，的确也要有他那种能够放下身段的勇气。

普通人如此，领导人又有什么样的表现呢？身为国家领导人，想象中应该是前呼后拥，八面威风了吧，其实也不然。

首先，是一位普通公民，其次才是政府首相。帕尔梅，瑞典平民首相，他是这么想的，也是这么做的。帕尔梅生活简朴与普通人没什么两样，他从家里到首相府，从不乘车，在上下班的路上不停地和过往的行人打招呼甚至闲聊。帕尔梅喜欢接近群众，同他周围的人关系也很融洽。没事的时候他还尽可能地帮助别人，与普通的热心人一样，没有一点政府领导人的架子。

假期里，帕尔梅一家经常出去旅游，在一些常去的地方甚至和当地的居民也成了朋友。帕尔梅还喜欢一个人出门，到各种地方去找人谈话，以了解社会上的情况，听取普通人的意见。他待人诚恳，态度谦和，从来不会因为身为首相而高高在上，因而受到瑞典人民的广泛尊敬。

他虽然是政府首相，但仍和普通百姓一样，住在平民公寓里。除了正式的去国外访问或参加重要的国际活动，帕尔梅去国内外，一般都不带随行的保卫人员。只是在参加重要国务活动时，才乘坐专用的防弹汽车，配备警察保护。有时甚至独自一个人乘出租车去机场参加重要会议。1984 年 3 月，他一个人去维也纳参加一个重要的会议，直到他进入会场，在插有瑞典国旗的座位上坐下来，人们才发现他。

帕尔梅没有架子，跟很多普通人都有交往，最重要的交流方式就是书信。他那时候每年大概能收到一两万封来信，其中不少都是国外的普通民众写来的。为此帕尔梅专门雇用了几个工作人员，拆阅和答复这些来信，尽可能使得每封信都得到回复。帕尔梅在任的时候，首相府的大门永远向普通人群开放。这一切都使他的形象在瑞典人民心目中日益高大，不像许多国家领导人，动辄大群保镖，前呼后拥，待人接物高高在上，让人不敢接近。

在瑞典人民的心目中，帕尔梅是一位政府首相，更是一位平民；他不但是国家领导人，更是普通民众的兄弟朋友。

每个人都不同，你可能身居要职、声名显赫，你也可能腰缠万贯、富可敌国，但是，终究也只是一个普通人。一位西方的哲人曾经说过："一滴水的最好去处是什么地方？那就是大海。"每个人都只是大海里的一滴水，倒不如放下身段，还自己一个普通人的本来面目。我们也许不知道帕尔梅的政绩如何突出，但是瑞典首相低调的做法帮助他赢得了人民的尊敬和爱戴，成为一个深受国民欢迎的国家领导人。

如果你执著于尊严和面子，很可能像落难王子那样的悲剧会再度重演；如果你放下身段，抛开身份，也许会发现前面的路越走越宽；如果你降低姿态，低调做人，也许在不知不觉中就发现你得到了更多。

对于遭遇困境的人来说，降低姿态，放下身段，抛开面子，面前的困难可能会轻松解决掉。而对于一些相对比较成功的人来说，降低姿态，与大家平等相处，非但没有人觉得他失去了面子，反而让大家更加尊重。如果公司的经理老板经常与下属的职员在一起，同吃同喝，无形之中就能增加他的亲和力，就更能使员工听上司的指挥。倘如他高高在上，不苟言笑，下属的敬畏之心是有了，但是距离也远了，如此一来，还真能获得众人的爱戴吗？

做人做事一点通

每个人都渴望成功，想做出一番事业，如果还在起步阶段，如果暂时处于低谷，这时候就要能放下身份，不要在乎地位，抛开学历和能力，忘记过去的辉煌和成就，保持平和的心态，放下身段，做好从零开始的准备，只有这样，以后的路才会越走越宽广。

3. 欲速则不达，根深才能叶茂

不积跬步无以至千里，不积细流无以成江海。成功是一步步走出来的，罗马也不是一日建成的。只有夯实基础，百丈高楼才能更牢固；只有扎好根基，千年大树才能更叶茂。

中国古代有一个人开始想要去做一个县官，没有能够得到，他很沮丧。后来他听说在另外一个省城缺少一名知府，他很高兴，连忙自荐表示自己愿意担任。岂不知，他连一个县官的能力都没有，怎能去做更高级别的知府呢？这就是一个很明显的例子，就像没有学会站的小孩就想跑，不是很容易成为别人的笑料吗？

任何事物的发展都有一个过程，做事应该遵循程序，不能逾越事物的自然发展阶段，万丈高楼也要从地基开始打起，做官如此，经商如此，别的事情也是这样。

有一个人，从小就很有钻研精神，他特别喜欢研究生物世界的那些知识，对那些小昆虫小动物很有兴趣。

有一天，他出去的时候在路边看见一个蛹，因为他一直很想知道那些蝴蝶是如何从蛹壳里出来的，又是如何飞起来的，便把它带回家，放在一个盒子里，仔细的观察。

放在家里观察了几天以后，他发现这个蛹开始出现了一条裂痕，他甚至能看见里面的蝴蝶在使劲地挣扎，想破壳而出。蝴蝶的挣扎持续了很长时间，虽然那个裂缝越来越大，蝴蝶也在拼命挣扎，却始终被这个小小的蛹所束缚，怎么样也出不来。看见蝴蝶这么辛苦地挣扎，这个年轻人有些不耐烦了，也不忍心，心想不如让我帮它一下吧，便拿起手边的剪刀把蛹剪开了一条大口子，蝴蝶很快就出来了。

年轻人很高兴，他不但看见了化蛹为蝶的过程，而且还帮了那只蝴蝶。但是很快他就发现，蝴蝶虽然出来了，但是翅膀不够有力，变得很臃肿，怎么也飞不起来，这是因为它不是完全靠自己的力量爬出来的。而且这只蝴蝶以后也没办法再飞起来，只能在地上爬。为什么？因为欲速则不达，蝴蝶没有做好准备，没有把翅膀锻炼得强健有力，因此它只能在地上看着同伴们在天空飞舞。

人们常说，心急吃不了热豆腐，又说功到自然成。看看那些古树，虽然经历了千年风雨仍旧枝繁叶茂，那是因为它们把根基扎的够深。其实，做人又何尝不是如此？良好的心态，不懈的努力，看看那些成功人士，有哪个不是这样一步步走出来的？

我们看看世界华人首富李嘉诚的经历：

1928 年 7 月 29 日，李嘉诚出生于广东省潮安县府城（现潮州市湘桥区）北门街面线巷的书香世家。

1940 年初，为了逃避战祸，李嘉诚举家去了香港。

1943 年，李嘉诚父亲李云经英年早逝，李嘉诚辍学打工，先后在茶馆做过学徒，在钟表店做过店员。

1948 年，刚满 20 岁的李嘉诚出任长江塑胶厂总经理。

1950 年夏，22 岁的李嘉诚创立了长江塑胶厂，经营塑胶产品。

1957 年，李嘉诚将公司改名为长江工业有限公司，自任董事长和总经理，公司主要生产塑胶花，并很快成为世界最大的塑胶花生产商，被誉为"塑胶花大王"。

1971 年 6 月，李嘉诚成立了长江地产有限公司，集中物力财力精力发展房地产业。

1972 年，李嘉诚成立长江实业（集团）有限公司，先后在香港和加拿大温哥华上市。

1974 年 5 月，李嘉诚与加拿大帝国商业银行合作，成立怡东财务有限公司，任董事长兼总经理，后任董事局主席。

093

1978 年，李嘉诚收购青洲英泥公司 40%的股份，出任该公司董事长。

1979 年，李嘉诚购入英资财团和记黄埔有限公司 22.29%股权，出任和黄董事局执行董事，两年后，拥有和黄 40%股权，出任董事局主席，成为香港华人入主英资财团第一人。

1981 年，李嘉诚捐款 12 亿港元，创办汕头大学。

1985 年，李嘉诚以 29 亿港元收购 43%的香港电灯公司股权。

1986 年，李嘉诚以 4.84 亿加币获得加拿大赫斯基石油有限公司 43%股权。

1988 年，李嘉诚与中信、大东电报局合作，成立亚洲卫星公司，还共同投资 9.3 亿港元，购买了美国制造的"亚洲一号卫星"。

1988 年 4 月，李嘉诚同郑裕彤、李兆基、加拿大帝国银行合组加拿大太平协和公司，以 32 亿港元投得温哥华世界博览会旧址的发展权，兴建万博豪园。

1988 年 10 月，李嘉诚全资收购青洲英泥公司，出任董事局主席。

1989 年 1 月，李嘉诚获得 CBE（高级英帝国勋爵士）勋衔。

1991 年 12 月，李嘉诚以 4.48 亿港元购入美国纽约曼哈顿商业中心 49%的权益。

1992 年 11 月，李嘉诚的长江实业（集团）有限公司投资 28 亿人民币，兴建中国深圳对外贸易中心。

1993 年，李嘉诚以 5.25 亿美元将 Hutchvision Limited（BVI）63.6%权益出售于新闻集团。

1994 年，李嘉诚购入东方海外国际有限公司持有的菲力斯杜港 25%的股权，自此拥有了此港的全部股权。

1995 年，李嘉诚出售卫星电视 36.4%股权于新闻集团。

1996 年，李嘉诚宣布成立 Orange plc 作为和记通讯（英国）集团的控股公司，以及将 Orange plc 起码 25%的股份在伦敦纽约上市。

1996 年 12 月，李嘉诚投资 47 亿港元的深圳市盐田港二期工程开工。

1999 年 3 月，李嘉诚投资 1.7 亿港元，收购广东东莞七千亩土地，进军珠江三角洲地区房地产。

1999 年 6 月，李嘉诚与郑裕彤合作，投资 50 亿港元，发展中药港项目。

1999 年 11 月，李嘉诚的和记黄埔集团以澳币 35 亿元（约 181.274 亿港元），标购澳洲南澳省电力公司的股权，首次进军澳洲公用事业。

2000 年 1 月，李嘉诚斥资 30 亿港元成立汇网集团，为商业机构提供电子商务服务。

2000 年 2 月，李嘉诚的香港长实集团以 14 亿港元购得新加坡经禧阁，进军新加坡地产市场。

……

李嘉诚从茶楼学徒做起，靠经营塑胶花起家，进而进军房地产，接着转战股市，并收购了众多跨国企业，终于造就了一个庞大的"李氏企业王国"，他是香港历史上第一个"千亿富翁"。香港《资本》杂志选他为香港十大最具权势财经人物之首，香港市民一贯称其为"超人"。美国《时代》杂志评选的全球最具影响力的二十五位商界领袖中，李嘉诚位居第九。可是在这些炫目的成绩背后，是李嘉诚一步一个脚印，踏踏实实走出来的，他从一根幼苗成长为现在的参天大树，并不是一下子就成功了的，而是因为他的根基扎的够深，明白一步步前进，欲速则不达的道理。

做人做事一点通

低调做人，并不是一味地保持沉默，而是为大成做准备。伟人如此，普通人也不例外；明白欲速则不达的道理，扎稳根基，踏踏实实，一步一步走向成功。

4. 得意莫忘形，见好就收场

俗话说："人无千日好，花无百日红"，意思是人不会一生顺畅，花不能永远绽放。命运让人无法捉摸，在人生的道路上无论取得多么大的成绩都不需要得意、炫耀，因为见好就收，才是大智慧者对待人生的基本态度。

众所周知，廉颇曾经因为蔑视蔺相如而在相如府前负荆请罪，如果现在我们来追究其原因，也许正是因为廉颇的得意忘形，所以才使自己吃了苦头！

郑庄公因得意时说话太绝，无奈之下只能隧而见母。常言道："凡事留余地，日后好相逢。"不管做什么事，都不能走极端，堵自己的退路。事到难处须忍让，抽身退出要趁早。即使自己很得意也不要炫耀，要懂得掩饰自己的才能，隐藏自身的光耀，要知道树大招风，必有后患。尤其是在权衡得失时，切莫得意忘形，务必做到见好就收。

在一次百兽舞会中，狮子因为舞跳得很好，被推举为王，一只狐狸很嫉妒，看到猎人设的陷阱里有一块肉，就说找到了宝物，但不愿独占，要献给国王，力劝狮子去拿那块肉。狮子听了很欢喜地走了过去，结果掉入陷阱，很生气地说："你为什么要骗我？"狐狸说："啊！狮子先生，像你这么愚蠢，怎能当百兽之王呢？"

狮子因为得势而生贪婪，认为整个森林的动物都会归顺，将所有的好处都留给自己。这是非常不理智的想法，如果想成为真正的强者，那么就应该做到："不可来者不拒，予人危害之机"。而身居高位，不假思索、不懂自省的人，注定会以失败而告终。

生活中的每一个人都想要一个很好的口碑，所以难免会谈一些自己的得意之事，但是一定要做到见好就收、适可而止，否则别人不仅不会认为你很"了不起"，还会认为你是不成熟的，只会卖弄过去好时光的人，所以，不要时时处处提自己得意之事，在偶尔谈到时最好使用以下几种低调的方式：

（1）在别人谈起得意之事，自己再谈也不迟。也就是说，如果单方面大谈得意之事有时会很尴尬。

（2）在别人尚未表现出不耐烦时，自己先结束谈话，这样既不会显得你在故意炫耀自己，也不会让别人产生厌烦心理。

（3）最好在别人再三追问的情况下再谈起自己经历的得意之事，这样既可以满足他人的好奇心理，又可以把自己的"光辉历史"展现出来，恰到好处的在人前展现了自己优秀的一面。

如果一个人能够遵循以上三种方式，那么就能够在自己的生活圈子中有一个良好的口碑，在以后的人生道路上铺建坚实的人脉之路，这就是低调做人的奥妙所在。

社会上总是有这样的一些人为了"收获名利"而忽略了见好就收的道理，最终招致祸害。

越王勾践手下有一名重臣——文种，他在勾践攻打吴国期间立下了汗马功劳。战争结束后，他自然是加官进爵，但是他仍然谦虚谨慎地侍奉越王。所以范蠡曾给他写了这样一封信：

"飞鸟尽，良弓藏；狡兔死，猎狗烹。越王的长相是，颈巧细长如鹤，嘴唇尖突像乌鸦，这种人只可以与他共患难，却不能同享安乐，你现在不离去，更待何时？"

文种读了信后，聪明的他当然明白其信中的含义，于是在不久后便称病返乡，但是由于他还贪恋自己的名望，没有像范蠡一样彻底隐退，返乡后他的名字仍然威慑朝野，如此一来便让佞臣钻了空子，诬称文种欲起兵作乱。越王早有"猎狗烹"之意，故而趁着这个机会以谋反罪将文种处死。

很显然，文种"只进不退、见好不收"的做法引来了杀身之祸。在我国古代历史上像文种这样久居高位，最后惨遭杀戮的人并不少见，因为他们都像文种一样心中始终有贪念，放不下名利，由此可见，见好就收有多么的重要。

秦国宰相范雎，虽然是说客出身，但是也深谙用兵之道，他曾以"远交近攻"的策略壮大秦国军事实力，为秦国做出了巨大的贡献，他的名声在当时自然也是家喻户晓。

范雎晚年，他力荐的一名将军带领他手下的三万士兵投降了敌人。当时投降乃是"株连九族"之罪，并且推荐者也会连带处以死刑。范雎虽得秦王信赖被免除死刑，但他知道此事之后，秦王对他的信任度会大大的降低，于是心中整日忐忑不安，正在这个时候，他收到蔡泽的劝慰信：

"逸书里有'成功之下必不久处'之说，如果你趁此时辞去宰相的职位，既可保伯夷般清廉的名声，又可享赤松子（传说中的仙人）般的长寿！何乐而不为呢？"

范雎读过信后心情豁然开朗，决定辞去宰相之职。于是三日后他上了一份请辞的奏章，并且举荐蔡泽为相……

做人做事一点通

老子有句话说："福兮祸所依，祸兮福所依"，这是在提醒人们千万不要得意忘形，本着"见好就收，低调做人"的原则，才不会为自己忘形的行为付出代价。

5. 宠辱不惊，做人稳住心气

人生就是受苦受难的过程。这个观点不知道有多少人认同，但要谋求发展，必须"稳步前进、谦虚谨慎，宠辱不惊"，这是每个人都无法置疑的。因为成大事者必备的就是"泰山崩于前而不变色"的沉着。

三国时期，曹操手下有一智慧超群、谋略过人的谋士——荀攸，他辅佐曹操二十余年，期间讨袁绍、擒吕布、定乌桓，他从容不迫地谋划战争策略，处理军中上下左右的复杂关系，直到辅佐曹操统一北方，他始终在残酷的人事倾轧中处于稳定地位，原因就在于他能够稳住心气，无论在怎样的情况下他都不会乱了方寸。

曹操曾对荀攸这种低调做人的心态用一段话作出了精辟的总结："公达外愚内智，外怯内勇，外弱内强，不成善，无施劳，智可及，愚不可及，虽颜子、宁武不能过也。"由此可见，荀攸的智慧过人，他对内对外，表现的迥然不同，对内，他用过人智慧连出妙策；对外，他用坚强的意志奋勇当先，不屈不挠。但却从不邀功，不争权位，表现的谦虚谨慎，宠辱不惊，甚至还欲加掩盖他的功绩。

在曹操谋取袁绍冀州时，荀攸前后谋划了十二种策略，使得曹操顺利地打败袁绍，但当有人问起他当时的情况时，他的回答极其出人意料，他说他什么都没做，即使史家称赞他是"张良、陈平第二"时，他仍然闭口不提自己的卓著功勋。

也是由于他的宠辱不惊的心态，即使他深受曹操宠信二十余年，直到建安十九年在从征途中善终而死，还是没有一人在曹操面前谗言陷害，更没有过让曹操不悦的行为，这在历史上非常罕见。在他死后，曹操痛哭流涕，说："孤与荀公达周游二十余年，无毫毛可非者。"

宠辱不惊的低调处世方式，并不像表面上看起来的那样不知喜怒哀乐，事实上，它是通过多做事少说话、沉着冷静地将智慧发挥得淋漓尽致。与此同时，宠辱不惊，稳住心气还能够保命安身，得以善终，这又何乐而不为呢？

西汉初年，在连年战争导致人口锐减，经济萧条，国家困难重重的情况下，汉高祖赐予功勋卓著的张良，富饶的齐地三万户为封邑，张良在这种情况下，毫不犹豫地婉言谢绝了高祖的厚赐，这种明哲保身的良苦用心堪称极至。高官厚禄的确诱人，但是低调做人的本色不能丢弃。如果你拥有名利就沾沾自喜，失去名利就黯然神伤，那么，你永远也只是外物的奴隶。

大凡成就大事的人，他们的成功都取决于为人处世的方法。一旦取得成绩便兴奋不已，大肆炫耀自己的功劳，丝毫不能稳住心气，这样高调的做人方法是不可取的。真正大智慧的人能够做到宠辱不惊，甚至能够为了明哲保身，把自己的成就掩藏起来，把成功的光环戴在别人的头上。

现实中存在着这样一种情况：功高盖主。自古以来人们就很注意这一点，不论做任何事，都要守住自己的本分，绝不能独霸荣誉，避免功高盖主。否则，轻则招致别人的怨恨，重则惹来不可预知的祸患。历史上有很多这样的事例，那些能在关键时刻不炫耀、独享荣誉的人，都能全身而退，有个好结局。

汉代晁错自认为才智超过文帝，朝廷中的大臣也远远不及他，屡次向文帝暗示自己完全可以担任佐命大臣，想让文帝将处理国家大事的权力全部交给他。晁错的这一行为正是功高盖主的表现。

提起韩信无人不知，最终的下场悲惨至极。最主要的原因就是没有稳住心气，受宠的光环迷住了智慧的眼睛，导致功高盖主，最终以悲惨结局收场。

韩信从项梁、项羽起义时，被任命为郎中。为其主屡献良策，却屡屡不用，自认英雄无用武之地，便投奔刘邦，被萧何荐为大将。

楚汉战争时期，韩信明修栈道、暗渡陈仓，出奇制胜一举攻下关中。后来，刘邦与项羽相持于荥阳、成皋间，韩信被刘邦任命为左丞相，带领兵马攻打魏，平定赵、齐，而后被封为齐王。

在韩信的协助下，刘邦很快建立了汉朝。后来有人诬陷韩信，说他要举兵造反，被刘邦降职为淮阴侯。后又有人诬陷韩信与其同谋，欲起兵长安，最后被吕后设计杀害于未央宫。

古语有云："懔乎若朽索之驭六马，栗栗危惧，若将殒于深渊。"就是告诉人们不要居功自傲，要学会宠辱不惊。功成名就时要稳住心气，能够适当地将荣耀分给其他人一些，或甚至为了明哲保身，功成身退也不失为良策。

6. 不骄不躁，居高自省

庄子"至人无己、神人无功、圣人无名"的境界可谓是人生的最高境界，它用于生活中，可以说是一种达观透彻的低调处世艺术，有智慧的人应该掌握这门艺术，时时刻刻提醒自己，无论处于多高的位置上，都不要被地位所迷惑。

众所周知，一代骁将关羽关云长，素有万夫不挡之勇。但是，在与吴国交战时，却因为轻敌而败在吴将吕蒙手下……

魏国和蜀国在樊城作战的时候，吴将吕蒙找孙权商量趁此机会偷袭荆州，这建议和孙权所想不谋而合。孙权把这个重任交予吕蒙。

吕蒙知镇守荆州的是大将关羽，所以不敢轻举妄动，加上他见荆州军马整齐，沿江还有烽火台警戒，根本没有攻下的可能。于是，按兵不动，苦思偷袭之策，正当这时，陆逊来访，见吕蒙一筹莫展，便教他一条诈病之计。陆逊告诉吕蒙说："关羽自恃是英雄，无人可敌。唯一惧怕的就是将军你了。见你来攻打荆州，定会强加防范，所以你可以利用他的这种心理，假装有病把陆口的职务交予他人，并让接替你职务的人假装畏惧关羽的英勇，这样一来，关羽就会洋洋自得、骄傲轻敌，将军就可以借关羽轻敌之机偷袭荆州，如此不需太多兵力便可以打下荆州。"

吕蒙果然采纳了陆逊计策，后来真的称病辞去将军职务，举荐陆逊守陆口。关羽听到这个消息非常高兴，想吕蒙不在还有何惧？遂起轻敌之心，几天后，他收到了陆逊送来的礼物，还附有一封言辞卑谦、恳切的信函，信中的大致内容是这样："您在樊城一役中，把曹将于禁俘虏过来，水淹七军，远近赞叹，都说将军的功劳足以流芳百世。虽是晋文公大胜楚军的英勇，韩信打败赵兵的谋略，也不及您老人家。这次曹操失败了，我们听到也很高兴。但是，曹操很狡猾，不会甘心失败，恐怕会增调援兵，以求一逞野心。虽说曹军师老，还是很强悍的。况且战胜之后，一般都会出现轻敌的观念。所以古人用兵，胜利之后就应更加警觉。希望将军您多方面考虑计划，以获全胜。我只是一介书生，没有能力担任现职，幸好有您老人家这样强大的邻居，愿意把想到的贡献给将军做参考，希望将军能多加指教！"

关羽读此信后，更觉无后顾之忧，一介书生有何惧也？隧仰面大笑，心中有了主意。不久，便将防守荆州的军队陆续调往樊城前线。与此同时，曹操派使来到孙权处，意在同吴共同灭掉关羽。早有吞荆州之意的孙权当然表示同意。

因此，三国便形成新的局面，即由孙、刘联盟速改为曹、孙联盟，形势急转直下。关羽大军将面临着一场生死决战。

果不其然，孙权很快拜吕蒙为大都督，统率江东各路兵马，突袭关羽的后方。不明所以的关羽根本没有防范，吕蒙军到浔阳，命将士们扮作商人，偷偷潜入烽火台，迅速攻下荆州。关羽这时才恍然大悟，原来是中了吕蒙的计，羞愧不已。为了挽回败局，便重整旗鼓，准备南下收复江陵。但是，吕蒙、陆逊的大军已经将他的军队分化瓦解，关羽的兵力越来越少，自然节节败退，最后困守麦城。

关羽在麦城根本无法送出消息，所以根本不会有援兵救助，他只能带军突围，就在他退往西川的路上，被东吴伏兵生擒活捉。同年，关羽被斩首，荆州各郡县皆归东吴。

关羽因为自视清高，不得善终，虽然令人感叹，但更为后人敲响了警钟。无论自己曾经多么显赫，还是要时时提醒自己不要骄傲自满，以免因忘乎所以而不得善终。

7. 低调能聚人气，张扬必遭人嫉

许多年轻人都喜欢但丁的那句名言："走自己的路，让别人去说吧!"的确，能够这样做是何等的洒脱？但是，许多人误把任性和张扬当作洒脱，他们不知道这种所谓的洒脱会在无形中招来很多麻烦，其实做人是一种艺术，能够把个性融入到创造性的才华和能力中，是一门高境界的低调处世的艺术，只有掌握了这样的艺术，才能在生活中游刃有余。

当今社会，许多图书、杂志、电视等媒体都在宣扬个性的重要，的确，许多名人都表现出非同寻常的个性，像爱因斯坦，生活极其不拘小节；巴顿将军，性格粗暴至极；画家凡高，缺少理性、充满艺术幻想。这些人因为在各自的领域中有突出的成绩，所以媒体开始宣扬他们的张扬行为，误导了许许多多的年轻人，让他们认为：怪异行为是天才的标志，成功的秘诀。事实上，这绝对是荒谬的观点。

大科学家牛顿说："如果说我比别人看得更远一点，那是因为我站在巨人肩上的缘故。"相信其他名人也有同样的心态，所以他们的个性并不是表现在高人一等的傲气和张扬，而是体现在低调做人的艺术风格上，这样才使他们的特殊个性得到社会的肯定。

现在的年轻人所表现的个性内容和这些名人有很大的区别：

首先，年轻气盛的人希望别人崇拜自己，所以表现欲非常强烈，这

103

其中还夹杂了许多情绪，比如，他们不喜欢束缚在条条框框中，渴望淋漓尽致地发泄自己的情绪。这些与那些"天才"或大人物所表现的个性张扬是不同的两种做人姿态。

其次，年轻气盛的人都希望完全释放情感，所以表现出极其任性、意气用事的姿态，甚至还会放纵自己的缺陷和陋习，那么，这样的张扬个性与那些名人更是有太大的区别。

由此可见，我们在释放自己情感的时候，千万不要忽视低调做人的优势，更不要把张扬个性当成纵容自己虚荣心的借口。时刻谨记，我们来到这个社会上，首先是为社会创造价值，把自己的个性融入到创造性才华和能力之中，以低调的姿态为社会创造出价值，然后再表现个性，这样才会被社会所接受，反之，如果个性仅表现为一种脾气，而没有丝毫的相容性，那么，必然会导致不好的结果。

宋代大诗人苏轼，可谓一生命运多舛，究其原因何在呢？

北宋神宗在位期间，支持王安石变法，而有许多官吏不同意使用新法，这样就形成了支持变法的新党派和反对变法的旧党派。旧党派的代表人物是司马光，新党派的代表人物当然就是主张变法的宰相王安石。苏轼同这"两党"的代表人物都很要好，所以就个人感情而言毫无偏爱之心。但是他认为王安石要革新旧的立法理念固然好，但是在改革措施、举荐人才方面，都非常欠妥，所以，他对王安石变法持反对态度。这样一来，司马光自然高兴，以为苏轼是他的一党，所以对苏轼大加称赞。

在王安石紧锣密鼓地筹办立新法的同时，司马光也在紧急搜罗帮手，阻止王安石推行新法。正在这紧要关头，司马光想到苏轼，便来到苏轼的住所，毫不委婉地对苏轼说："王安石敢自行其是，冒天可之大不韪，实在是胆大妄为，我们应该想对策阻止他的这种行为！"可没想到，苏轼竟然用蔑视的口吻说："你那套'祖宗之法不可变'的封建理念早就过时了，王安石至少知道从大局来看事情，为国为民着想，虽然有祸国殃民的可能，但是也比你的理论更值得赞扬！"此话一出，毫无疑问，司马光勃然大怒，拂袖而去还不忘骂苏轼："好个介甫（王安石之字）之党!"

苏轼不但有知无不言，言无不尽的张扬个性，还有一颗爱国爱民的赤子之心。于是，在短短的两个月间，他给神宗皇帝上了《上神宗皇帝书》、《再上皇帝书》两道奏章，全面批评了王安石的新法，朝野上下无不震惊。王安石的新党派人士更是恨得咬牙切齿。

王安石当然不会无动于衷，派谢景温把苏轼请来，设宴款待苏轼，席间，王安石愤怒地斥责苏轼道："你同司马光站在一边，竭力反对新法，用心何在？"苏轼听了这样的斥责，忍不住火气道："你说这话是什么意思？"王安石说："仁宗在时，你主张革新立法，打破传统理念，而且其意非常坚决，如今到我王安石推行新法，你却又伙同司马光排斥我，还敢说没有任何目的？"苏轼更怒："既然话你已经挑明，那我就告诉你，我既反对司马光'祖宗之法不可变'的泥古不化，又反对你不审时度势，冒然推行新法的草率行为！"说罢拂袖而去……

不久便有人上书诬告苏轼，说他利用官船贩运私盐，虽然官方调查并无此事，但早已厌恶朝廷争斗的苏轼，并没有为自己争辩，任由新党排除异己，被贬杭州任杭州通判。

苏轼虽被贬，但是他仍然为国为民着想，在杭州、徐州辗转期间，兴水利，救水灾，为百姓做了不计其数的好事。几年后，苏轼又从徐州迁到湖州。此时的朝廷新党派内部勾心斗角，相互倾轧。最终王安石被贬庶民，李定、舒宣等人独霸朝权，苏轼看到朝廷发生的这些事，气愤不已，于是在给朝廷上谢表时加了这样的词句："知其愚不适时，难以追陪新进；察其老不生事，或能牧养小民。"这份谢表正给小人一个弹劾他的"时机"，李定、舒宣等人唯恐闻名于天下的苏轼东山再起，于是，决定借此机会弹劾他，结果弹劾成功，苏轼被神宗勒令拿问。

这就是中国历史上著名的文字狱——"乌台诗案"。此后，苏轼又被贬为黄州团练副使，由于功绩显著，连升几次官，升为中书舍人，翰林学士制法、侍读等职。但又因为其直言不讳，意见与朝臣不合，被贬琼州别驾，昌军安置，在琼州，苏轼以他坚韧超脱的态度不仅活了下来，还为海南岛的百姓作出了巨大的贡献，使荒凉的海南发生了巨大的变化。

才华卓著的人总是不能被人们所遗忘，苏轼终于在宋徽宗赵佶即位后，为调和新旧两党的关系被诏还朝。

苏轼这一生的挫折，追根究底是因为他的张扬个性，如果他说话委婉些、处世低调些，就不会同时激怒王安石和司马光成为众矢之的。

106

做人做事一点通

由此可见，无论你是什么样的人，都不要尽显张扬，低调地处理事情，才能在纷争中左右逢源，游刃有余。

8. 水满则溢，盛极必衰

"盛极必衰，物极必反。"懂得这一道理的人，都应该收起"蛟龙腾跃嫌水窄，大鹏展翅恨天低"的自负；控制骄傲自满的情绪，经常反躬自省，才能功成名就。

南北朝时期陈朝的最后一个皇帝——陈后主，他即位之初政治比较清明，国家富强安定，可是这种情况持续的时间并不常，由于陈后主的骄傲自满，以为陈朝已经固若金汤，无需居安思危，所以终日花前月下，纵情酒色，放浪形骸，很快起初的一代明君变成了昏庸之君。

唐代大诗人杜牧有感于陈朝灭亡而写下一首七言绝句："烟笼寒水月笼沙，夜泊秦淮进酒家。商女不知亡国恨，隔江犹唱后庭花。"说的就是陈后主不理朝政，骄奢淫逸之举。

陈后主即位后不久，被弟弟叔陵斫伤，终日在后宫养病，只留当时他最宠幸的张贵妃陪伴于身旁，将其他妃嫔包括皇后都摒斥在外，皇后沈婺华，出身显贵，父亲为陈朝重臣，母亲是陈朝开国皇帝陈霸先之女会稽穆公主。皇后聪明贤淑，精通诗书礼仪，但因羸弱多疾，后主对她还不及一般嫔妃，这样一来备受宠幸的张贵妃宠冠后宫。

陈后主修建许多富丽堂皇的宫殿，分别给张贵妃、孔贵嫔等他比较喜欢的妃嫔居住。每日饮食起居均由这些人服侍，并且每次饮宴，都命诸妃嫔和女大士等吟诗作乐，选出较好的谱成歌曲，命上千名宫女习而歌之，轻歌曼舞终日弥漫整个后宫。

张贵妃名为丽华，初入宫时，是龚贵嫔侍儿，偶然被后主见到，被其美色迷惑，对其宠爱有加，很快拜为贵妃，后生太子深。她又非常会察言观色，后主对她越发宠爱，每次宴会宾客，张贵妃都会荐诸宫女参预其事，宫女们对她甚为感激，于是都在皇帝面前说她好的一面。

陈后主越来越怠于政事，文武百官凡有奏章，都必通过宦官蔡脱儿、李善度等人才能达于帝前，而每次批改奏章，后主都与张贵妃共同定夺，张贵妃正好借此机会干预政事，朝中的大小事情没有她不了解的，后主见朝野上下的言论，足不出宫的张贵妃都了如指掌，更加对她宠幸。

可是后主并没有看到，政治形势的可危之处：朝中宦官佞臣，内外勾结，王公显贵，纵横不法，花钱买官者屡见不鲜。更有甚者，后宫犯法的，只要请张贵妃说情，后主往往都会既往不咎。荒于酒色的陈后主仍然没有意识到，"一时的兴旺并不代表一世的兴旺"，还继续过着骄奢淫逸的糜烂生活。

终于，朝中正直的官吏忍耐不住，上奏后主，阐明了朝中的混乱局势，并且弹劾施文庆、沈客卿等人飞扬跋扈、专制朝政，可昏庸的后主已听不进任何忠言，先后将大臣毛喜贬谪出朝，右卫将军兼中书通事舍人傅绰赐死狱中。章华上书后主说："陛下即位，于今五年，思衔帝之艰难，不知天命之可畏，溺于嬖它，惑于酒色。祠七斋而不出，拜妃嫔而临轩。老臣宿将，弃之草莱，升之朝廷。今疆场日蹙，隋军压境，陛下如不改邪归正，悔之晚矣！"后主收到这样的奏章暴怒，立即将其斩首，朝中官员见后主如此暴虐，都明哲保身，三缄其口，一个本来兴旺发达的国家就被陈后主弄得岌岌可危了……

做人做事一点通

古往今来，太多才高位高之人不是因为自身能力输于别人，而是因自己的功绩变得骄矜自恃，忘了"盛极必衰，物极必反"的道理，加上坏人蛊惑，最终自取灭亡。

9．枪打出头鸟，功高震主亡

"大成若缺，其用不解，大盈若亏，其用不穷；大辩若讷，大方无隅，大器晚成，大音希声，大象无形。"说的就是要善于隐匿自己，不要把全部的智慧都表露出来，以防功高盖主，最后下场悲惨。

人们不喜欢"意怠"的生存方式，总觉得太保守，像"墙头草"一样。但是，在社会生活中，这种保持中庸的生活方式，却很有可取之处。

在中国古代，能登上皇位的皇子，自然很有能力，又能够服众。但是，这些他们绝对不能表现出太强的才干，造成太响的名气而超过皇帝，否则，就有逼父退位之嫌，很可能遭到皇帝的猜忌，非常不利于继承皇位。

唐顺宗少年时，是众多皇子中表现出类拔萃的一个，后被立为太子，年轻气盛的顺宗，亦好言壮语，慨然以天下为己任。他曾对他的下属说："我要尽我所能，帮助父皇制订革除弊政的计划！"这时，辅佐他的人便劝他，不要对敏感问题多加干涉，一旦被其他皇子、大臣视为招揽人心，遭到皇帝的猜忌，就很难澄清了。所以，太子平日里多关心皇上龙体，问起居饮食冷暖之事才对。

太子听了，认为幕僚说的极是，之后真的对改革一事避而不提。每日必到德宗前请安，尽管德宗晚年专制、荒淫，太子始终不多干涉朝政，直至继位，方才一展才华，有了轰轰烈烈的顺宗改革。

顺宗登皇帝之位，表面上看来是理所当然，可事实上，还是因为他会隐匿自己，才没有功高盖主之嫌，最终得以继承皇位。相反，历史上因锋芒毕露，功高盖主而不得即位的太子有太多太多。

老子主张"我无为而民自化，我好静而民自主，我无事而民自富，我无欲而民自朴"。他认为"兵强则灭，木强则折"、"强梁者不得其死"。所以他一向不喜欢针锋相对，争强好胜的做法。

老子又说："上善若水，水善利万物而不争。"水因为安于卑下，不争地位，善利万物，所以谁都喜欢它。这种与世无争的低调做人谋略，经过很多例证，对任何人都是有益的，它不是苟且偷生，而是一种韬光养晦的处世之道。

唐代李泌，少时思维敏捷，聪明过人，书读有万卷，可谓博古通今，且精研《易象》，善为文，常游于嵩、华、终南诸山间。后因玄宗赏识，才华得以施展，曾以与世无争的谋略，几度出山匡扶唐廷，力挽狂澜，立下汗马功劳。唐玄宗说他是"神童"，而宰相张九龄更是欣赏他的胆识，故称他"小友"。但因他不授唐玄宗加封的官职，所以，授命与太子游，年少轻狂的太子非常欣赏、尊重他，因此二人结为布衣之交。

天宝年间，天下危机四起，李泌赶赴朝廷，与大臣们共商治国大计，可是奸臣杨国忠排除异己，李泌不得已又离开朝廷。不久后，安史之乱发生，太子即位，特召见李泌；李泌毫无保留地向皇上陈述政治形势，肃宗非常赞同。再次授予宰相之职，但李泌婉言谢绝曰："陛下屈尊待臣，视如宾友，比宰相显贵多了。"最后因无法拒绝肃宗的好意，只得接受散官之职，虽为散官，但是朝中大小事情均可过问。真是不为宰相但权逾宰相啊！

李泌建议肃宗俭约示人，不念宿怨，选贤任能，收揽天下人心，最终唐肃宗在李泌的辅佐下，收复长安、洛阳，唐廷转危为安，李泌见时机已到，便请辞归隐山林。唐肃宗不愿让其离去，说："朕与先生共过

109

患难，现也应该同享快乐，为什么一定要走呢？"李泌说："臣有四个必走的理由：臣遇陛下太早，陛下任臣太重，宠臣太深，臣功太高，所以不可复留。"终于说服唐肃宗，隐归衡山。

唐代宗时，因藩镇割据所闹，朝野上下，一片混乱，代宗又特召李泌出山，李泌一再推辞。无奈代宗执意邀请，再一次出山，虽然不任宰相官职，却逾越宰相，军国重事皆与他咨商。时局渐渐好转，李泌从此隐居山林。

做人做事一点通

综观历史，不难得出这样一个结论：但凡能够善始善终的英雄豪杰，都可谓规避风头的大师、低调做人的典范。

10. 给人留面子，给自己留退路

人一生难免有缺点不足，能够谈笑间巧妙维护他人的面子和尊严是做人的高明之处，给别人留面子就是给自己留后路，而揭人短如打人脸，必然引发矛盾。

有人认为，中国人最看重的不是钱财，也不是名誉，更不是权位，而是面子。这种看法虽然有偏颇之处，但是从某方面也反映出了面子在人们心目中的重要性。低调做人的高明之处就在于关键时候给别人维护尊严，照顾他的面子。

明太祖朱元璋出身贫寒，但是他本人却很忌讳这一点。推翻元朝做了皇帝后，他昔日家乡的一些亲朋好友自然少不了来京城向他讨要一些好处，这些人以为朱元璋会念在昔日一起长大、同甘苦共患难的情分上，给他们封个一官半职，享享荣华富贵。谁知朱元璋最忌讳别人揭他的老底，认为那样有损自己的威信，因此大多数人都见不到他。

有一天，他小时候的两个穷哥们来到南京，经过几番周折之后终于见到朱元璋。其中一个性格直爽，出言无忌，和朱元璋一见面，就很直接地说："朱老四，你看你现在做了皇帝多威风啊！还记得以前的事情吗？那时候你我都给人家放牛，有一次我们把牛放在一边，在芦花荡里把偷来的豆子放在破瓦罐里煮着吃，还没煮熟，你就抢着吃，结果把瓦罐都打烂了，豆子撒了，汤也泼了。你只顾从地上抢着抓豆子吃，却不小心连红草叶子也送进嘴去，梗在喉咙里，差点没把你噎死。最后还是我叫你用青菜叶子放进嘴里，才把那根红草带下肚子里去……"还没等这个人把这些事情说完，火冒三丈的朱元璋就连声大叫："哪来的疯子在这里胡说八道，赶紧推出去砍了！推出去砍了！"

杀完一个人之后，朱元璋满脸杀气，盯着另外一个穷哥们，问他有什么要说的，这个人比较会说话，见此情景顾不得害怕，赶紧说："我主万岁！想当年微臣跟您东征西讨，记得有一次去扫荡芦州府。打破罐州城之后，跑了汤元帅，最后拿住了豆将军，不料红孩儿当道，多亏小的叫来了菜将军救急。"朱元璋一听，见他虽然说的也是这一件事情，但是说得好听，保全了他的颜面，于是转怒为喜，立刻封他做了一个大官。

在这里，两个人说的本来是同一件事情，但是前一位因为不会说话，直接揭了朱元璋的底，扫了他的面子，最后不仅没能得到官职，还被砍了头，而后一位因为说话巧妙，既维护了朱元璋的尊严，又恰到好处地点明过去一起玩闹的事情，勾起朱元璋的回忆，最后被封为大官。

其实，现在的社会也是一样，每个人都希望在别人面前表现出自己好的一面，如果谁不小心揭了他的短，戳着他的痛处，无疑是当面扇人耳光，肯定不会善罢甘休，就跟朱元璋一样，因为一个伙伴维护了他的面子，所以得到了好处，而另一位朋友虽然说的是事实，但让身为皇帝的朱元璋面目无光，自然就倒了霉。

在生活中，场面话谁都能说，但并不是谁都会说，一不小心，也许

111

无意间就触到了对方的隐私和痛处，犯了对方的忌，对听话者造成了伤害，而自己还莫名其妙。为人处世的成功，一个很重要的因素就是善于发现对方身上的优点，夸奖对方的长处，而不要抓住别人的隐私、痛处和缺点，大做文章。

有一个真实的例子，说的是一群人在看电视剧，剧中有婆媳争吵的镜头。赵姐便随口议论道："我看，现在的儿媳有时候真是过分，一点都不知道好歹，不愿意和老人住在一起，更不愿意照顾老人，嫌这嫌那的。也不想想以后自己老了怎么办？"话未说完，旁边的小瑜马上站了起来，满脸的不高兴："说话注意点，不要给自己找不自在，有什么事情就直接说，我最讨厌别人指桑骂槐。"原来小瑜平素与婆婆关系处的不好，就不喜欢别人说婆媳关系怎么样，最近因为闹得不可开交，刚从家里搬出去另住。赵姐由于不了解情况，无意中揭了对方的短而得罪了小瑜。很多时候，因为没有了解情况，无意之中说话得罪人的事情很多，所以可能的话，最好不要发表一些有消极评价的意见，否则，很可能周围就有人"对号入座"，出现不必要的麻烦。

与人相处本是缘分，世界上有这么多人，五湖四海，西北东南，素不相识的人慢慢地从不认识到认识，从陌生人到朋友。然而交往中，自然避免不了一些磕磕绊绊，产生一些矛盾，闹出口舌纠纷。这个时候，大多数人都会竭尽全力去维护自己那些并不全面、不成熟的观点，用一些恶毒的难听的话去攻击对方，揭露对方的隐私、嘲讽别人的缺点。这样往往会激化矛盾，把小纠纷搞成大矛盾。

然而会做人的人，不会让这种争执成为破坏友谊的蛀虫，他们总是以和为贵，尽可能地维护别人的尊严，从而赢得别人的好感，提高自己在他人心目中的地位。做人要谦和，即使有了矛盾，出现争执，也要维护别人的面子，有理有据，有进有退，不能得理不让人，更不能死缠乱打、蛮不讲理。

俗话说："要想公道，打个颠倒。"这时候不妨站在他人的立场考虑一下问题的实质，也许会发现其实人家也不是没有道理。有句话曾经这样描述跟人争吵的后果："一场狂风暴雨般的唇枪舌剑过后，人们得到的仅是心烦意乱，而失去的却是彼此间亲密的情谊，彼此将日渐疏远。"

何必呢！可能到最后才发现，你所竭力证明的东西根本一点都不重要，相反还让你又多了一个"敌人"。俗话说得好："多个朋友多条路，多个敌人多堵墙。"卡耐基也曾经说："你赢不了争论。要是输了，当然你就输了；如果赢了，还是输了，因为你输掉了形象，失去了跟人友好相处的一个机会。"所以，适时而退，给人留足面子，不要伤害别人的自尊，更不能侮辱别人的人格。不然，就算获得了胜利，结果只不过是证明了你并不是一个会做人的人。

林肯曾经斥责一位和同事发生争吵的青年军官，他说："每一个希望获得成功的人，都不会将时间浪费在无谓的争执上。争执往往使得人失去了自制，这是每个人都要注意的，因为失去自制的后果可能会很严重。就算在表面上吃一点亏也没有什么大不了的，与其跟狗争道，被它咬一口，倒不如让它先过去。否则就算将狗杀死，被它咬的伤还是疼在你身上。"社会中好多事端都是从一个小小的纠纷引起的，在不知不觉中酿成大祸。即使在争斗中获胜，但是又得到了什么？失去的永远也无法挽回了。

做人做事一点通

退一步海阔天空，让三分心平气和。与人相处，低调谦和，给人面子，维护了别人的尊严，也就是给自己留下更多的退路。

113

11. 放弃固执，不逞口舌之快

得理不让人，是得势而失人心，捡起了芝麻丢了西瓜。放弃到手的优势，有理而不逞口舌之快，得饶人处且饶人，看似吃亏，实则赢得人心，反而能获取更大好处。

与人交往，意见不和是正常的事情，出现误会也避免不了。因而产生争执，闹起矛盾，引发口舌之争的状况随处可见。有一种人，他们头脑灵活、牙尖嘴利、好胜心极强。工作、生活中只要是有人与他们发生冲突，不管是大事小事，不管有理无理，都要与对方展开争辩，不把对方说得哑口无言、低头认输绝不罢休。他们言语犀利，经验丰富，善于抓住别人语言漏洞，所以即使理在对方，也能颠倒黑白，把理争到他们那方去。

这种人在生活中并不少见，一般的人都不喜欢跟他们交往，因为他们犯了一个错误——太较真，太固执。也许在辩论会、谈判桌上，他们是人才，但是日常生活他们往往会遭人冷落，因为他们没有意识到，生活并不是辩论场，也不是谈判桌，平日里和他们打交道的，只是工作或生活中的一些朋友和伙伴以及邻居。没有人希望自己的邻居朋友是个炮仗，一碰就炸，更不希望自己的工作伙伴是个刺猬，挨着就受伤。

为人处世中，有些人总是仗着自己实力强大，说话得理不饶人，又是把人说得面目全非，批判得一无是处。好像身边的人个个都不如他，结果招来了他人的嫉恨与疏远，也在无形中为自己种下了祸根，因此，现实生活中，做人应该有雅量，拥有一颗宽容之心，时时提防自己的口舌之祸。

想那弥衡，傲岸不稽，因为曹操待他无礼，就出言讥讽，把曹操的文臣武将贬的一文不值，曹操怕担负杀害人才的骂名，就派弥衡去劝降刘表，想借刀杀人。刘表识破曹操意图，再把弥衡送到粗暴的黄祖那里，弥衡最终因为出言讥讽黄祖而惹来杀身之祸，如果弥衡能放弃固执，以其才学聪明，不难成就一番事业，可是却因为逞一时口舌之快，结果为自己招来杀身之祸，英年早逝，不能不让人扼腕叹息。

也不是所有人都固执己见，得理不让人，下边说的就是这样一个因为谦让而化解矛盾的故事。

春秋战国时期，梁国和楚国是邻居，彼此之间常有矛盾，摩擦不断，关系搞得很紧张。因此为了防备对方，也为了适当地处理彼此间的关系，两个国家就在边界处分别设立了界亭，并派了部分兵丁把守。

双方不时发生纠纷，但是好在还没有达到让两个国家兵戎相见的地步，所以双方界亭的士兵也都相安无事。各方在各方的地界内开垦了一些荒地，栽种上一些西瓜秧，既可以调剂生活，又能给士兵们解解馋。西瓜秧种上以后，梁国的士兵吃苦耐劳，勤奋干活，每天除草浇水，因此瓜秧的长势非常好。楚国人比较懒，把瓜秧埋进土里以后，就不管了，让其自然生长。如此一来，不到多长时间，双方地里的瓜秧的差别就显现出来了。楚国人很不服气，但是他们又不想劳动，因此想了一个损招，在一天夜里，偷偷跑到梁国的瓜地里，把西瓜秧全部折断。

第二天去地里除草浇水的梁国士兵一看，非常愤怒，赶紧报告了边亭的县令，并建议说也去把楚国的瓜秧全部弄坏。县令听了以后，劝阻他的手下："既然楚国人的做法是不对的，我们还要去学习，那不是在学坏吗？从现在开始，我们帮楚国人也把瓜秧弄得好起来，这不是显得我们的好吗？"梁国界亭的人听县令说得有理，就同意了。楚国人本以为折断了梁国人的西瓜秧肯定会被报复，谁知道并没有这样的事情发生，相反自己地里的西瓜秧一天比一天长得好，一调查才发现是梁国人每天半夜里帮他们除草浇水。楚国界亭的人赶紧把这一消息报告了楚国的边亭县令，县令听了十分感动，就把这事情报告给了楚王。楚王得知这件事情以后，为梁国人的大度以及睦邻友好的精神所打动，亲自准备了厚礼向梁王致歉，这件事情也让两国的关系变得友好起来，双方很长时间都互相帮助，关系很密切。

"得饶人处且饶人"，就是给对方一条生路，让他有个台阶下，为对方留点面子和立足之地，有回旋的余地。梁国县令低调，看似吃亏的做法不仅感动了楚国，避免两国间的纷争，还显示梁国人的气度，赢得楚国国王的尊敬，让他特备厚礼致谢。如果梁国人得理不让人，一味去指

115

责楚国人或者扯断他们的瓜秧，很可能导致双方矛盾升级，最终引发两国间的战争。

得理不饶人，让对方走投无路，把对方"赶尽杀绝"，有可能激起对方的斗志，狗急了还跳墙呢，把人逼急眼了谁也不知道会发生什么事情，很可能是"不择手段"，结果肯定会造成伤害，就像把老鼠关在房间内，不让其逃出，老鼠为了求生，将咬坏家中的器物、家具。如果放它一条生路，老鼠"逃命"要紧，便不会对屋里的东西再造成伤害。

做人做事一点通

对方无理狡辩，明显理亏，在占有优势的情况下，放他一马，他自然会心存感激，来日相见也好说话。相反，得理不让人，无理也要争三分，不仅给人的印象不好，让人觉得涵养不够，而且影响人际交往，这绝不是一个心智高明，谦和低调的人所能做的事情。

12. 好为人师，不如虚心求师

人往高处走，水往低处流。有才能本是好事，但是好为人师，自以为是却不值得嘉许。反之，低调做人、虚心求师不但能够学到更多知识，也容易获得别人的认可。

在公园的跷跷板上，一个人上则一个人下。在社会交往中，也是如此，两个人本来是一样的，如果一个人显得高明了，那么另外一个人自然就会被比下去了。每个人都有荣辱之心，抓住机会表现自己就可显得比别人高明，好为人师就是其中的典型。

为人师的潜台词就是比别人高明，而好为人师则是不管别人有没有需求，愿意不愿意，都主动表现，但结果往往有可能使对方不但不接受你的好意，反而还可能采取不友好的态度。

有一个寓言说的就是这样：

在一个山清水秀的丛林里，有各种各样的动物。一天，一个凡事都爱摆大道理的老山羊正悠闲地在河边散步，当它看见一只大鸟在河边饮水，便立刻走上前去，很严肃地说道："你只顾在这里喝水，却完全不知道提高警惕，如果狐狸过来，你的小命就没了。"老山羊害怕大鸟不听劝告，还反复地讲了许多大道理。

大鸟没有吭声，笑着表示接受。但老山羊一走开，大鸟就对身边的蚂蚁说："依仗自己胡子长就冒充懂道理。还喜欢指点别人，去年，它的孩子还不是在这里让狼给吃了吗？"

老山羊也许是出于一番好意，却没能得到大鸟的认可——表面答应，背后就讥讽。原因就在于它"好为人师"的做法侵犯了人性丛林里的忌讳——侵犯了人性里的自我。

前段时间在一个小区里见到有人争执不休，一问才知道，原来是有人在下象棋的时候从旁边指点，开始的时候两人还有商有量，其乐融融，后来因为指点的人和下棋的人意见不和，因而引发争执，看着两个人激动的样子，怒目相视，就差拳脚相向了，后来在众人劝解下，好歹才将一场矛盾化解。

人人都有表现的欲望，就连小孩子也不例外。好为人师的人总是喜欢指点、纠正别人的观点。在生活中每每见到一些人看见别人做什么事情的时候，自己先在旁边观望，后来感觉不过瘾，干脆上前指手画脚，如此这般地指点一番方能尽兴。经常能看见小区里边有下棋的，旁观者围成一圈，见到情势危急的时候，早就不记得"观棋不语真君子"这句话，七嘴八舌开始支招，更有甚者，越俎代庖直接上去参战。

每个人都以为自己比较高明，可以为别人指点迷津，但是他们不知道这种"好为人师"的表现不见得就有人领情，因为这种自显高明的做法，无形之中抬高了自己，贬低了别人，看起来是好意，实际上损害了

117

第三章
低调做人，戒除张扬

别人的自尊。

"好为人师"的人有的是出于一番好意，主要是想帮助别人纠正错误，助人为乐，有的则是为了显摆，出风头，炫耀自己的能力，是为了表明自己高人一等。但是不管是出于什么原因，也甭论观点是对是错，好为人师的行为基本上是不怎么受人欢迎的。中国古代有个叫钟弱翁的，就因为自以为是，好为人师成为笑柄。

钟弱翁是一个有才能的人，能书会画，却因此形成了一个很不好的习惯：每到一个地方，都喜欢贬低当地挂在碑匾上的字画，自己为他们重新书写，但是他的水平并不很高明，写出来的东西很一般，人们对他这个习惯非常反感。

有一次他路过一个地方，那里的山中有个寺庙，寺庙里有一个修建得很漂亮的阁楼。钟弱翁和下人就一起过去站在阁楼下面，欣赏风光。阁楼上也有个匾，上写着"定惠之阁"，而旁边题字人的名字因为年代久远，字被蒙上灰尘而看不清楚。

钟弱翁老毛病发作，又开始肆无忌惮地评说匾上文字的缺点，还叫一个寺僧拿来梯子取下匾来准备修改，可他把匾擦拭后仔细一看，却发现这字是大书法家颜真卿书写的，钟弱翁见状赶紧转弯说："像这样好的字画，怎么能不刻一个石碑呢？"就命令为字刻了一个石碑。

好为人师者多半都自以为是，为显示自己高明不顾别人感受肆意去贬低他人，实为做人处世之大忌。

在这个世界上，每个人都有优点和缺点，每个人都需要别人的指点和帮助，但是好为人师，自以为是的做法是值得商榷的。一般而言，指点别人在以下几种情况可以使用，但不可强求，更不能让别人坚决服从：

要么你德高望重，在某些方面已经是权威，如此一来自然没有显摆之嫌，而且对方即使有什么不同的意见也会尊重你的看法，作为借鉴。

要么你和对方关系极好，从朋友的角度出发你可以直接告诉他有什么地方需要改进，怎么做会更好，对方即使有不同意见也可以一起探讨。

要么你是长辈和上司，以过来人的身份告诉他们你的经验之谈，处世之道，也没什么不妥当的地方。

否则，如果是为了表现自己的话，最好还是三思而后行，免得像寓言中的老山羊那样——出力还不讨好。

做人做事一点通

好为人师，不如虚心求师。与其处处表现自己，惹人讨厌，还不如降低姿态，虚心求师。每个人都不可能掌握所有的知识，俗话说："三人行，必有我师。"寻找别人的长处虚心请教，遇到自己不明白的地方仔细询问，既可以学到知识，又能赢得别人的好感，何乐而不为呢？

13. 适时妥协，自谋退路

大多数人都会认为"妥协"是"屈服"与"软弱"的做法，但是，这种观点是不正确的，因为有些时候，只有"妥协"才能生存下来，保存力量。有句话是这样说的："给自己留条退路，就是给自己设计好进攻的路线。"所以这就要求人们要学会妥协，学会低调做人，给自己谋条退路，以便更好的进攻。

人事有沉浮，世事多艰辛，要给自己留一些余地，才不至于走上绝路。

清代纪晓岚任左都御史时，碰上了一件很棘手的案子，大学士兼军机大臣阿桂的亲戚海生的妻子乌雅氏猝死，且死因不明。海生说妻子是自杀身亡，但是乌雅氏的弟弟贵宁却不相信海生的说法，认为姐姐是被海生殴打致死的。于是，一纸文书将海生告上公堂，地方衙门根本难以做出判决，于是把案子交到刑部，刑部仍然无法做出决断。于是这个并

119

不难解的案子越闹越大，究其原因，只是因为海生是阿桂的亲戚，审理官员怕得罪阿桂，判乌雅氏为自缢，其实是为了给海生开脱罪责。可本来性情就很刚烈的贵宁加上和珅的支持，并不惧怕，不断上告，最终惊动了皇上。

于是，皇上特派左都御史纪晓岚主审此案，并派刑部侍郎景禄、杜玉林、御史崇泰等人同纪晓岚前去开棺验尸。

纪晓岚知道，其实并不是别人都无法审理此案，只因为这其中牵扯到和珅和阿桂两位大学士兼军机大臣，都不敢轻易决断，所以自己也感到很头痛，他知道和珅和阿桂一直在明争暗斗，自己同和珅积怨也很深。原判又逢迎阿桂，自己能够推翻这一强大的势力吗？纪晓岚权衡利弊，决定只有圆滑处理了。

于是开棺后纪晓岚等人一同验看。见死尸并无缢死的痕迹，纪晓岚心中有数，却要看看大家的意见。刑部景禄、崇泰、郑徵一干人等，都"指鹿为马"说死者脖子上有伤痕，显然是自缢而死。纪晓岚顺势说道："我系短视眼，看起来似有似无，看不清楚到底有无疤痕，既然大家看得很清楚，那就这么定吧。"于是，纪晓岚便给皇帝上了联名奏章："公同检验伤痕，实系缢死。"

贵宁见结果气愤不已，一怒之下，再次上告，这次连步军统领衙门、刑部、都察院一块儿告，告这些官员有意包庇，办案不公。乾隆看贵宁如此不服，也开始怀疑此案，又派侍郎曹文植等人复验。复验结果很快呈上来，曹文植等人上奏皇上说乌雅氏尸体脖子上并没有缢痕。乾隆这下火了，心想这肯定是与和珅、阿桂有关，于是钦点阿桂、和珅会同刑部堂官及原验、复验堂官，一同检验。结果可想而知，当然是真相大白：乌雅氏是被殴而死。

再次审问海生，由于真相结果已经得出，海生也不再隐瞒，供出事实，他将乌雅氏殴踢致死之后，为了掩人耳目，便制造自缢的伪象。皇上将原验、复验官员几十人除纪晓岚之外通通发配伊犁效力赎罪，皇上在谕旨中这样写道："纪晓岚目系短视，对于刑名等件素非诸悉，于检验时未能详悉阅，以刑部堂官随同附和，其咎尚有可原，着交部议严加论处。"皇上都原谅了他，哪个官员还敢说话？只给了他一个革职留任的处分，而官复原职是肯定的事。

纪晓岚在处理这个敏感的案件中，并没有大包大揽，而是借别人的眼睛，给自己留了一条退路，这不能说是纪晓岚的软弱，只能说他的一种低调做人的技巧，试想，如果他不懂得"妥协"，那么，皇上想让他无罪都找不出理由来。

现实生活中，能够适时妥协，自谋退路的不多，其结果无疑是自酿苦果。

有这样一个小故事：一个漂亮的女孩和一个才华横溢的男孩恋爱到了谈婚论嫁的地步，可此时却出了问题，女孩家里不同意他们结婚，原因是男孩家里太贫穷。女孩当然不会屈服，极力说服自己的父母，可就在父母勉为其难地同意后，男孩却不知去向……可想而知，女孩遭受多么大的打击，一气之下，丝毫没有犹豫地嫁给了父母安排的一个纨绔子弟，在女孩冷静下来后，才觉得自己的决定太草率了，这无疑是从一种伤痛走入另一种更痛苦中……

这位女孩就没有纪晓岚的处世技巧，所以导致不幸的恋爱和婚姻。很多时候，我们没有思考就做出决定是不明智的，比如，赌气痛苦时的决定、悲观失望时的决定，如果不给自己留条退路，就再也无法挽回。

做人做事一点通

《战国策》中有一句名言叫"狡兔三窟"，意思是指兔子备有三个藏身的洞穴，即使破坏了两个还剩一个。这样居安思危的生存方式很值得学习，人们在欲进攻之时，应该认真地想一想，万一不成怎么办？在没有成功的把握时，还是应该先给自己留点余地，以便更好的进攻。

14. 事不可做绝，话不可说满

《菜根谭》中说："路径窄处，留一步与人行；滋味浓时，减三分让人食。此是涉世的一种手法。"这的确是一种很好的低调做人的学问。日常生活中，往往就会有这种情况，话说得太满，不但别人听了接受不了，有时还会让自己失去尊严；事做得太绝使自己再也没有回旋的余地。这些都不是低调处世之人想要的结果。

最明智的低调处世之道，并不是"狭路相逢勇者胜"的方式，而是留一步与人与己。

一个年轻人想在大发明家爱迪生的实验室里谋得一个职位，恰巧爱迪生需要一个得力的助手，于是就接见了他。年轻人向爱迪生表明了来意，同时，还坦露了自己的雄心壮志，他说："我一定会发明出一种万能溶液，它可以溶化一切物品。"爱迪生听完以后，便问他："那么你想用什么器皿来装这种溶液呢？它不是可以溶解一切吗？"年轻人顿时无言以对了，面试的结果可想而知。

年轻人之所以没有被录用，是因为他把话说得太满了，没有给自己留后路，从而陷入了自相矛盾的境地。如果他能谨记"逢人只说三分话"的原则，就不会搬起石头砸自己的脚。

在与人交谈过程中，许多人为了表现自己的最高水平，往往爱用一些修辞。其实，运用修辞并非坏事，但是一定要运用得当，否则，用词不当很可能让别人误解。

屠格涅夫的小说《罗亭》中，皮卡索夫与罗亭有一段这样的对话：

罗亭说："妙极了！那么照您这样说，就没有什么信念之类的东西了?"

皮卡索夫说："没有，根本不存在。"

罗亭说：您就是这样确信的吗？

皮卡索夫说："对。"

罗亭说："那么，您怎么能说没有信念这种东西呢？您自己首先就有一个。"

皮卡索夫用"根本"一词来修饰自己的话，结果却起到了适得其反的作用。正因为他把话说得太满了，才使自己很难堪。

话多的人，通常喜欢一吐为快，不考虑说出去的话会产生什么样的效果，所以容易惹人厌烦。其实，多说话非但无益，还会给自己平添不必要的麻烦。老于世故的人，说话会分轻重，只说三分话。或许人们会认为这样的人狡猾、不能深交。其实，这种观点未免有些片面。每个人说话时都要看对方是什么人，如果对方不是一个可以深谈的人，说出三分话，就不少了。

低调处世的人说话不会口无遮拦，更不会得理不饶人，他会适时地探测别人的性格、爱好、特长等，然后再针对不同的人，说出不同的话，处处留一步与人。

贪婪只会迫使人们走上绝路，而见好就收往往能给人们带来更大的利益，这是做人最基本的常识。人生总会面临无数次的选择与无数次的放弃，在选择与放弃间，必须正确地权衡厉害关系，否则只会置自己于进退两难的境地。

人们常说："做人不要做绝，说话不要说尽。"任何人都有高潮和低潮。

其实，与人相识，不论对待什么样的人，同性知己或者是异性朋友，都要凭着适可而止的心态对待。越是关系紧密的朋友，越要礼让三分。

凡事留余地，不光可以运用到利与弊的权衡上，还可以用做阐述退却与逃跑的道理。当别人的势力强过自己，而自己尚且没有因此受到太大损失时，逃跑、退却是保全自己最好的方法，留得青山在，不怕没柴烧。

《三十六计》最后一计是"走为上"，曰："全师避敌，左次无咎，未失常也。"译为：全军退却，避开敌人，以退为进，待机破敌。意思就是不要把事情做绝，给自己留有余地。

这一计说得通俗一点就是退让。当面临对方强大的压力自己却无力回天时，只有三条道可选择，投降、和谈、退让。如果你选择投降，那代表你已经完全、彻底的失败了；选择和谈则是失败了一半的象征；可是退让并不是人们眼中的懦夫所为，也不是失败的表现，而是转为胜利的关键。

表面看来是退让，而实际却是最高的战法，它具有切实的可用性，可使人受益无穷。

其实，以上的说法只是为了阐述一个做人的大道理，那就是"随退随进"。所谓随退随进，并不是懦弱的象征，而是生存的一种大智慧。苏东坡在《与程秀才书》中曾讲道："我将自己的全部命运，完全交由老天爷决定，听其运转，顺流而行，如果我遇到低洼就停止下来，这样不管是行，还是止，都没有什么不好的了。"在苏东坡这一说法中，强调的是人应当顺应天意，进退不强求。这就好比是大自然的阴晴，月亮的圆缺，四季的更替，天气的冷暖。所有美好的事情，都是人们对美好生活的向往，人生在世能一帆风顺真的很难得。

庄子曾讲，穷通皆乐；苏轼则言，进退自如。不管是庄子的主张，还是苏东坡的看法，其实指的都是同一种做事的策略。"穷通"说的是人实际的境况、遭遇，而"进退"说的是人主观的态度、行动。

做人做事一点通

事不要做绝，说话不要说尽，凡事留有余地，为自己留条后路。特别是在利弊面前，更应不要盲动，这是低调做人必须掌握的处世之道。

做人篇

第四章
内外兼修，修身自省

　　谦退是保身第一法，安详是处世第一法；涵容是待人第一法，洒脱是养心第一法。

　　清·金缨《格言联璧》

1. 戒除贪欲

许多人爬到一定高位时，不但居功自傲、矜才使气、盛气凌人，而且还不知道满足，过分的贪欲使其还想"爬得更高，飞得更远"。想一想宇宙之大，人际之繁，一人之功，一己之才算得了什么？更何况每一个人的"功"和"才"都是踩着别人的肩膀摘得的。所以，自视清高、贪得无厌，都不是做人的真本色。

在一片茂密的大森林里，一个老汉正在卖力地砍柴。当他抡起斧头准备砍一棵树时，一只金嘴巴的小鸟从树上飞下来，对老汉说："你为什么要砍倒这棵树呀？"

老汉说："家里的柴快要烧完了。"

小鸟说："你不要砍倒它。回家等着去吧，明天你家里会有许多柴。"

老汉听了小鸟的话，两手空空地回家了。

第二天，院子里果然堆满了柴，老伴高兴地叫他出来看，不知道发生了什么事，老汉就将遇到小鸟的事情原原本本地告诉了老伴。

老伴说："虽然我们有柴烧了，可是我们却没有粮食。你再去找小鸟要点来吧！"

老汉听从了老伴的话，又回到那棵树下。这时，小鸟飞来了，它问："你想要什么呀？"

老汉把老伴的想法告诉了小鸟。

小鸟听完后，依然让老汉回家等着。

第二天早上，家里果然出现了很多粮食，老伴欣喜若狂地喊道：

"老头子，你快去跟那金嘴巴小鸟说，我要穿绫罗绸缎，还要很多奴仆伺候我，快去快去！"

老汉有些不耐烦，可是拗不过老伴，还是去找小鸟了。老汉把老伴的愿望如实对小鸟说了。小鸟很快答应了，叫他回家等着。

第二天早上醒来，老伴发现自己的愿望果真实现了。自己穿着绫罗绸缎，而且还有很多的侍卫和婢女。

贪婪的老伴仍然不满足，她对老汉说："去，找金嘴巴鸟去，让它把魔力给我，让它每天早上来宫殿为我跳舞唱歌。"

老汉再次将老伴的意见转达给小鸟，小鸟愤怒地瞪着眼睛说："回去等着吧！"

老汉又回到家，等待着愿望实现。

第二天起床后，他们发现原来拥有的一切都化为乌有。

人的欲望永远没有止境，拥有了稳定的生活还要去追求安逸，拥有了安逸的生活还要追求奢侈的物质享受。欲望是贪婪的药引，只要欲望没有尽头，生活就永远找不到快乐。

知足者常乐，珍惜现在所拥有的。当你体会到这句话的含义时，会发现自己是世界上最富有的人。

古希腊一位美丽的公主，特别宠爱一只波斯猫。有一天，公主不小心丢了自己的宠物，于是国王命画师画了数千张波斯猫的画像贴在全国各地，而且张贴出告示：谁要将猫送回悬赏金币十枚。

告示贴出去以后，送猫者络绎不绝，可是都不是公主丢失的那只。公主想：大概是捡到猫的人嫌钱少，所以迟迟未见自己的那只。于是，她将这个想法告诉了国王，国王又把赏银提高到五十枚金币。

这时，一个乞丐在宫廷花园外面的墙角边，拾到了公主的宠物。正准备抱着猫去换金币时。他发现原先的五十枚金币已经涨到了一百枚，乞丐心想：假如把猫藏起来，过几天赏银还会增加的。

过了几天，他又跑去看告示，果然奖金已涨到一百五十枚。

接下来的几天里，乞丐天天去看墙上的告示。当奖金涨到了令人难以置信的高度时，乞丐决定将猫送进城堡去换赏银。谁知，当他准备带上猫去领赏时，猫已经死了。因为这只猫每天吃的都是山珍海味，对乞丐在垃圾里捡来的东西根本不屑一顾。

利益对人们的诱惑是可想而知的，每个人都想得到越来越多的利益。尤其是钱财，看到别人赚钱，自己更想发财。但是别忘了那句俗语"君子爱财，取之有道"，人绝对不能贪心不足。过分贪婪会使人厌恶，甚至会导致更严重的事情发生，比如，如果一个商人忍不住贪欲，那么他的事业将会宣告失败；一个政界人士如果过于贪婪，那么他的前途命运将会毁于一旦；如果一个君王贪无止境，那么他的国家将会随之灭亡。由此可见，过分贪婪是多么可怕。

冯异，是东汉时期著名的大将军，他有着出众的才华，高尚的品德，他跟随汉光武帝征战沙场几十年，取得了卓越的功绩，但是，这位将军从不像其他将军那样邀功请赏，而且还对自己的功勋避而不提，把皇帝的封赏多数都让给部下。

更始元年，大司马刘秀为平息叛乱率王霸、冯异等将起兵至邯郸，在邯郸展开了一场浴血奋战……

冯异在这场战争中，突破重重阻碍，连夜为夜宿河北晓阳地区的大军筹措衣食，解决前方将士的饥寒问题，还在刘秀大军逢滂沱大雨时，四处奔波，取薪燃火，让将士取暖烘衣，并且送上热气腾腾的麦饭，不但使将士们吃饱穿暖，而且让他们感受到了家一样的温暖，这样更鼓舞了官兵斗志，最终攻克了邯郸，叛乱得以平息。

在这一战争中冯异可谓功勋显赫，可是就在别人等待论功行赏时，他却在阴凉处聚精会神地读《孙子兵法》。即使这样，刘秀当然也不会忽略战功卓越的英雄，但是冯异却拒绝一切封赏，实在推托不掉时，便将此功让给表现突出的战士，将赏银悉数分给这次作战中表现勇猛的士卒。刘秀很欣赏冯异这种淡泊名利、没有贪欲的性情。

而和冯异恰恰相反的一个人物——年羹尧，就是一个贪欲过胜的人，他的胞妹，是雍正帝的贵妃。

雍正皇帝非常赏识并重用年羹尧。登基之初就命其管理抚远大将军印务。年羹尧也的确是一名才华出众的将军，他多年在西北前线为朝廷效力，并且因平定西藏战功卓越，被加封三等公爵，加太保衔，而后又因功绩显著进一等公，加官进爵。从此以后，年羹尧被加封的头衔几乎达到极致，赏银的数量也到了不可再多的地步，但他并没有因此而满足。

年羹尧在享受了如此多的厚赏之后，更加得意忘形，贪欲更浓。张狂的行为终于遭到了群臣的围攻，纷纷上奏章弹劾年羹尧。其中以内阁、詹翰、九卿、科道合奏年羹尧的罪恶"罄竹难书"最有力度，雍正皇帝对年羹尧的行为早有耳闻且不满，只是没有得到真凭实据，于是在事实摆在面前时便顺水推舟，下令将年羹尧革职查办，历时九个月之久的调查，结果议政王六臣等定年羹尧罪：大逆之罪、欺罔之罪、僭越之罪、狂悖之罪、专擅之罪等九十二条罪状。

又半年过后，雍正派兵统领阿尔图，并给年羹尧下了判决诏书："历观史书所注，不法之臣有之。然当苏败露之先，尚皆为守臣节。如尔公行不法，全无忌惮，古来镫有其人乎？朕待尔之恩如天高地厚，愿以尔实心报图，尽诖猜疑，一心任用。尔乃作威作福，植党营私，辜恩负德，于绍果忍为之乎？……尔悖逆不臣至此，若枉法曲宥，曷以彰安典而服人心？今宽尔磔死，令尔自裁，尔非草木，虽死亦当足也。"年羹尧此时悔之晚矣！只用三尺白绫结束了自己的性命，他的亲属、家眷都受到了株连……

不可一世的年羹尧轰轰烈烈的一生就这样结束了，究其原因还是因为两个字"贪欲"，就是因为他的贪欲太强，导致了悲惨的下场，如果他能够忍住高傲的性情，耐住无止境的贪欲，那么他的人生结局可能就是另外一个样子。

做人做事一点通

人有贪心、有私欲这是正常的，但是，一个低调做人的人绝对不允许这种欲望达到不可收拾的地步，他会控制自己的性情，遏制自己的欲望，让自己的人生光辉而又圆满。做人要学会知足，及时浇灭心中不良欲望的火花，切勿让它造成灾害。否则，只能落得"竹篮打水一场空"的下场。

2. 学会看轻自己

看轻自己不是小看自己，更不是自卑，而是做人做事的一种方法和原则。

李明在大学的专业是投资管理，毕业后很顺利地进了一家投资咨询公司。在应聘这份工作时，公司的老板说，虽然公司目前不大，但可以给他充分的施展才华的空间和机会。

进公司后，老板果然没有食言，没多久李明就被任命为市场部的副经理，负责拓展客户。这一职务相当具有挑战性，有一定的难度。李明没有胆怯，他年轻有闯劲，再加上丰厚的专业知识，逐渐为公司打开了局面。在一段时间里，李明拓展的客户竟占了公司新增客户总量的一半以上。老板非常高兴，过来过去总要拍拍李明的肩膀，有事没事地还拉上李明去喝酒，外出有什么活动，也会把李明带上。给人的感觉，他和李明的关系超过了老板和员工的关系，似乎是好哥儿们的感觉。因此，公司里的人私下里说，只要公司里人事变动，李明肯定会升为市场部经理；甚至还有人说，市场部经理算不了什么，对李明来说，公司副总经理的位子也是有可能的。

李明自己也志得意满，跃跃欲试准备大干一番。老板的器重，使他觉得自己对于公司很重要，言下之意，除老板之外，公司再也无人能与他相比，即便是那个与老板沾亲带故的副总似乎也不值得一提。

没过多久，公司果然出现了人事变动，市场部经理离开了公司，这下，人人都以为李明必是市场部经理无疑，可结果出人意料，老板并没有让李明升任市场部经理，而是花高薪从别的公司市场部挖过一个人来担任市场部经理。这让李明很失望，也非常不满，他不好直接表露自己的想法，便想了一个办法：提出要休假，说以前太累了，想放松一下。这明摆着是在提醒老板，自己对公司来说是很重要的。老板考虑了一会儿，很爽快的同意了。

李明想：自己的努力却得来这样一个结果，自己这一休假，要不了两天公司就得乱套，到那时，老板一定会主动请他回来。

一个月后，李明回到公司，公司一切正常，并没像他想象的那样。当他去老板办公室销假时，老板仍像以往一样，热情地拍拍他的肩膀笑道："休假过得怎么样？"李明终于明白了，老板的热情不过是一种用人的技巧而已，自己并没有想象的那么重要。

美国有一句谚语是这样说的：天使能够飞翔是因为把自己看得很轻。

做人做事一点通

一个人的能力再大离开团体也非常渺小，这就像鱼儿只有在水里才能酣畅自如一样。所以，到任何时候都不要把自己看得过高，认真踏实地做人才是根本。

3. 谦卑待人才会得到尊重

谦虚谨慎是做人的必备品格，只有具备这种品格的人，在待人接物时才会温和有礼、平易近人、尊重他人，并且善于倾听别人的意见和建议。而当自己遇到不理解的事情时，则能虚心求教他人，取长补短。谦卑的人能够充分地认识自己的优点和不足，在成绩面前不居功自傲；在缺点和错误面前也不文过饰非，不回避问题，而是采取积极主动的措施进行改正。

谦虚谨慎的品格能够使你看到自己与他人的差距，发现自己的不足。只有具备永不自满的精神，才能不断地前进，并且能够使你冷静地倾听他人的意见和批评，谨慎从事。一个人如果骄傲自大，满足于现状，主观武断地对待遇到的人和事，那么轻者会使工作受到影响，重者则会使你所从事的工作半途而废。

需要注意的是，不论你从事何种职业，担任什么样的职务，只有谦虚谨慎，才能保持不断进取的精神，才能增长更多的知识和才干，才能取得更大的进步和成绩。

在大多数情况下，具有谦虚谨慎品格的人都是比较实际的，他们不喜欢装模作样，更不会因为自己的成就和地位摆架子或盛气凌人，而是能够虚心向他人学习，了解他人的情况。

美国第三届总统托马斯·杰斐逊曾经说过："每个人都是你的老师。"杰斐逊出身于贵族家庭，父亲曾经是军中的上将，母亲是名门之后。在当时的社会风气下，贵族除了发号施令以外，基本上不与平民百姓交往，原因很简单，他们看不起普通的平民百姓。然而，杰斐逊却是传统社会的"叛逆"，他没有秉承贵族阶层的恶习，而是主动与各阶层人士交往。他的朋友中不仅有上层的社会名流，而且还有更多的普通园丁、仆人、农民或者是贫穷的工人。他向各种人学习，发现每个人都有自己的长处，并且学到了许多经验。有一次，他在与法国人拉法叶特谈话时说："你必须像我一样到普通的民众家去走一走，看一看他们的菜碗，并且亲自尝一尝他们吃的面包。如果你这样做了，那么你就会了解到民众为什么不满了，并会深刻理解正在酝酿的法国革命的意义了。"由于他作风扎实，深入实际，在做总统的时候，根据群众的需要制定了许多切实可行的政策。这样，他就在密切群众关系的基础上采取措施，取得了不小的成就。

有了谦虚谨慎的品格，会使一个人在面对成功、荣誉时不骄傲，不会陷在荣誉和成功的喜悦中不知所措，沾沾自喜于一己之功，不再进取，而是把它视为一种激励自己继续前进的力量。居里夫人在这方面做出了榜样，她以自己谦虚谨慎的品格和卓越的成就获得了世人的称赞。而她对荣誉的独到见解和分析，使很多喜欢居功自傲、浅尝辄止的人汗颜不已。正是在她的高尚品格的影响下，她的女儿和女婿也踏上了科学研究之路，并且也获得了诺贝尔奖，居里之家成为令人敬仰的两代人三次获诺贝尔奖的家庭。

美国南北战争时，北军将领格兰特与南军李将军率部交锋，经过一番空前激烈的血战后，南军一败涂地，战局以北方的彻底胜利而告终，李将军则被送到爱浦麦特城去受审。

在一般人看来，格兰特将军立了大功后，就会骄奢放肆、目中无人。但是，格兰特没有，因为他是一个胸襟开阔、头脑清晰、做事情有理智的人。

当别人问他对战争看法的时候，他很谦恭地说："李将军是一位值得我们敬佩的人物。他虽然战败了，但态度仍旧镇定异常。像我这种矮个子，与他那六尺高的身材比起来，真有些相形见绌。尽管战败了，但他仍是穿着全新的、完整的军服，腰间佩着奖赐他的名贵宝剑；而我只穿着普通士兵穿的服装，比较起来寒酸多了。"

格兰特将军这一番谦虚的话在别人听来，远比自吹自播好得多。

实际上，只有那些对自己的成就没有自信的人，才爱在人家面前吹嘘自己，以掩饰那些令人不足的地方。而一个真正成功的人，无论在什么样的情况下，都不会自我吹嘘和自我炫耀，因为他的成绩和成功，别人会比他看得更清楚，而且会记在心上的。

格兰特将军的自谦，固然值得赞美，而李将军能够以败将的身份，昂首挺胸、衣冠整齐来签字，虽然战败，却仍能坦然承受，这正是他勇敢坚毅性格的表现，也是值得称赞的品格。他能够这样做，显示了他的

133

自信和刚强，他把失败当做一种经验，而非一种耻辱，如果能再给他一次机会，胜利也许是属于他的。

当格兰特将军在赞美李将军的态度的时候，并没有轻视他的战绩。他把自己的成功和李将军的失败，都归为偶然的机遇。他这样说："这次胜负是由极凑巧的环境所决定的，由于李将军的军队在维吉尼亚，而那里又天天遇到阴雨天气，这就迫使他们在泥淖中作战。相反，我们军队就幸运多了，所到之处几乎每天都是好天气，行军更是非常的方便。"

格兰特将军把一场决定最后命运的大胜利，归功于天气和命运，实在让人有些匪夷所思，然而这正显示了他有充分的自知之明，保持着清醒的头脑，没有被名利的欲念所淹没。

如果你常常因为一点小成绩而得意忘形，接受别人的称赞，把它当做一桩十分了不得的事情，那么你就是在欺骗自己，对你自己没有任何的益处。而你也会从此走上失败之路，原因很简单，你已经失去了自知之明，盲人骑着瞎马乱闯，结果就可想而知了。

做人做事一点通

一个人要想活得充实、幸福，一定要把谦虚谨慎当做人生的第一美德来刻苦培养，使之成为一种习惯。做到了这一点，你的人生才会丰富多彩，才会找到快乐的感觉。

4. 把自卑消灭掉

自卑的人总是无心无力做一件有挑战性的事，他们常用的借口是："唉，我能力太差！"这种人始终无法摆脱自卑的"纠缠"，也根本无法实现自己的理想。而欲成就一番事业，首先要做的一项工作就是拒绝与自卑纠缠。

有句话说："天下无人不自卑。无论圣人贤士，富豪王者，抑或贫农寒士，贩夫走卒，在孩提时代的潜意识里，都是充满自卑感的。"但你若想成就大事，就必须战胜自卑感。

产生自卑的两种原因，一是孩提时代，都觉得自己是"弱小"的；二是社会对一些人和事有一种过于完美的追求倾向，使很多人都有一种自愧不如的自卑感觉。还有一些实际产生自卑的原因，如从小家境不好，教育不当，或是受压抑，身心不畅，或是受蒙昧，身心未得到开发，很少有条件和机会培养自信心，以致后来在人生道路上遭受挫折和失败的打击过多，感到自我的渺小和无奈，因而怀疑自己的力量，产生自卑感。

一个人自卑的特点是感觉己不如人，低人一等，轻视怀疑自己的力量和能力！而这正是成功人士最蔑视的。那么如何在成大事的过程中，拒绝自卑的纠缠呢？

（1）超越自卑之路

自卑作为一种消极的心理状态，人人都或多或少有些。轻微的自卑心理很容易超越，它可以很容易地升华为人的一种良好品格：谦虚谨慎，不骄不躁，从而转化为一种进取的动力。

但能做到这点的人不多，大多数自卑者都碌碌无为。自卑心理重者更是如此。

自卑心理较重的人，大致有三条出路：

第一，消极认命，让自卑的感觉化为现实，承认并接受自己的确不如别人，相信自己没有能力。持这种消极态度的人，容易放弃个人的努力与奋斗，听任命运的摆布，以各种借口自欺欺人，为自己的失败辩护。生活中不乏这样的失败者。

第二，自暴自弃，走向侵犯他人危害社会的犯罪道路，这种人看不到一点光明前途，铤而走险，以错误的方式去补偿自己的自卑心理。这种与他人为敌的反社会行为最终必以更大的失败而收场！许多罪犯都是因为自卑心理过重而走错了道路。

第三，发奋图强，超越自卑。承认自卑的感觉，决不让这种感觉成为控制自己的事实，与其为自卑而悲观丧气，庸碌一生，不如变自卑的弱点为奋斗的力量，扼住命运的咽喉，拼搏一生，争取成功。一旦有几个小成功的记录，则自卑就被逐渐超越，自信就会建立起来。持这种态度的人，不管原来多么自卑，必将获得成功，赢得一个光明的前途。

世界上许多杰出的成功人物，走的就是这条超越自卑的路。事实上，自卑的超越与需要动力的升华对由挫折、自卑到成功卓越的人士来说，是互相关联、互相依存的。

从自卑中超越走向成功的例子，在世界知名人物中比比皆是：法国伟大的启蒙思想家、文学家卢梭，曾为自己出身孤儿，从小流落街头而自卑。存在主义大师、作家萨特，两岁丧父，左眼斜视，右眼失明，失去亲情与身体的残疾使他产生极重的自卑。法国第一帝国皇帝、政治家、军事家拿破仑年轻时曾为自己的矮小和家庭贫困而自卑。美国英雄总统林肯出身农庄，九岁丧母，只受一年学校教育就下田劳动！林肯曾深深为自己的身世而自卑。日本著名企业家松下幸之助，四岁家败，九岁辍学谋生，十一岁丧父。但自卑一直是他奋进的动力。因此他的事业辉煌无比。

获诺贝尔化学奖的法国科学家维克多·格林尼亚却是从另一种自卑走向成功的。格林尼亚出生于一个百万富翁之家，从小过着优裕的生活，养成了游手好闲、摆阔逞强、盛气凌人的浪荡公子恶习。仗着自己长相英俊，挥金如土，一直春风得意的格林尼亚遭到一次重大打击。一次午宴上，他对一位从巴黎来的美貌女伯爵一见倾心，像见了其他漂亮女人一样追上前去。此时，他只听到一句冷冰冰的话："请站远一点，我最讨厌被花花公子挡住视线。"女伯爵的冷漠和讥讽，第一次使他在众人面前羞愧难当。突然间，他发现自己是那样渺小，那样被人厌弃，一种油然而生的自卑感使他感到无地自容。他满含耻辱地离开了家庭，只身一人来到里昂，在那里他隐姓埋名，发愤求学，进入里昂大学插班就读，并断绝一切社交活动，整天泡在图书馆和实验室里。这样的钻研精神赢得了有机化学权威菲利普·巴尔教授的器重。在名师的指点和自己的长期努力之下，他发明了"格式试剂"，发表了二百多篇学术论文，被瑞典皇家科学院授予1912年度诺贝尔化学奖。

受自卑心理折磨的朋友，请你好好想想上面这些杰出人物的例子。诸如此类的例子还很多，自卑如能被超越，便成了我们成功的本钱。

只要改变心态，将自卑变为发奋的动力，就能走向成功和卓越。

（2）战胜自卑就是战胜自己

战胜自卑的心态，其实就是战胜一种丧失信心的自我。

丧失自信通常可分为两种情形：一种是前面所说的暂时性丧失信心，一种则来自从小养成根深蒂固的自卑感。这种自卑感若不加以克服，则容易在不知不觉中使你的人生蒙上一层阴影。自卑感并非无法克服，就怕你不去克服。反观这世上，许多成功者都是在克服了自卑后走向成功的。请坚信：他们能，你也能。

我们给"自卑感"所下的定义是：一种阻碍自己成功的心理障碍。自卑感是无形的敌人，你必须设法战胜它，否则它所造成的危害及丧失信心、自我意识过强、不安、恐惧等种种并发症，都会为你带来不必要的困扰。

自信与自卑是两种不同的心理激素。如何才能知道自己的信心是否坚定呢？当你做完以下的测验，结果便马上知晓：

①你是否害怕失去工作。

②你是否常在家里或办公室里发脾气。

③和上司交谈时，你是否感到局促不安。

④你是否会将过失转嫁别人。

⑤在人前，你是否会十分在意别人的想法，甚至变得胆怯。

⑥面对陌生人时，你是否会害羞。

⑦你是否会对陌生的事情感到害怕。

⑧你是否常在回忆光荣的过去。

以上答案中只要有一处是肯定的，就表示你的自信正亮起黄灯。你必须马上为自己谋求更高更坚强的自信。

①正确认识自卑感的利与弊，提高克服自卑感的自信心。有的人把自卑心理看作是一种有弊无利的不治之症，因而感到悲观绝望，自暴自弃。这是一种不正确的认识，它不仅不利于自卑者的前途，反而会加重自卑心理。其实，比起狂妄自大的人，自卑者更加讨人喜欢。因为，自卑的人都很谦虚，善于体谅人，不会与人争名逐利，安分随和，善于思考，做事小心谨慎，稳妥细致，重感情，重友谊。自卑者应当充分利用这一有利因素，增加生活勇气和信心。还应认识到，你若克服了心理上的这种障碍，将更有前途。

②正确地评价自己。不仅要看到自己的短处，也要客观地看到自己的长处；既要看到自己的不如人之处，也要看到自己的过人之处。俗话说："比上不足，比下有余。"谁也有缺点和不足，只要能够想方设法克服缺点和不足就行。这样就会增强自信心，减轻心理压力，扔掉包袱轻装前进。

③正确地表现自己。有自卑感的人不妨多做一些力所能及、把握较大的事情，并竭尽全力争取成功。成功后，及时鼓励自己："别人能做到的事，我也做到了。"当面对某种情况感到信心不足时，可以用"豁出去"的自我暗示来放松心理压力，反倒能够充分发挥自己的潜力，获得成功。

④正确地补偿自己。为了克服自卑感，可采取两种积极的补偿途径：一是以勤补拙。知道自己在某些方面赶不上别人，就不要再背思想包袱，而应以最大的决心和顽强的毅力，勤奋努力，多下工夫，下苦工夫。二是扬长避短。

⑤要正确对待挫折。遭受挫折和打击，这是人人难免的。但人的承受能力不同，性格外向的人过后就忘，内向的人容易陷入其中。那么就应当注意，凡事不要期望过高，要善于自我满足，知足常乐。无论学习或工作，目标都不要定得太死太高，不然就容易受挫。

（3）找自卑的原因

为何一个看起来正常、健康聪明的人会背着自卑感的沉重负担呢？为了寻找答案，让我们先来看看心理学家的说法。曾有一本心理学书籍谈到，一般所谓的自卑感多半来自孩提时代——约6岁以前，而根本原因则多半源于父母对小孩的态度。

除此之外，还有一种十分常见的心病，就是与人相处时的自卑感。

譬如：你在与比你强的人相处时总觉得自己矮半截而坐立不安便是这种心病所造成。若不设法加以克服，这种想法会经常带给你困扰。

曾经有一位推销员，他在开始从事这份工作之前，也常为自卑感所苦。每当他站在某位大人物面前，就会变得局促不安，结结巴巴地不知道在说什么。但最后他终于利用下面的方法克服了这种困难。

他在开始从事推销工作之初，非常胆怯，虽然对方热情的款待，但他总觉得站在人家面前自己变得很渺小。他透露当时的心情说："在那些人面前，我觉得自己好像是个小孩。由于自卑感作祟，当时我脑袋里一片空白，原已演练多遍的推销辞令变成乱无章法的喃喃自语，坐在大人物面前，我只觉得自己不断地缩小，他们一个个都变成了可怕的巨人。

但这种现象我没有让它持续下去，因为我感觉到如果不想办法扭转这种逆势，这种工作再干下去也没什么意思。而且那时候我也快被自卑感逼至崩溃边缘，但我又一想，把大人物看成是穿开裆裤的小娃儿又会是什么情况呢？

"从我开始有了这种想法，便开始尝试，没想到效果出奇之好。当然，他们并不是真正变成小孩子。只是在我眼里他们都成了十四五岁的毛头小伙子。不过，事情真的是有所转变，他们都像朋友一般，说起话来非常自然。我也一样，自从能站在平等立场与他们交谈之后，我的心情就变得轻松自然多了。从此之后，我的观念就有了一百八十度大转变，自卑感也不见了！"

由此可见，自卑是自信的晴雨表，当你树立了自信之后，自卑也就自然而然地烟消云散了。

（4）扫除自卑的心理障碍

你若想在自己内心建立起自信心，就应像清扫街道一般，首先将相当于街道上最阴湿角落的自卑感清除干净，然后再种植信心，并加以巩固。如果信心得以建立起来，则新的工作机会皆会伴随而来，下面是加强建立信心的方略：

在树立信心的道路上，首先，你应观察自己的自卑感相当于前面所提到的哪一种，找到症结之处，便应马上进行溯其根源。你发现原来自己的自我主义、胆怯心、忧虑及自认比不上他人的感觉小时候就已存在，而自己和家人、同学、朋友之间的摩擦即为这些否定感觉充塞敏感之心所导致。若对此能有所了解，则你就等于踏出了克服自卑感的第一步。为了证明你不再是孩子，你若能将小时候不愉快的记忆从内心消除，即表示你又向前迈进了一步。

成长需要过程，在扫除自卑障碍的同时，你不妨将自己的兴趣、嗜好、才能、专长全部列在纸上，这样你就可以清楚地看到自己所拥有的东西。另外，你也可以将做过的事制成一览表。譬如：你会写文章，记下来；你善于谈判，记下来；另外，你会打字、你会弹奏几种乐器、你会修理机器等种种，你都可以记下来，知道自己会做哪些事，再去和同年龄其他人的经验做比较，你便能了解自己的能力程度。

世界是多彩的，生活面临着一个又一个挑战。你愿意在家当懦夫，还是希望出去闯呢？当然你希望自己能出去闯，有计划地闯！想想看，当做好一件工作时，你便能获得进一步的信心；而有了信心，又可为你带来物质上的报酬，使你获得别人的赞美，进而得到心理上的满足。这些连续美好的反应，难道不值得你去闯吗？此外，这些反应也成为你走上成功的推进器，使你爬得更高、看得更远，彻底发挥所长，并获得自己想要的事物。

总而言之，方法应尽量与众不同，最主要的是要能充分表现自己。这样你对自己的信心也越来越强，你也就会以崭新的态度去面对生活。

一切消极的思想，再加上重复的回忆，就能发展成心理畸型。并且，为自信心的丧失和严重的心理问题埋下了隐患。

　　不管心理障碍的大小，我们总有灵验无比的"药方"来对付它，这个"药方"便是停止消极思想，多回忆一些积极的事情。要塑造全新的自我，便要拒绝从你的"心理银行"中提取不愉快的思想。当你在回想任何情形时，集中精力想好的方面，忘却不愉快的事。如果发现你在想某些不好的事情，要赶快全面转移你的思想。

　　总会有一些重大而又令人振奋的事情的。你的大脑渴望摆脱恶梦。如果你愿意振作，你的令人不愉快的记忆将渐渐枯萎，最终你"记忆银行"的"出纳"会把它们删除。

　　一位著名的广告心理学家在谈及我们的记忆能力时说："当被引出的是一种愉快的感觉时，广告就容易被人记住；相反，当一种广告带来不愉快的感觉时，它就有可能被很快忘记。不愉快与人们的希望相对抗，我们不要记住它。"

　　简单说来，我们确实很容易忘记不愉快的感觉，只要我们拒绝去回忆它。仅仅从你的记忆中抽取积极的思想，让其他思想自然消失。当你拒绝记住消极、自我压抑的思想时，你便向征服恐惧迈出了一大步。

　　让自己怀有一种感觉，认为自己"目前"一点问题也没有，也假设自己一直怀有这种感觉。在这种感觉下，你认为自己会做什么，就尽管去做吧。只有朝着光明的一面前进，才可能得到快乐、坚强和成就。如果你认为自己很有价值，并将这种想法付诸行动的话，一定会更具信心。

做人做事一点通

　　对自己充满信心，就是给人生增添一条成功的路径。一个欲成就一番事业的年轻人，首先要战胜自卑感！树立起信心，充实而坦然地面对生活。

5. 指责他人不如检讨自己

有的人只相信自己，不相信别人，让人避而远之；有的人总喜欢严厉地责备他人，使对方产生怨恨，不知不觉中使彼此的沟通难以进行，事情也办得一团糟。其实，只有不够聪明的人才批评、指责和抱怨别人。

检讨一下自己，是不是也有这种喜欢责备别人的毛病？布置下去一件工作没有做好，我们很可能不是积极地去与下属寻找原因，研究对策，而是指责下属："你怎么搞的？怎么这么笨？"这时，你有没有想过下属会有什么反应？他可能什么也不说，但觉得你不近人情，从而怨恨你。这样，你今后很可能在与他相处时，总感到疙疙瘩瘩。

有这样一个幽默故事：

这天丈夫回到家，发现屋里乱七八糟，到处是乱扔的玩具和衣服，厨房里堆满碗碟，桌上都是灰尘……他觉得很奇怪，就问妻子："发生什么事了？"妻子回答："平日你一回到家，就皱着眉头对我说：'一整天你都干什么了'，所以今天我就什么都没做。"指责他人实在不是一种好习惯，会伤害别人也会伤害自己，别人不舒服你也不会舒服。

有一个比较极端的例子，《三国演义》里，张飞闻知关羽被东吴所害，下令军中，限三日内制办白旗白甲，三军挂孝伐吴。次日，帐下两员末将范疆、张达报告张飞，三日内办妥白旗白甲有困难，需宽限几日方可。张飞大怒，让武士将二人绑在树上，各鞭五十，打得二人满口出血。鞭毕，张飞手指二人："到时一定要做完，不然，就杀你二人示众。"范疆、张达受此刑责，心生仇恨，便于当夜趁张飞大醉在床，以短刀刺入张飞腹中。张飞大叫一声就没命了，时年仅五十五岁。

不过，并非人人都像张飞那样。还有一件这样的事情。1863 年 7 月，盖茨堡战役展开。敌方陷入了绝境，林肯下令给米地将军，要他立刻出击敌军。但米地将军迟疑不决，用尽了各种借口，拒绝出击。结果敌军轻易逃跑了。林肯勃然大怒，他坐下来给米地将军写了一封信，表达了他的极端不满。但出乎常人想象的是，这封信林肯并没有寄出去。在他死后，人们才在一堆文件中发现了这封信。也许林肯设身处地地想了米地将军当时为什么没有执行命令，也许他想到了米地将军见到信后可能产生的反应，米地可能会与林肯辩论，也可能会在气愤之下离开军队。木已成舟，把信寄出，除了使自己一时痛快以外，还有什么作用呢？

不要指责他人，并不是说放弃必要的批评。这里的原则是要抱着尊重他人的态度，以对方能够接受的方式来批评。

有一家工厂的老板，这天巡视厂区，看到有几个工人在库房吸烟，而库房是禁止吸烟的。他没有马上怒气冲冲地对工人说："你们难道不识字吗？没有看见禁止吸烟的牌子吗？"而是稍停了一下，掏出自己的烟盒，拿出烟给工人们，并说道："请尝尝我的烟，不过，如果你们能到屋子外去抽的话，我会非常感谢的。"工人们则不好意思地掐灭了手中的烟。

在许多情况下，我们喜欢责备他人，常常是为了表现自己的高明。有时，也有推卸责任的目的。古人讲"但责己，不责人"，就是要我们谦虚一些，严格要求自己一些，这对自己只有好处，绝无坏处。

在你想责备别人的这不是那不是时，请马上闭紧自己的嘴，对自己说："看，坏毛病又来了！"这样，你就可以逐渐改掉喜欢责备人的坏习惯。

143

做人做事一点通

尖锐的批评和攻击，所得的效果都是零。批评就像家鸽，最后总是飞回家里。当你想指责或纠正你的对象时，他们会为自己辩解，甚至反过来攻击你。成功的经验告诉我们：学会宽容和尊重，才能更好地与人相处。

6. 路窄人心宽

明人吕坤在《呻吟语》上说："路径窄处，留一步与人行；滋味浓的，减三分让人食。"意思是：在狭窄的小路上行走，要留一点余地让别人走；遇到美味可口的食物，要留出三分让给别人吃。这就是为人处世最安全、最快乐的方法。

李刚的表哥第一次从香港来内地，李刚开车去机场接他。一路上，李刚热情地和表哥聊家常，可表哥的态度却很冷淡，时不时地哼哈应付两句，从不主动说话，李刚感到这样很无聊，也不再说话了，继续前行。

车子进了市区后，路上的行人和车辆多了起来。李刚驾着车不断地按喇叭在车水马龙中穿梭着，表哥不停地看他并不时地皱皱眉头，但是没说什么，李刚也没在意，继续开车。

这时前面有一个妇女正领着一个小孩准备过马路，李刚并没减速，而是猛地一加油门，从她们面前冲了过去。

表哥对李刚说："让她先过嘛，一个女人领个孩子，路又这么窄，万一剐上怎么办呢！"李刚听完一想，表哥的话的确有道理，脸上不觉有些发热，尽管表哥没再说什么，但心里多少有些不是滋味。

这时，表哥转过脸对李刚说："后面有个鸣笛的'120'，咱们先靠到边上去，让它先走。"原来表哥早就注意到后面这辆鸣笛的"120"了，李刚也没说话，向外一打轮让过救护车，透过"120"的车窗，李刚隐约看到一个医护人员一手举着吊瓶，心里多少有些不好意思。

表哥前后看了看说："这附近有没有停车场？咱哥儿俩下车抽根烟，聊会儿天。"李刚不知他什么意思，正好前面的小广场有个停车场，李刚慢慢地把车滑到了停车处。

表哥掏出一盒烟，递给李刚一支，自己也点上一支，他摇下车窗向外吐了口烟，拍拍李刚的肩头说："老弟，驾龄几年了？"

"没多久，六年。"

"还可以，车技不错。"

李刚呵呵一笑："还凑合。"

二人抽着烟，不着边际地聊着，表哥跟李刚讲他在澳门的生活，然后又谈起这个城市的美丽。慢慢谈到了这个城市的交通，李刚说："路窄人多，常有交通事故呢。地方小，没办法。"而表哥却说："城小道窄，倒别有小家碧玉的风情。不过，路窄人心宽，这是我们那里的一句老话。"

"路窄人心宽？"李刚颇有所悟！

表哥接着说"不是吗？急促地按喇叭，飞快地超车，有时并不为了赶时间，只是图个潇洒。如果放慢速度，不仅安全，还可以欣赏沿途风景，岂不是一举两得。开车也是一种文明和礼节。这么美丽的城市，如果没有了噪音、谩骂、交通事故……岂不更美？"

的确，路窄人心宽！

做人做事一点通

让人一步不等于低人一等，反而显得自己的品格更加高尚，形象更加完美。

7. 有一点敬业精神

什么是敬业精神？敬业精神不是空洞无物的，它是由勤奋、认真、责任心、忠于职守等良好的品质和职业道德精神组成的。

一个漆黑、凉爽的夜晚，坦桑尼亚的奥运马拉松选手艾克瓦里吃力地跑进了墨西哥市奥运体育场，他是最后一名抵达终点的选手。

这场比赛的优胜者早已领过了奖杯，庆祝胜利的典礼也早已结束，因此艾克瓦里跑到体育场时，整个体育场早已空空荡荡。艾克瓦里的双腿血渍斑斑，缠着绷带，他努力地绕着体育场跑了一圈。这一切被躲在角落里的格林斯潘看得一清二楚，它是一位声誉很高的纪录片制作人。在好奇心的驱使下，格林斯潘走过去问艾克瓦里，已经是最后一名了，为什么还这么吃力跑到终点？

艾克瓦里轻声回答："我的国家从两万多公里以外送我来这里，不是叫我来起跑的，而是叫我完成比赛的。"

艾克瓦里的回答不禁让人震颤，的确，这位选手是一名合格的运动员，起码一点，他的敬业精神值得学习。

人人敬业，社会才能正常运转。社会是一个结构非常复杂的有机整体，牵一发而动全身。这就需要人人敬业，否则将无法顺利运转。如果一个人不够敬业，不仅影响自己的工作，还会影响别人，造成连锁反应。所以敬业不是小事。

1956年，李政道、杨振宁在《物理评论》上发表论文，提出在弱相互作用中宇称守恒定律可能不成立。他们找这方面的权威吴健雄商量，提出是否以实验来验证这一观点。吴健雄表示可以用实验来证明，但是她和丈夫已订好了去欧洲旅游的船票，如果去旅游就要推迟实验，如果实验就要放弃旅游。怎么办？吴健雄当机立断：退掉船票，让丈夫一个人去旅游，自己留下来做实验。实验室在华盛顿的国家标准局，当时正是严冬酷寒，吴健雄冒着风雪往返于纽约与华盛顿之间。1957年1月9日凌晨两点实验结果出来了：在弱相互作用中宇称果然不守恒！李、杨因此而获得1957年诺贝尔物理学奖。

芝加哥大学的一位实验物理学家泰利格第看到李、杨论文的预印本后，也在积极地做实验，实验几乎与吴健雄同时进行，正当实验进行中，泰利格第的父亲去世了，他利用圣诞节假期回意大利去探望母亲。但他不知道吴健雄正在做实验，而且还有更多的人也加入了这场竞赛，大家都在争先恐后地抢第一。

几天后，泰利格第返回芝加哥，获悉吴健雄的实验已成功了。他马上将实验结果写成论文急送《物理评论》，希望与吴健雄的论文同时刊出。可惜为时已晚，编者不同意同期刊出，他找当时的美国物理学会主席威格纳去说情也没有用。结果泰利格第的论文发表在刊登吴健雄论文的后一期，编者加了一个注：由于技术原因延迟了，但未说明究竟是作者还是编者所造成的。泰利格第为此宣布退出美国物理学会以示抗议。

吴健雄的敬业精神值得每一人学习，同时她也得到应有的回报：被誉为美国物理学界女中豪杰，当选为美国物理学会主席——第一位女士获此殊荣。后来，吴健雄去世，李政道撰文悼念，将她与居里夫人相提并论。

泰利格第悼父探母乃人之常情，当然不能因此而责怪他，但是他却为此付出了沉重的学术代价。

在台北有一个出租车司机的故事，这个故事被一些学校列为毕业班必上的"最后一课"：

一个午后，一个人从圆山附近的一家饭店出来，随手招了一辆出租车，突然想起一件事来，他又回过头来与朋友说了几句话才上车。如此一番，本以为司机会不高兴，可是出租车司机仍用一张笑脸欢迎他。

车子启动后，他对司机说去松山机场。其实，这位顾客在外贸协会的生产力中心工作，现在想回公司。生产力中心在松山机场附近的外贸协会二馆，因为是旧楼，不太大，又不太显眼，所以知道的人不多。他每次打车都说是去松山机场，免得再费力解释。

可是这次却很例外，他刚说完，这位司机师傅就紧接着问了一句："是不是要去外贸协会二馆啊？"

这位顾客非常奇怪，以往他打车对司机说去机场时，一般司机就会不再吱声，一般好说笑的司机最多会问要去哪里呀，或你要搭乘哪家航班呀，还从来没有一个司机这么具体而准确地说出他真正要去的地方。他吃惊之余，便是好奇，问司机是怎么知道的。

司机认真地说："有三条原因。第一，你上车时跟朋友只是简单的道别，没有出差送行的意思；第二，你没有携带任何行李，哪怕是一个随身的背包都没有，这个时间才去机场，没有当天就赶回来的可能，所以你并不是要去机场；第三，你手里拿的杂志被随意卷折过，一看就不是重要的公文之类的东西，而是供你自己消磨时间用的，但是却是英文杂志，把英语杂志作为普通阅读物的人肯定会外语啦。既然不是去机场那就一定是去外贸协会，因为机场附近只有外贸协会一家单位有懂外语的人才。"司机说完从后车镜里望着这位顾客笑着说："我说得还算正确吧"。

这位顾客非常吃惊，司机怎么会在短短的瞬间分析得如此透彻，而且又非常自信。于是马上跟他聊起来，结果发现这位司机真的有自信的本钱。

这位出租车司机每天的行车路线都根据季节、天气、星期详细制定。周一至周五，早上，他要到民生东路附近，那里是中上等的住宅区，搭出租车上班的人比较多。

九点左右，他会跑各大饭店，因为这个时间，刚吃完早餐，出差的人要出去办事了，游玩的人也要出去玩了，这些人十之八九都来自外地，对环境一片陌生，所以出租车是他们最好的选择。

接近中午时，他跑公司云集的大写字楼前，这时候，会有不少人外出吃饭，因为中午休息时间较短，所以这些人会选择快捷方便的出租车；午饭后，他回到餐厅较集中的街区招揽生意，因为吃完饭的人又要抓紧时间赶回公司上班。

下午三点左右，他会选择银行附近。银行里有存钱的人，也有取钱的人，取钱的人因带了很多钱不会再去挤公车而是选择较安全的出租车，所以也能拉到客人。

下午五点钟以后，市区开始塞车。他便去机场、火车站或郊区这些地方。晚饭后，他又去生意红火的大酒楼前等候接送吃完饭的人。等到再晚一些时候，他去休闲娱乐场所门口等候。如此详细的计划，难怪这位出租车司机平均每个月都会比其他出租车司机多赚几万元台币。

"怎么样，我还够职业水准吧？"司机讲完自己的工作流程后不无得意地问这位顾客。

这个出租车司机的确让人钦佩，尤其是他最后说的那四个字——职业水准。一般说来，职业水准应该包括百分之八十的精湛技艺、百分之十五的认知与坚持，以及百分之五的灵光一闪。虽然三者所占比例不同，但三者缺一不可。对待工作如果没有尊重与投入，就无法掌握做好它所需的技能，没有必备的技能就谈不上特立独行的认知，没有特立独行的认知，自然就不会有灵光一闪，这才是真正的职业水准，不仅可行，而且还能产生较大的效益与回报。能否敬业反映出一个人做人做事的精神风貌，体现了一个人的品格特征。

做人做事一点通

认真、负责、高质量地做好自己的工作，不论是有人监督还是无人监督，这就是一种敬业精神；对待工作始终都抱有一种求真务实的态度，这也是一种敬业精神。不管从哪个层面来衡量，只要你认真做了都是高尚人格的体现！

149

8. 经常检点自己的过失

检点意指对自己不符合道德规范的言行检查、约束。明代人管检点叫"点检"，明人吕坤提出在四种时候更要检点，就是在高兴时、愤怒时、急惰时、放肆时。他认为这是道德修养中特别要注意的，是检查自己思想行为是否正确的主要方面。为什么？因为人在这四种时候，最容易忽视对自己的约束，往往会做出错事，事后悔之莫及。

就拿坐公交车来说，许多人不善于排队，车一来就乱挤乱拥；还有随手乱扔垃圾、随地吐痰、随意踩踏草坪、在风景名胜地乱写乱画等等，这些人都是缺了"检点"的功夫。最厉害的莫过于看球赛了，球迷为自己喜爱的球队摇旗呐喊，赢了球，狂喜不已，以嘲笑输球一方为乐趣；输了球，便情绪失控，咒骂裁判和对方球员以至于和对方球迷拳脚相向。近年来，球迷闹事已成为世界许多国家也包括中国的一种"公害"。分析起来，在这近乎疯狂的球迷闹事中，除了有少数足球流氓兴风作浪外，多数参与闹事的球迷都是有失"检点"。平日里，他们可能都是家庭中的好孩子、好丈夫、好妻子，学校里的好学生，单位里的好员工，但在公共场合，在没有亲人、领导、熟人监督的时候，他们就把持不住自己了，不再注意检点自己的言行，任本性中低俗恶劣的一面泛滥。这说明他们的道德修养还欠着很大的火候，他们的自我约束能力是很脆弱的。

所以，人要时时检点自己的言行，看看自己今天说错话没有、做错事没有，如果言行有不对的，就要及时更正，明白自己错在哪里，这才是做人的道理。如果吃饱喝足后就放纵自己，乱言妄动，做一些违背社会公德的事，与白过了一日，做孽了一日又有何区别呢？

现代通讯技术和计算机技术给我们带来了信息交流的便捷，人际联络的扩大，但也带来了一些意料之外的东西。

一位西方人说过一句极富意味的话："脸红是美德的颜色。"其实，有些时候，那些在足球场上大骂不止、在网上大开语言"屠宰场"的人，的确应该静下来自我检点一下！

做人做事一点通

中国实行改革开放以来，许多新潮的东西不断涌进来，人们的观念也在趋向开放。但这并不意味着我们可以抛弃作为人类所共同认可的行为美德，我们更不可能超越现阶段的公共道德。所以，要时时检点自己的言行，不要污染了他人，不要污染了社会，也不要污染了自己的人品。

9. 不要小看身边的人

看人时如果能不以个人的喜恶为标准，你就会发现别人身上有很多长处，如果能加以有效利用，也能成事。

"鸡鸣狗盗之徒"也有可用之处。春秋时期，四君子以养门客闻名，其中以孟尝君为最，据说座下有门客三千。一次，又有两个人前来投奔，其中一个能钻狗洞、能学狗叫；另一个会学鸡叫，除此之外，别无所长。孟尝君还是把他们留下来。许多门客不服气，总觉得这两个人没什么能耐，和这样的人在一起觉得丢人，请孟尝君将这二人辞退，孟尝君劝他们说："世无不可用之人，有一技之长就是人才，让他们留下来吧。"

没多久，孟尝君奉命出使秦国。鉴于孟尝君的名声，秦昭王想让他留下来做相国。有人劝秦昭王说："孟尝君是齐国人，又很有本事，如果在秦国做了相国，他不会替秦国谋利的，即便是肯为秦国出力，也一定是先想着齐国然后才想着秦国，如果是这样，秦国不就危险了吗！"

秦昭王听完觉得有理，就打消了让孟尝君当相国的念头，而且把他关起来，想把他杀掉。孟尝君托人向秦昭王的一个宠姬帮忙说情。这个宠姬说："我想要孟尝君的白狐狸皮裘。"

原来，孟尝君有一件皮衣，价值千金，天下无双。他把这件皮衣送给了秦王，秦王的宠姬只有得到了这件皮衣才肯帮忙，确实给孟尝君出了一个难题。孟尝君很发愁，问遍门客，谁也想不出对策。

这时，那个能钻狗洞学狗叫的门客说："我能弄来白狐裘。"他在夜里装成一条狗，进入秦王宫中储藏东西的地方，偷出孟尝君献给秦昭王的那件皮衣。孟尝君又把这件皮衣献给了那个宠姬。宠姬替孟尝君向秦昭王讲了情，秦昭王就把孟尝君放了。

孟尝君获得行动自由以后，换了证件，改了姓名，混出咸阳，连夜逃往齐国。秦昭王放了孟尝君以后，又后悔了，让人去寻，而孟尝君已经逃走了，于是他就派人驾车追赶。

半夜时分，孟尝君来到函谷关下，却出不了关。因为秦国有一条规定："鸡鸣以后才准放人通行。"孟尝君很怕追兵赶到，心里很着急。这时，那个会学鸡叫的门客捏起嗓子，学着公鸡打鸣的声音，十分逼真，引得附近的公鸡也鸣叫起来。守关的人听到鸡叫，就开关放人通行，孟尝君得以顺利脱逃。

当孟尝君在秦国遭难时，那么多才子贤士都束手无策！全靠这两个只会一点雕虫小技的人才得以脱险，由此可见用人之道，确有奥妙，不可以常理度之。

所以古有明训："人无完人。"看人总要往好处看，对人才有信心，才敢把事情放心交托给他。如果总是盯着别人的缺点，看不到他的长处，也许会把一匹千里马当成了一匹跛脚驴子。只有透过缺点看优点，才能找到真正的千里马。克服这一弱点要注意两点：

（1）不管小毛病

美国南北战争时期有一位将军叫格兰特，此人有卓越的军事才能，但同时又是一个好酒贪杯的酒徒。总统林肯看到的只是他的帅才，而不计较他的缺点，因此大胆地起用了格兰特。当时林肯对众多的反对者说："你们说他有爱喝酒的毛病，我还不知道，如果知道我还要送一箱好酒给他喝！"格兰特上任后，迅速扭转了不利的局面，使美国南北战争以北方军很快平定南方叛乱而告终。

有才者，君子小人莫不乐为之用。有些人确有大才，也有明显的品格缺陷，这种人用好了是个宝，用不好是个精怪，要有王者气象和超群统御力的人，才用得好这种人。

（2）要管大毛病

特朗普出生豪富之家，在沃顿金融学院读书时，他在某地发现一个公寓村，共有八百套住房闲置。于是，他建议父亲将这个公寓村全部买下来，交给他经营。由于他还要读书，就聘请一个名叫欧文的人当经理，代他管理物业。欧文颇有治事之能，很快使公寓村的各项工作走上正轨，几乎不用特普朗操心。

但是，欧文有一个令人讨厌的毛病——偷窃。仅一年时间，他偷窃的公物即高达五万多美元。

特朗普发现欧文这种毛病后，从心情上来说，他恨不得让这个家伙立即滚蛋。但是，从理智出发，他觉得还需要慎重。一方面，他一时找不到一个合适的人接替欧文的职位；另一方面，他认为公司不仅是一个赢利的地方，也是一个传播文化、培训人才的地方，对一个有毛病的人，不加教育就推出去，是不负责任的态度。

最后，特朗普决定给欧文一个改过自新的机会。他将欧文找来，给他加了工资，并指出他的毛病，建议他以后一定要检点自己的行为。欧文既羞愧又感激。自此，他改掉了恶习，兢兢业业工作，为特朗普赚了好几百万美元。

做人做事一点通

在处世交友时，因为一个人的缺点而抛弃这个人，是最省事的做法，却不是最好的做法。人的优点与缺点经常是伴生的，往往能力越强的人，缺点越明显。你想用能人，只好忍受他的缺点。正如松下幸之助所说："你想全用好人为你工作是不可能的。与其精挑细选，不如大胆用人。"

153

第四章
内外兼修，修身自省

10. 不轻易责备别人

与人交往做到和谐相处，就得承认对方的价值，允许个性的存在。如果喜欢对别人说三道四，一副盛气凌人的样子，这样的人难有好人缘。当你强求别人的时候，反过来应该想想别人对自己会怎么看。另外，处处要求别人符合你意，那么别人怎样体现自己的价值呢！

任何事都有阴阳两面，如果你是个领导，对待自己的下属——赞扬就是"阳"，批评是"阴"。批评与赞扬都是促进下属的好方法。而将二者综合起来灵活运用，更能够取到单纯的批评与单纯的称赞所难以达到的效果。

赞扬是对人的鼓励与肯定：可以使人信心百倍，精神焕发。赞扬可以使人在一种受到充分尊重的氛围下把赞扬者的要求变为他的自觉行为。

歌德与席勒曾是好朋友，有一次他们一起到剧院观看预演。二人的性格不同，对待人的方式也不同：歌德喜欢发脾气，动不动就大发雷霆，说话语气全用命令式；而席勒则作风完全相反。此次演出的剧本是席勒的作品，因而两人都满心欢喜。不料一看预演，发现主角仍没把台词背熟，已经到了正式上演的前一天。歌德不禁勃然大怒："你们到底干什么去了，这样怎么能上演！"在歌德的斥责下，主角赶紧拼命背台词，但到了第二天上演，仍然不够流利。第一幕结束后，席勒来到后台，握住对方的手、充满信任地说："演得不错，相当成功，说话语气也很恰当……"听了这些话，那位演员精神倍增，信心完全恢复。在以后的几幕中，台词都流利地背诵了出来，演技也发挥得淋漓尽致，台下掌声雷动。

斥责是禁止一个人做某种事情，并向当事者希望的方向去做。因为对其怀有某种期待，所以才会在失望中大声斥责。但切不可在大喊大叫中忘记了自己真正的目的。若感情用事地表示全部信心而厌恶对方，则无异于舍本逐末，达不到斥责的目的。所以这种斥责除了发泄情绪之外，没有什么意义，反而会在盛怒之下把一切搞砸了。

遭人斥责，谁都会感到紧张。过度的紧张会使人做事情畏首畏尾，越发不顺利。一味的斥责，让人无法忍受，这时候会造成两种结果：一是拼命反抗；二是破罐破摔。一旦出现这种情况，有人会对之产生"抗体"，对你的斥责司空见惯，置若罔闻，到头来让你徒费唇舌。

与其一味的斥责，不如斥责之后再给人以称赞、抚慰，暴露其不足之后再指出希望，留给人以改进的余地。两者交相使用，才会使人心甘情愿地朝着期望的方向去努力。

称赞是正面引导别人朝着所希望的方向去做。很多情况下，如果能把领导者的要求，转化为对方自身的需要，那么事情就好办多了。然而一味称赞也会带来不良的负面效果。一个总是生活在掌声、恭维与鲜花中的人，也会变得不可理喻，他会自负、高傲、目空一切。

有些人很喜欢指责他人，一旦出现问题，他们首先想到的就是如何将责任推卸给他人。有些人似乎养成了一种不以为然的恶习，他们动不动就批评他人。还有些人，他们本来在某方面做得并不好，却非要拼命去批评别人。这种批评怎会以理服人呢？其结果要么伤害他人，要么被人反驳。其实，尽量去了解别人，尽量设身处地去思考问题，这比批评要有益得多，这样不但不会害人害己，而且让人心生同情和仁慈。"了解就是宽恕。"何不运用温柔之术呢？所以，当我们批评他人时，先想想自己："我做得怎样？是否应该完全怪罪他人？"这样你也许会完全改变自己的想法和行为，并与他人保持一种良好的人际关系。

让我们记住，我们所要说服的对象，并不是绝对理性的动物，其心中充满了成见、自负和虚荣的东西。

英国文学史上著名的小说家托马斯·哈代曾因受到苛刻的批评而放弃写作，另一位英国诗人托马斯·查特敦年轻的时候并不圆滑，但后来变得富有外交手腕，善于与人应对，因而成了美国驻法大使。他坦言他的成功秘诀是："我不说别人的坏话，只说人家的好话。"

托马斯·卡莱尔说过："伟人是从对待小人物的行为中显示其伟大的。"

做人做事一点通

只有不够聪明的人才批评、指责和抱怨别人，的确，很多愚蠢的人都这么做。善解人意和宽恕他人，需要有修养自制的功夫。其实很多时候，求全责备会适得其反，而宽容却能达到目的。

11. 不要轻易向别人许诺

一般来讲，承诺有两种情况：一种是自觉承诺，明确地答复人家，应允其请求之事；一种是不自觉承诺，这就是自己本来并未应允，但在别人看来，你已应允了。其实，在应酬中轻易承诺很容易造成被动的局面。

拿破仑曾说过："我从不轻易承诺，因为承诺会变成不可自拔的错误。"

例如，一个朋友托你办一件事，而这件事在你看来可以办或不可以办，或介乎两者之间，你可应允一定为其办理，这叫自觉承诺。你也可能会说"让我想一想"，这叫不自觉承诺。在人家看来，你也承诺了。

有时候，我们会在无意中，由于用词或说话的口气不同，使人们对你要表达的意思产生曲解。我们常常在应酬中听到某位朋友说，某某分明答应为我办一件事，可是他却食言了。仔细地想一想那位朋友的话，虽然某某曾经答应过他，但那很可能只是表面上的应付，或者是这件事根本就不可能办到；其实，恐怕连那位朋友也心知肚明，他所请托之事有些强人所难。有人不禁会问："在朋友面前，对朋友提出的请求非应允不可，而实际上这种要求根本就办不到，那时自己该怎么办？"日本的应酬学家掘川正义告诉我们："我们在聆听别人陈述和请托完毕之后，不妨轻轻地摇头，不必强烈地表示出拒绝的态度。"这就是说，做人不必用伤害感情的强烈言辞去拒绝，只要轻轻摇一下头，把拒绝的意思含蓄化。

这样，朋友便可以理解。再加上你充分陈述拒绝的理由，朋友会更容易接受。还有一些人当朋友提出某种请求时，不是果断地回答，而是采取拖的办法，这都是不好的应酬之道，后果必然不好。

一个人的诚实与信誉是他获得良好人际关系，走向成功的基础，而能否兑现他许下的诺言是一个人是否讲信用的主要标志。许诺是非常严肃的事情，对不应办的事情或办不到的事情千万不能轻率应允。一旦许诺，就要千方百计地去兑现。否则，就像老子所说："轻诺必寡信，多易必多难。"

也许，此类的许诺的确太宏观了，实难分清是诺言还是戏言，抑或是脱口而出的一句"豪言"。要求其兑现未免太不现实，但中国人这种拍胸脯许诺的现象实在太普遍了，着实构成了一道道叫人猜不透的、无处不在的风景。

酒桌上，三杯酒下肚，就一脸真诚地说了："大哥的事，你放心，全包在小弟身上。"散席了，许诺的人就把刚才的事忘得一干二净。

在某个聚会场合，两个大学同窗意外相逢，一个经商颇有成就，另一个正想搞个项目，前者兴致勃勃，问之又问，然后煞有介事地表示："这事好办，一点投资没问题，你写个可行性报告就 OK 了。"于是另一位忙碌数日，又是写，又是思考，又是打印，再约同窗，多次追问，对方已对那晚谈话记不甚清了。

其实事情本来很简单，没有人强迫你"许诺"，能做到就说"是"，不能做到就说"不"，干干脆脆，利利索索。你如果许诺什么就要努力去实现诺言，即使做不到也要交待清楚前因后果。你不许诺，别人就不会企盼，也不会失望；你也无失信的内疚。大家心态都平衡。

遵守诺言的人是真正的君子，践踏诺言的人必然是一个小人，至少是一个吹牛耍嘴皮的家伙。俗话说"沉默是金"，你可以保持沉默，但如果说了，就要兑现。这是衡量人格、胆略、素质的标准。

千万不要乱开"空头支票"。"空头支票"不仅仅增添他人的无谓麻烦，而且损害自己的名誉。华盛顿曾说："一定要信守诺言，不要去做力所不及的事情。"这位先贤告诫他人，因承担一些力所不及的工作或为哗众取宠而轻诺别人，结果却不能如约履行，是很容易失去他人信赖的。

因为对方没有得到你的承诺时，他不会心存希望，更不会毫无价值地焦急等待，自然也不会有失望的经历。相反，你若承诺，无疑在他心里播种下希望，此时，他可能拒绝外界的其他信息，一心指望你的承诺能得以兑现，结果你很可能毁灭他已经制订的美好计划，或者使他失去寻求其他外援的时机。

如此一来，别人因你不能信守诺言而不相信你，也不愿再与你共事，那么，你只能去孤军奋战。有些人在生活或工作上经常不负责，许下各种承诺，而不能兑现承诺，结果给别人留下恶劣印象。如果承诺某种事，就必须办到，如果你办不到，或不愿去办，就不要答应别人。

成功的人会注意承诺这个细节。他不会轻易去承诺某一件事，即使有把握，也不会轻易承诺。

做人做事一点通

生活中有许多人的承诺很轻率，不给自己留下丝毫的余地，结果使许下的诺言不能实现。因此，我们在工作和生活中，不要轻率许诺，许诺时不要斩钉截铁地拍胸脯，应留一定的余地。

做人篇

第五章
拿得起，放得下

处世有何定凭？但求此心过得去。

立业无论大小，总要此身做得来。

清·王永彬《围炉夜话》

1. 该放弃就放弃

"世事多变，得失无常"，所以人们不要因为得到而骄傲，不要因为失去而沮丧，古人云："塞翁失马，焉知非福"，说的就是这一道理。因此，一个有智慧之头脑、低调之心态的人，应该知道该放弃时就放弃。

有选择的放弃是一种更豁达的人生态度，人生不必永远追求第一。有时在前进的道路上被跌得头破血流，这又何必呢？在人生的旅途中，有时第一名还不如第二名，在追求胜利的另一方面，还有更多别的趣味。

是的，学会选择，懂得放弃。放弃是一种智慧，也是一种美丽。放弃不是保守，不是退缩，而是为了保护自己想要的一切。

在人生的道路上，有很多的十字路口，每走到一个十字路口，都将面临着选择，而且每一次的选择很可能关系着前途和命运，所以就很难做出决断，放弃什么，坚持什么？这其中甚至充满了辩证关系。此时此刻，需要的就是清醒的头脑，和有所为有所不为的勇气。

春秋时期，范蠡辅佐越王勾践二十多年，直至打败吴国成就霸业。越王有"孤将与子分国而有之"的美意，范蠡却毫不犹豫地谢绝了，并且离开了越国，独自跑到齐国"耕于海畔，苦身戮力"。齐国王有意邀请范蠡做齐国的宰相，可是范蠡仍然谢绝了，有人问他原因，他这样说："平民百姓能够在家做千金，在朝做卿相，就是最高的殊荣了，但是做久了，不知道会有怎样的结果。"他丝毫没有遗憾再次放弃了高官厚禄，在齐国散尽家财，隐姓埋名在一个叫陶的国家，再一次开始了艰难创业，谁想，他又在这个国家创下了巨万家资，这个地方的人都尊称他陶朱公。

可是，范蠡的儿子们一个也没有他这样的胆识与魄力，尤其是大儿子，非常贪恋钱财，因此害死了自己的亲弟弟。

　　事情是这样的，范蠡的二儿子在楚国犯了死罪。范蠡比较信任小儿子，所以准备了一车金银财宝，让小儿子带去楚国救回二儿子，可是没想到大儿子却不高兴了，与范蠡夫妇说："二弟有罪竟然让小弟去搭救，那我这个哥哥还有什么用呢？"遂要自杀，做父母的怎能忍心看着自己的儿子死在面前呢？范蠡不得已只好让大儿子去楚国。

　　临走时，范蠡让他去楚国找自己的老朋友庄生帮忙，并且告诉他说："你到了楚国，把这些金银财宝全部给庄生，然后听他的安排，不要自己盲目行事，他会全力帮助你。"

　　于是，大儿子驱车到了楚国，来到庄生家里，见庄生家里一贫如洗，很不以为然，但由于父亲再三叮嘱，他还是把带来的金银财宝留给了庄生，庄生嘱咐他说："楚国是不安全的地方，你赶快回去，你弟弟的事情不用担心，我会想办法。"但大儿子根本没把他的话当回事，自己在楚国住下来了，并且用自己私自带的钱，贿赂楚国的权贵们……庄生送走范蠡的大儿子后，便对他老婆说："这些财宝都是陶朱公的东西，不要动，事情办好后，我还要把这些东西还给他。"说完，便急匆匆地去见楚王。庄生虽然贫穷，但出了名的廉洁、耿直，楚王都很欣赏他的个性和才华，对他的意见也乐于采纳。他对楚王说："治国的根本在于为百姓做事，消除天灾。"楚王当即下令大赦天下。范蠡的大儿子正去一位贵族家送礼，听说楚王大赦天下，弟弟出狱是理所当然的，庄生没有做任何事情，却白白得了一车金银财宝，不能就这样算了，于是又去见庄生说："我弟弟运气好，刚好赶上楚王大赦天下，估计他很快就会出狱，所以我也要回家了，今日特来向您辞行。"

　　聪明的庄生怎么会不明白他的来意呢？便让他带走他的东西，贪财的大儿子便真的带走了。庄生从来也没有受过这样的羞辱，于是又去见楚王，说："楚王陛下，我在街上听到了很多关于这次大赦天下的传言，百姓们都在说，您这次大赦天下根本就不是因为怜惜楚国的臣民，而是为了陶朱公的儿子，我仔细盘问才知道，原来是陶朱公的儿子犯了死罪，但是陶朱公很有钱，让他的家人带了很多金银珠宝贿赂官吏，最后赶上您大赦天下，所以不知道实情的百姓才有这样的想法。"楚王听后，气愤不已，下诏立斩范蠡的二儿子。

范蠡大儿子就这样因为不舍得放弃一车财宝而葬送了弟弟的性命，不禁让人们为之惋惜。伏尔泰说："使人疲惫的不是远方的高山，而是鞋里的一粒沙子"。那么我们就要随时倒出"鞋里"的那粒"沙子"。放弃这小小的"沙粒"我们就会"轻松"地登上远方的"高山"。如果什么也不肯放弃，那么我们失去的也许就是非常珍贵的东西，切莫为了一粒沙子而放弃整座高山。

做人做事一点通

生活中，没有任何一件东西永永远远的属于谁，人都是紧握拳头而来，平摊双手而去，到生命终结的那一天，再好的东西也不再属于你，这就提醒人们，要低调做人处世，无欲无求地潇洒度过人生，无时无刻都要懂得该放弃的事情就放弃，尤其是那些不值一提的小事，更要放弃。这样人们才能够在自己的人生领域中取得成功。

2. 敢于赞扬比自己强的人

人人都希望获得荣誉和赞扬，善于成大事的人则会把荣耀与赞扬留给别人，自己承担那些不痛不痒的指责与批评。因此，获得了良好的口碑，在日后的处世过程中，左右逢源，游刃有余。

林肯在任美国总统期间，遴选内阁大员时，决不委任唯命是从者，对于那些具有坚强意志难以操纵的人，他委以重任；甚至那些看不起他、曾经反对过他的人，他也尽力罗致。他的陆军总司令史丹顿，继凯木伦之后最能干的阁员，就常为难他并把发生在贝尔伦地区的灾祸，归咎于他行政上的无能；还有林肯最得力的财政部长蔡斯，原来是个不喜欢林肯的人，并一度曾公开反对他。不管别人对他怎样，林肯总是将那些能担负重要责任的人兼收并蓄起来，为自己效力，由于林肯知道自己的弱点，所以他选录的人都是能弥补他的弱点的人。

一般的凡夫俗子，对个性坚强、难以驾驭的人，不仅不会设法罗致，反而避之不及，生怕他们喧宾夺主，胜过自己。可他们还常常说得不到真正的助手。这句话也许有一部分是对的，可他们实际上并不需要具有真才实干的人。他们从未发现自身存在着不足，总以为世上只有他们能把事情做好。因此，总是自我感觉良好，照这样，还能成就更大事业吗？

著名的发明家和制作家马克西姆曾凝练地概括了得人善待的处世准则："人们想从别人身上获得的东西，不外是两种：一为颂扬恭维，一为善待支持。"

当你选择助手和朋友，以及和他们来往之际，你应该舍得牺牲自己的虚荣心，努力求得在某方面比你强的助手，参照他们的意见去做一些你自己没有把握的事情。只要你肯放下架子，舍弃矜持与虚荣，便能罗致一帮干将为你的事业奋斗。

做人做事一点通

要使自己光荣，最有效的办法，就是首先让别人比你更光荣。

3. 如何对待不喜欢的人

人都有这样一个共性：愿意和自己喜欢的人交往，不愿意和自己不喜欢的人来往。但现实生活却不可能满足我们这一愿望，所以要尝试和自己不喜欢的人打交道。

同住在一栋楼里，你喜欢安静，但是邻居可能成天把音响开得震耳欲聋；你喜欢清洁，可有的人总是把破破烂烂的东西堆满了过道；你不愿被人打扰，隔壁却经常到家里来借根葱要头蒜的；你不喜欢宠物，却总有人牵着宠物与你一同上下电梯。在单位，也有不喜欢的同事，但由于工作关系，我们不得不与他们打交道。

其实，这种烦恼是不必要的。人的一个主要特性就是社会性。马克思说过："人的本质是社会关系的总和。"我们不可能离群索居。笛福笔下的鲁滨孙漂流到荒岛上，还会有一个"星期五"陪着，最后他还是回到了人群中。可见，人是不能脱离人群、脱离社会的。而如老话所讲："人一上百，形形色色。"生活中什么人都有。除了亲人、知己和朋友，我们还要学会和各种人打交道，包括我们不喜欢的人。

人都有自己的生活习惯和做人方法，只要不是违法乱纪，我们也要尊重别人的选择，宽容别人。拿做邻居来说，当楼上在装修时，我们会为传来刺耳的噪音而心烦意乱，对楼上人家非常有意见。但也有可能我们自己也要装修，噪音一样会打扰别人。这时我们就会体会到邻居之间相互担待、相互谅解的必要性。有些朋友(其实是熟人、老乡、老同学或同事)有一些毛病，但我们自己就没有毛病让对方也看不上吗？我们可以不喜欢朋友的毛病，包括品德上的缺点，但我们不应该排斥他人，这不但容易无谓地树敌，也失去了帮助他人进步的仁厚之心。

那么，该如何和自己不喜欢的人打交道呢？

（1）忍让为上策

宁可自己受些委屈或吃点亏，也不要为小事与对方争个脸红脖子粗，甚至头破血流。清代时，当朝宰相张英与一位姓叶的侍郎都是安徽桐城人，两家毗邻而居。两家都要起房造屋，为争地皮发生了争执。张老夫人便修书北京，要张英出面干预。这位宰相立即作诗劝导家人："千里家书只为墙，让他三尺又何妨？万里长城今犹在，不见当年秦始皇。"张家见书明理，立即把院墙主动退后三尺，叶家深感惭愧，也把院墙让后三尺。这样，让一让，出来六尺巷。

（2）主动接近对方

先伸出友好之手，主动和对方打招呼。对方原来可能怀有的戒备心或敌意就可能化解。你很客气地提出一些问题，他们就会加以注意和改进。

（3）由己推人

站在对方的角度考虑问题，你就能体会他们的想法，从而修正自己的一些不正确的做法，这有助于双方关系的改善。

（4）接受他人

人人都有其特点，不要试图改变这个事实。接受他的本来面目，他也会尊重你的本来面目。不要强迫别人接受你的观念，对方也不是总是那么招你烦的，他们也有好的一面，试着去发现这一点。

有一个故事：一位老人坐在一个小镇郊外的马路边。有一位陌生人开车来到老人面前，下车问老人："请问一下，住在这个小镇上的人怎么样？我打算搬到这里来住。"老人看了一下陌生人，反问道："你要离开的那个地方的人怎么样？"陌生人说道："不好，都是些不三不四的人。我在那里实在呆不下去了，所以我打算到这儿来住。"老人叹着气说："那恐怕令你失望了，因为这个镇上的人，也和你那儿差不多。"这位陌生人走了，继续去寻找他理想的居住地。过了一段时间，又有一位陌生人来到老人面前，询问同样的问题。老人也同样反问他。这位陌生人说："哦！住在那里非常好，我要寻找一个更有利于我发展的地方，我舍不得离开那个地方，但是我不得不寻找更好的发展前途。"老人露出笑容说："你很幸运。居住在这里的人都是跟你原来住的地方一样好的人，你将会喜欢他们，他们也会喜欢你的。"

这个故事告诉我们，你想寻找敌人，你就会找到敌人；你想寻找朋友，你也就会找到朋友。不善于与人相处的人，到了哪里，都会认为别

165

人难以相处。善于与人相处的人，见到任何人，都会相处融洽。

美国成功学家马尔登说："如果你个性开朗，能够和各种人交往，那将会因为交游广阔而获益匪浅。"他推荐了《读者文摘》上的一段文字给我们：

"某些人认为，世上最快乐的事就是和'我们的同类'建立友谊。抱有这种错误思想的人，永远无法体会到去结交各色朋友的乐趣。例如挖蛤人、养火鸡的人、私家侦探、伐木工人、古物修复家。这些人的生活多姿多彩，与他们交往能为你带来无限乐趣……"

做人做事一点通

不要只想着和喜欢的人打交道，也要学会和不喜欢的人打交道，你虽然不喜欢他们，但他们也是活生生的独具特点的人，不过是有些毛病罢了。要学会快乐地去与这些人相处，引导出他们内心的善良。只要你自持，你就会有所收获，感受到一种新的人生体验和乐趣。

4. 认真对待错误

谁都避免不了出错，除非什么事也不做。出错并不可怕，就看出错后如何对待，许多人的做法往往是以隐瞒的手段来应付，久而久之，一旦被人知道，其局面就难以挽回。

当你犯了错误后，如果能主动说出错误并恳请原谅，这样会显得更加具有专业素质和职业道德，同时还可以在别人的帮助下想出一个好办法来控制局势，扭转乾坤。

（1）决不隐瞒错误

对待错误采取隐瞒、躲闪并不是好方法，不如说出事情的真相。既然失误已经发生了，别人迟早都会知道，隐瞒一时，瞒不得一世，搪塞推诿不是好方法。有的人，出现差错后的第一个反应是逃避，想方设法兜圈子，不想涉及问题，弄巧成拙后让自己反而下不了台。"纸始终是包不住火的"，因此，不如把问题说出来，反而觉得心里没有压力感和负疚感，这时，我们会发现，问题并不见得如我们预想的那么糟糕和严重。

（2）鼓起勇气面对

人有时候需要点勇气来承担错误，自己没有想到会犯错误，所以出错时，超出自己的想象，不愿检讨自己。多数人在做事之前，想到的是积极的一面，极少会去想"错"。当事情真的出错了，却无法积极面对。我们的目的是处理事情，而不能把事情搞大，能这样想的话，就拿出勇气来。

（3）不找借口推托

出错了，就没有什么不好张口说的，不必担心说出真相使别人会瞧不起你，开诚布公地说出一切，别人会感到你更有专业道德，有承担责任的勇气和精神。

（4）善于总结教训

事情做了才会错，不做是绝对没有错的，但在过失中要善于思考，找出其中的教训，并告诉所有人，让其他人不犯类似的错误。这样会减少别人对你的成见。

做人做事一点通

日常生活中，出现纰漏，给他人造成损失时，为了能够再次获得对方的信任和赏识，必须如实反映，恭恭敬敬地对待对方的谴责，并采取相应处理办法、补救措施。

5. 友善待人，和气相处

只要人们拿出诚意和愿望与别人交往，就能达到结交朋友的目的。

太阳能比风更快使你脱下大衣；仁厚、友善的方式比任何暴力更易于改变别人的心意。

友善待人，和气相处，这样才能加深彼此间的感情，扩大人脉关系。如果你发起脾气，对人家说出一两句不中听的话，你会有一种发泄的快感。但对方呢？他会分享你的痛快吗？你那火药味的口气，敌视的态度，能使对方更容易赞同你吗？

"如果你握紧一双拳头来见我，"威尔逊总统说，"我想，我可以保证，我的拳头会握得比你的更紧。但是如果你说：'我们坐下，好好商量，看看彼此意见相异的原因是什么。'我们就会发觉，彼此的距离并不那么大，相异的观点并不多，而且看法一致的观点反而居多。你也会发觉，只要我们有彼此沟通的耐心、诚意和愿望，我们就能沟通。"一位社交界的名人——戴尔夫人，来自长岛的花园城。戴尔夫人说："最近，我请了少数几个朋友吃午饭，这种场合对我来说很重要。当然，我希望宾主尽欢。我的总招待艾米，一向是我的得力助手，但这一次却让我失望。午宴很失败，到处看不到艾米，他只派个侍者来招待我们。这位侍者对第一流的服务一点概念也没有。每次上菜，他都是最后才端给我的主客。有一次，他竟在很大的盘子里上了一道极小的芹菜，肉没有炖烂，马铃薯油腻腻的，糟透了。我简直气死了，我尽力从头到尾强颜欢笑，但不断对自己说：'等我见到艾米再说吧，我一定要好好给他一点颜色看看。'

"这顿午餐是在星期三。第二天晚上，听了为人处世的一课，我才发觉：即使我教训了艾米一顿也无济于事。他会变得不高兴，跟我做对，反而会使我失去他的帮助。我试着以他的立场来看这件事：菜不是他买的，也不是他烧的，他的一些手下太笨，他也没有法子。同时也许我的要求太严厉了，火气太大了。所以我不但不准备责备他，反而决定以一种友善的方式作开场白，以夸奖来开导他。这个方法效验如神。第三天，我见到了艾米，他带着防卫的神色，严阵以待准备争吵。我说：'听我说，艾米，我要你知道，当我宴客的时候，你若能在场，那对我有多重要！你是纽约最好的招待。当然，我很谅解：菜不是你买的，也不是你烧的。星期三发生的事你也没有办法控制。'我说完这些，艾米的神情开始松弛了。"

"艾米微笑地说：'的确，夫人，问题出在厨房，不是我的错。"

"我继续说道：'艾米，我又安排了其他的宴会，我需要你的建议。你是否认为我们再给厨房一次机会呢？"

"呵，当然，夫人，当然，上次的情形不会再发生了！"

"下一个星期，我再度邀人午宴。艾米和我一起计划菜单，他主动提出把服务费减收一半。当我和宾客到达的时候，餐桌上被两打美国玫瑰装扮得多彩多姿，艾米亲自在场照应。即使我款待玛莉皇后，服务也不能比那次更周到。食物精美滚热，服务完美无缺，饭菜由四位侍者端上来，而不是一位，最后，艾米亲自端上可口的甜美点心作为结束。"

"散席的时候，我的主客问我：'你对招待施了什么法术？我从来没见过这么周到的服务。'"

"她说对了。我对艾米施行了友善和诚意的法术。"

有一则有关太阳和风的寓言。太阳和风在争论谁更强而有力。风说："我来证明我更行。看到那儿一个穿大衣的老头吗？我打赌我能比你更快地使他脱掉大衣。"

于是，太阳躲到云后，风就开始吹起来了。风越吹越大，大到像一场飓风。但是，吹得越急，老人就越把大衣紧裹在身上。

169

终于，风平息下来，退却；然后，太阳从云后露面，开始以温和的微笑照着老人。不久，老人开始擦汗，脱掉了大衣。这时，太阳对风说："温和与友善总是要比愤怒和暴力更强而有力。"

做人做事一点通

当你希望别人同意你的想法时，请记住以一种友善的方式开始。

6. 时刻留意他人的感受

处世过程中，有些人总是自以为是，以自己的主观意愿去衡量别人的感受，这是不礼貌的行为，也不会获得别人的信赖。如果想大有作为，就该时刻留意他人的感受，把美德展现出来。

合作的技巧很简单，就看你是否愿意掌握它，如果总觉得自己如何了不起，不去考虑别人的感受，是不会受到别人欢迎和喜欢的，当然就不会有"人缘儿"。

所以，掌握基本的沟通与合作技巧是青年人应该学习的一种意识。

如果你稍注意一些交流技巧的话，就可以为自己营造一个好的合作氛围。

（1）求同存异

和人相处，如果总是在强调差异，你们就不会相处甚洽。强调差异会使人与人之间距离越来越远，甚至最终走向冲突。

如果把注意力放在别人和自己的共同点上，与人相处就会容易一些。

要减少差异就要设身处地为别人着想，以达成共识。为别人着想，就会产生同化，彼此间的关系就会更加融洽。

把自己融进对方，让俩人变为一人。这个时间，无需恳求、命令，俩人自然就会合作做某件事情。

唯有先站在同一立场上，两人才有合作的可能。

（2）用动作求得一致

你付出什么，就收获什么。与合作者合作愉快，他们之间就有着某种默契，或者说有一种感应。要是人们相处得非常好，那么他们彼此的动作、表情和神韵自然都会相似。

通常只有相处融洽时，才会产生这种默契。通过这种体态语言的一致，你和交谈对象完全进入了合作状态。

（3）做一个倾听者

能够聆听他人是一种美德，青年人应该有这种美德。

人人都希望有一个倾诉对象，也希望别人了解自己。如果两个人都希望倾诉和被了解，却没有一个人愿意去听对方的话，那么两人要么争吵，要么互相不愿碰面。因此，你想被别人了解，先得学会听别人倾诉。只有愿意了解别人的人，别人才愿意了解你。

倾听是一种艺术，只有懂得这门艺术，掌握这门艺术，才易于沟通、交流与合作。

而且，倾听时要保持注意力，随时注意对方谈话的重点，在对方需要的时候加以眼、手势或简短语言表示你的关注。尤其是要表达出你关注的内容正是对方谈话的要害所在。

能够以听为主，少说、少插话打断别人，还要专心，不要妄下结论。如果别人讲到一半，发现你已经在想其他的事情了，别人会感到非常尴尬。在知道别人准备意思前，不要急于提出自己的看法。等别人讲完，让他把意思讲清了，再做自己的评价。同时还要学会鼓励别人多说。

171

做人做事一点通

许多人说话是十分含蓄的，这就要在倾听时，注意言外之意。有些话，别人嘴上没说，但会通过语言、语速、语调流露出来。把自己孤立起来的人，就犹如一些孤苦无依的珍稀动物，由于缺少了交流与撞击，他们的生命力变得越来越虚弱。只有过群居生活的人，才能在与他人的协作中锻造出自己，使自己适应环境，生存下来。

7. 重情守信，笼络人心

一般人都视诚信为立身之本，在社会交往中起着不可替代的作用，没有诚信就无法在社会中立足，古代谋略家都把诚信当作笼络人的一种手段，并且非常有效。利用诚信作武器，几乎所向无敌。

建安五年，曹操出兵东征。刘备被迫投奔袁绍，而关羽则为曹操捕获，拜为偏将军。曹操对关羽很尊重，待之以厚礼。后来，曹操发现关羽心神不宁，并没有久留的意思，于是对张辽说："请你去试着问问关羽，是否愿意留在这里。"于是，张辽来到关羽的住处，询问关羽的意见，关羽叹息说："我知道曹公对我厚爱，但是，我既受到刘备的知遇大恩，并起过共生死的誓愿，是不能背弃信义的。我总有一天要离开的。但在离开以前，对曹公一定要有所回报的。"张辽转告了曹操，曹操敬重关羽的义气。后来，关羽斩杀了袁绍的大将军颜良、文丑，并解了曹操的白马之围，曹操知道他肯定是要走了，于是，重重赏赐了关羽。而关羽则把曹操所有赏赐的东西，原封不动地包好留下，投奔正在袁绍军营里的刘备去了。曹操的部下要去追杀关羽，曹操说："人，各有其主，不要去追他。"

后人对曹操处理这件事的做法表示赞赏，认为曹操赏识关羽对刘备的忠心，不胁迫关羽留下而成全关羽的义气，具有帝王的气概和风度。在今人看来，曹操这样做，不过是借处理关羽事件以显示其仁义罢了，目的是为了取信于民，图谋霸业。但我们也可由此看出，即使是像曹操这样的枭雄，都不敢失去信义，可见信义对人际交往是多么重要啊！

成吉思汗入主中原后，为了统治需要，提倡忠君思想，以此作为维护统治的精神支柱。对待归降的将士，凡是背弃和戮杀旧主的，一律处死；凡放走旧主，使之逃跑，或为掩护旧主而积极抵抗的，反而以礼相待并予重赏。据历史记载："桑昆曾设计谋害成吉思汗，后来桑昆战败而出逃，他的儿子阔阔出盗走桑昆的坐骑，将桑昆丢弃在荒野上，独自来投降成吉思汗。成吉思汗说：'这样的人怎么能叫他做我的部下？'于是杀死了阔阔出。"

成吉思汗对王汗却是另一番情形。王汗与成吉思汗奋战三天三夜，最后精疲力竭，准备投降。投降前，王汗对成吉思汗说："请您让我的部下走得远些，这样的话，您让我死，我便死，赐我活，我就为您效劳。"成吉思汗说："不肯背弃主人，而教部下逃命跑得远远的，一个人同我厮杀，这难道不是大丈夫作为吗？这样的人可以做我的助手。"其实成吉思汗不过是借其二人显忠劝义罢了。

西门豹治邺时，将粮食储藏在民间，说好战争一旦爆发，以鼓为号，立即将粮食集中起来。魏文侯不相信，西门豹于是登上城楼，下令击鼓。第一遍鼓响之后，百姓们有用肩背的，有用车装的，迅速把粮食集中起来。魏文侯说："算了，让他们回去吧！"西门豹说："在老百姓中建立信义不是一天就可以完成的。一旦欺骗了他们，以后就不能再取信于民了。现在燕国侵占了我们八个城池，我请求让我率军向北反击，以收复被侵占的城池。"于是，举兵讨伐燕军，收复失地后，胜利而归。

司马光曾经说过："信义，是君王的最大法宝。国家靠人民保护，人民靠信义保护。不讲信义，就无法使唤人民；没有人民，就没有办法守卫国家。所以，古代的君王，不欺骗天下之人；称霸天下的人，不欺骗邻国；善于治理国家的人，不欺骗自己的臣民；善于持家的人，不欺骗自己的亲人。不善于称王称霸，治国持家的人正好相反，欺骗邻国，欺骗百姓，甚至于连自己的兄弟父子也要欺骗。上面不相信下面，下面也不相信上面，上下离心离德，最终导致失败。这岂不是太可悲了吗?"
司马氏之言，确有一番道理可寻。

人际交往中诚信的建立非常重要，首先示人以诚，各种策略才能有
效实行；若失信于人，任你再高明的计谋也无法实现，任何事业也很难
做成。

做人做事一点通

古人云："君子一言既出，驷马难追，言出必行，行则必果。"这是
做人的学问，也是你处理好人际关系、树立起自己威信的方针。

8. 一诺千金，说一不二

不论在生活上或是工作上，一个人的信用越好，就愈能成功地打开
局面，做好工作。同时也能更好地驾驭众人。你必须重视自己所说的每
一句话，好人缘总是眷顾那些讲话算数的人。

食言是最不好的习惯。如果这样，你就无法取信于人，更无法管理
威慑众人。

不管在什么情况下办什么事，总要对自己的话负责。用行动来说服
别人，让他们看到你所做的一切都是为了他们的利益。这样，你就给人
一个可信的印象，接下来的工作就顺利多了。

历史上著名改革家商鞅为了尽快实施自己的变法主张，设计谋树立
"守信誉"的形象。

公元前 350 年，商鞅积极准备第二次变法。

商鞅将准备推行的新法与秦孝公商定后，并没有急于公布。他知道，

如果得不到人民的信任，新法是难以施行的。为了取信于民，商鞅采用了这样的办法。这一天，正是咸阳城赶大集的日子，城区内外人声嘈杂，车水马龙。时近中午，一队侍卫军士在鸣金开路声引导下，护卫着一辆马车向城南走来。马车上除了一根三丈长的木杆外，什么也没装，有些好奇的人便凑过来看个究竟，结果引来了更多的人，人们都弄不清怎么回事，反而更想把它弄清楚，人越聚越多，跟在马车后面一直来到南城门外。

军士们将木杆抬到车下，竖立起来。一名带队的官吏高声对众人说："大良造有令，谁能将此木搬到北门，赏给黄金十两。"

众人议论纷纷。城外来的人问城里的人，青年人问老年人，小孩问父母……谁也说不清怎么回事。因为谁都没有听说过这样的事。有个青年人挽了挽袖子想去试一试，被身旁一位长者一把拉住了，说："别去，天底下哪有这么便宜的事，搬一根木杆给十两黄金，咱可不去出这个风头。"有人跟着说："是啊，我看这事弄不好是要掉脑袋的。"人们就这样议论着，看着，没有肯上前来去试一试。官吏又宣读了一遍商鞅的命令，仍然没有人站出来。

城门楼上，商鞅不动声色地注视着下面发生的一切。过了一会儿，他转身对旁边的侍从吩咐了几句。侍从很快奔下楼去，跑到守在木杆旁的官吏面前，传达商鞅的命令。官吏听完后，提高了声音向众人喊道："大良造有令，谁能将此木杆搬至北门，赏黄金五十两！"

众人哗然，更加认为这不会是真的。这时一个中年汉子走出人群对官吏一拱手，说："既然大良造有令，我就来搬，五十两黄金不敢奢望，赏几个小钱还是可以的。"

中年汉子扛起木杆直向北门走去，围观的人群又跟着他来到北门。中年汉子放下木杆后被官吏带到商鞅面前。商鞅笑着对中年汉子说："是条汉子！"拿出五十两黄金，在手上掂了掂，说："拿去！"

消息迅速从咸阳传向四面八方，国人纷纷传颂商鞅言出必行的美名。商鞅见时机成熟，立即推出新法。第二次变法就这样取得了成功。

第五章
拿得起，放得下

做人做事一点通

《周易》中说："天之所助也，顺也；人之所助也，信也。"由此可知，一诺千金，说话算话的行为可以追溯至殷商时代。孔子曾就此问题问过他的学生子贡："足食，足兵，民信三者哪个更重要。"子贡想了想，却反问孔子，去二留一怎么办。孔子想了想说："去兵，去食，唯民信不可去，自古皆有死，民无信不足。"当然我们不排除这是统治阶级的一种统治手段，但值得肯定的是这的确是行之有效的手段。

9. 以情感人，以情动人

对成大事者来说，万万不可以高高在上的姿态自居，即使才高八斗，位高权重，家财万贯，也是一个普通人，如果能放下身段，降低姿态，前面的路会更宽广，得到的会更多。

诸葛亮，是对刘备人生有重大影响的人，因此"三顾茅庐"既体现了刘备的人际谋略，又说明与所需的人大力沟通，可以从中获取改变人生的力量。刘备在很长一段时期内，并无多大实力，但值得注意的是，同时代的许多智能之士都没有小看他，如曹操最信任、最得力的谋士之一的郭嘉，就说他"有雄心而甚得众心"。在二十余年中，刘备历经磨难，始终没有形成强大的势力，原因固然很多，但最基本的是两条：其一，是他身边没有得力的谋主、军师；其二，是他没有得到足以发展的客观条件——天时、地利、人和等等。这两条归结在一起，就是我们所谈的借力主体——人。

就在他屯兵新野时，他所渴慕的人才终于出现了。

荆州，包括今湖北、湖南两省，还有河南西南部等地，范围很大。

在天下大乱之际，荆州相对平静。刘表礼待贤士，招揽人才，于是不少北方南下的士人进入荆州境内。当时刘备在新野，属南阳郡，有不少人物聚集于此，其中有个徐庶，为刘备所用，后来徐庶又向刘备推荐了诸葛亮。

诸葛亮，字孔明，原是山东琅玡（在今山东临沂）人氏，父亲早逝，年幼随叔父到南阳郡，长大后，就在这里隐居。徐庶对刘备盛称诸葛孔明之才，但又说此人必须由刘备亲自去请见。

刘备求贤若渴，亲自到诸葛亮家中去了三次，前两次都没见到，第三次才得以相见。诸葛亮向刘备分析天下大势，作了著名的"隆中对"，提出了联吴抗曹，立足荆州，西取益州，待机北上，统一天下的战略方案，刘备闻言大喜。诸葛亮出山做他的军师，使他"如鱼得水"，从此，他的身边有了得力的谋主。

建安十三年（公元 208 年），曹操在基本平定北方后，举兵南下。在关键时刻，刘表病逝，他的儿子刘琮代立，不战而降。诸葛亮劝刘备进攻当时驻襄阳的刘琮，乘机占领荆州，刘备顾及与刘表的关系，不好意思这样做，怕毁了自己的名声，但荆州人乃至刘琮的左右之人，都对刘备有好感，不少人归顺刘备。刘备带着逐渐聚集起来的荆州十万余人，一路南撤。这时，有人对刘备说："我们应该加快行军，能打仗的人少，如果曹军追上来，那可怎么办啊？"

刘备回答说："要成大事，以人为本，有这么多的人肯跟着我，我怎么忍心把他们抛弃呢？"曹操知道江陵（在今湖北的荆州市）的重要，怕刘备抢先占了，就派精兵抄路轻装速进，赶到襄阳（今湖北襄樊），又以五千精骑猛追，一日一夜行军三百余里，到当阳（今属湖北）长坂坡，追上了刘备，刘备只带了诸葛亮、张飞、赵云等数十骑逃脱，连妻子都丢了。后来遇到关羽，又遇到刘表的长子刘琦，一起到了夏口（古时汉水入长江之处）。

曹军南下，也惊动了据有江东的孙权，孙权知道单凭自己的力量是难以与曹操抗衡的，他听从鲁肃的意见，派鲁肃以吊唁刘表的名义，去和刘备联络。鲁肃几经周折，在当阳遇上刘备，进孙刘联合共拒曹操之计，此计正合刘备之意，刘备即派诸葛亮随鲁肃往江东去见吴主孙权，共议联合抗曹大事。

在鲁肃、诸葛亮的推动下，孙权决定与刘备联合以拒曹操。结果，孙刘联军在赤壁（在今湖北蒲圻）大败曹军，迫使曹操退回北方，这就是历史上著名的"赤壁之战"。此战挫败了曹操一举打过江南的计划，使孙、刘免于双双破亡，奠定了三国鼎立的基础。对于刘备来说，这次大战是他乘势崛起的一个重要契机，从此，成为当时天下三强之一。

当然，刘备还有艰难的路程要走。赤壁之战后，曹军还占领着襄阳、江陵，荆州支离破碎，孙权也想要荆州。除了军事斗争外，他还面临着极为复杂的外交斗争。

荆州是孙权和刘备都想要的战略要地，谁得到它，对谁就有利，赤壁战后，周瑜从曹军手中夺回了江陵，而刘备取得了江南四郡。之后，诸葛亮和荆州将士拥戴刘备做了荆州牧。孙权看到刘备在荆州确有根基，只好暂时承认既成事实，他让周瑜把江陵南岸之地给刘备，让刘备住在公安（今属湖北）。后来，刘备又向孙权借了荆州其他数郡。孙权还把自己的妹妹嫁给刘备，这在史书上说是"进妹固好"——以缔结姻亲的办法巩固孙刘联盟。

周瑜对刘备也心存疑忌，严加防范。他认为刘备是个"枭雄"，不能不防，他向孙权进计，把刘备软禁于江东，一是把他与关羽、张飞隔开，二是用最优裕的生活把他的英雄之志消蚀。当然，这只是他的一个打算，并未付实。可以设想，只要周瑜还在，刘备在江陵是不好过的。不仅如此，周瑜还向孙权提出了西取蜀中的主张，如果这一计划实施的话，诸葛亮在"隆中对"中的某些设想，恐怕要由孙权与周瑜来实现了。

然而，算刘备运气好，周瑜于建安十五年病逝，天意为他除去了孙权身边对他最不利的一人。周瑜刚死，鲁肃建议孙权把江陵让给刘备，以"多操之敌"，为孙权采纳。虽然鲁肃本意是为东吴着想的，但对刘备来说，实在收获不小。得江陵，不是得到一块一般的地盘，而是得到一块战略要地。后来，刘备正是以江陵为基地，西入益州的。

刘备自从获得一代高人孔明的真心辅佐，命运便获得了实质性的转折，三足鼎立的态势由此开始演绎。

做人做事一点通

情感的力量是巨大的，虽然是无形的东西，却能柔如水、硬如刚，在无形中打动人、感染人。

10. 成败得失，不要看得太重

成功和失败应该具有连带关系，否则就不会有"失败是成功之母"的说法，无论成功与失败都要低调面对。

前秦王苻坚统一北方后，决定大举进攻东晋，他相信以他训练有素的六十万步兵，五十万骑兵，定能战胜东晋。于是，他自率步兵六十万、骑兵二十五万，命其弟苻融率骑兵二十五万为前锋，水陆并进，浩浩荡荡开往东晋，大军以惊人的速度占领了徐州、英城、寿阳。苻融的前锋又很快攻下了寿阳，东晋见势乱了阵脚，政权内部出现了混乱局面，大臣们各保其势，都不愿出战。正当晋孝武帝手足无措之时，将军谢玄请求出战。孝武帝大喜，马上命谢玄为前锋，都督徐、兖、青三州造军事，全面迎击苻坚。

谢玄决定首先挫败前锋苻融军队的锐气，激发晋军的士气。于是，派骁勇的刘牢之率五千精兵直取洛涧；胡彬带领五千兵马前赴寿阳增援，自己与叔父谢石迎击苻坚大军。

将军刘牢之果然不负众望，在短时间内歼灭敌军一万八千人，缴获很多军械粮草，达到了打击苻融前锋军的目的。但增援寿阳的胡彬军就没有这样顺利了，他因寡不敌众而战败退守硖石，无奈给谢玄写求援信，哪知信并未被送到谢玄手中，半路被前秦军截获，苻坚以为东晋军大势已去，便毫无顾忌地亲率轻骑兵一万人马赴寿阳与苻融会合。同时还派降将朱序到东晋军营来劝谢玄投降，事实上，苻坚并不了解朱序，他是不得已投降，一直在寻找机会返回到晋军中去。这样一来，正中他意，于是，他毫不迟疑地去了晋营，见到谢玄，便把苻坚的战略计划和盘托出，谢玄大喜，并授计于朱序：回去后蛊惑人心，让秦军混乱，然后组织心向东晋的将士准备里应外合，在淝水西岸一举歼灭苻坚的大军。苻坚因求胜心切，并没有注意到军中的变化，更没有看穿谢玄的计谋，于是在谢玄再次组织进攻时，秦军因军心涣散，加上朱序的蛊惑，又有许多士兵倒戈，与谢玄的大军里应外合，苻坚再控制不了局面，数万将士四散奔逃，投水而死者不计其数，其弟苻融也被骁勇无敌的晋军所杀，而他也中箭单骑逃回洛阳……

由此可见，苻坚就是一个不冷静，不低调的人，他刚刚取得一点战绩就忘乎所以、骄傲自满，并没有想到成功和失败之间只有一步之差，如果被一点成功冲昏了头脑，那么失败也会随之而来。

学会低调做人很困难，但是学不会低调做人就永远不会成为最大的赢家。

"不要问我能赢多少，而是问我能输得起多少。"这句话是美国股票大王贺希哈说的，他从不爱"唱高调"，他认为输赢只是一时的，只有坦然的面对这一时的输赢，才能够成为一世的赢家。

贺希哈十七岁开始创业，那时他身上只有不到三百美元，只在股外市场做一名掮客。由于他好学又聪明，十八岁便赚了人生的第一桶金十六点八万美元。他高兴地用这些钱买了一幢房子。但是，聪明人也有犯糊涂的时候，在一战休战时期，贺希哈以超低的价格买下了一家钢铁公司，谁知不久钢铁公司就倒闭了，他一下子赔得只剩四千美元。但是他没有因此失去斗志，他只当这些钱是交学费了，事实上他也真的从中得到了深刻的教训："绝对不能盲目地去买减价的东西"。

这件事情结束后，贺希哈带着他的四千美元去做证券交易所买卖的股票生意，决心一定要在证券市场上出人头地，但由于没有那么多钱自己经营证券公司，他只能和人合资经营，常言道："有志者事竟成"，贺希哈在短短的一年内便开设了自己的证券公司。不久，他又做了股票掮客的经纪人，月盈利达到两万美元。

贺希哈人生的转折是在他经历了一次大冒险后，在淘金热的那个年代，安大略北方成立了一家普莱史顿金矿开采公司，在一次火灾中公司的设备全部被焚毁了，造成公司资金短缺，股票急剧下跌。就在这个时候，有人想到了思维敏捷的贺希哈，这个人是地质学家道格拉斯·雷德，他把这件事告诉贺希哈，贺希哈很快决定拿出二点五万美元做试采计划。短短几个月，便在离原来矿坑仅二十五英尺的地方挖到黄金了……贺希哈的这次冒险，给他带来了每年二百五十万美元的净利润。

贺哈希敢于面对失败，赢得最后的胜利。人生道路上，低调处世能够取得胜利，但是要善于保持，不能失去冷静，更不可恃强而骄，否则骄傲情绪一旦产生，失败也会接踵而至。

做人做事一点通

成功与失败是相互依存、相互转化的。贺哈希不计眼前输赢，敢于认输，最后终于反败为胜，成为笑到最后的胜利者。

11. 不为名利遮望眼

有人说："名利是智慧的枷锁。"的确，许多人会被"名"的光环、"利"的诱惑遮住智慧的双眼，自己的聪明才智不能有的放矢，只在名利的夹缝中趋炎附势，这样的人也许有一天会得到所谓的"名利"，但最终也体会不到人生的乐趣。

所谓人过留名，雁过留声。意思是每个人都不想默默无声、碌碌无为地活一辈子，这是很正常的事情。人们在求取名利时，应该做到：少一点欲念，多一点洒脱，脚踏实地、孜孜不倦地去追求，自然会水到渠成，切勿被名利遮住双眼。

人，如果对于名利过分地追求，往往会导致很多人最不愿见到的事情发生。比如，父子不和，君臣猜疑，兄弟反目成仇等等。如果人们把名利当作过眼烟云，看的非常淡薄，那么在这个世界上妒忌之语、诽谤之为、仇杀纷争之乱将会少之又少。所以人们应该衡量事情的利弊，擦亮双眼看清事物，看淡名利。

唐代诗人宋之问有个很有才华的外甥——刘希夷。一日，刘希夷带着自己新作的《代白头吟》请求舅舅指点，宋之问让刘希夷先读一遍他的诗，于是刘希夷扬声诵读："……古人无复洛阳东，今人还对落花风。年年岁岁花相似，岁岁年年人不同……"宋听了连连称好，忙问此诗可曾给他人看过，刘希夷告诉他刚刚写完，还不曾与人看。宋之问道："你这诗中'年年岁岁花相似，岁岁年年人不同'二句，着实令人喜爱，若他人不曾看过，让与我吧。"刘希夷言道："此二句乃我诗中之眼，若去之，全诗无味，万万不可。"

刘希夷走后，宋之问开始翻来覆去念这两句诗，越念越觉得此诗非同寻常啊，如果一面世，定会成为千古绝唱，一举名扬天下……想到这，他开始动了歪念头，如果此诗属于自己那岂不是一夜成名了吗？那怎样才能从外甥那得到这首诗呢？想来想去，只有一个办法，那就是让希夷死。后来，宋之问真的这样做了，所谓"天网恢恢，疏而不漏"，当然宋之问得到了应有的惩罚，先被流放到钦州，又被皇上勒令自杀，天下文人闻之无不说："宋之问该死，是天之报应。"

事实上，追求名利并非坏事。名誉感很多时候会成为人们进取的动力，许多人怕玷污自己的名声而不搞旁门左道，积极进取使自己在所处的环境中得到良好的口碑。如果追求名利过分急切，就容易走上旁门左道。最终不仅名誉扫地，更将臭名远扬。

自古胸怀大志者多有三大目标：求名、求官、求利。三者能得其一，对一般人来说已经终生无憾；若能尽遂人愿，更是幸运之至。然而，从辩证法角度看，有取必有舍，有进必有退，就是说有一得必有一失，任何获取都需要付出代价。问题在于，付出的值不值得，为了公众事业，民族和国家的利益，为了家庭的和睦，为了自我人格的完善，付出多少都值得。否则，付出越多越可悲。人们在求取名利时，切莫被名利遮住眼。

在中世纪的意大利，有一个叫塔尔达利亚的数学家，在国内的数学擂台赛上享有"不可战胜者"的盛誉，他经过苦心钻研，找到了三次方程式的新解法。这时，有个叫卡尔丹诺的人找到了他，声称自己有上万项发明，只有三次方程式对他是不解之谜，并为此而痛苦不堪。

善良的塔尔达利亚被欺骗了，把自己的新发现毫无保留地告诉了他。谁知，几天后，卡尔丹诺以自己的名义发表了一篇论文，阐述了三次方程式的新解法，将成果攫为己有。他的做法在相当一个时期里欺瞒了人们，但真相终究还是大白于天下了。现在，卡尔丹诺的名字在数学史上已经成了科学骗子的代名词。

宋之问、卡尔丹诺之流，并非无能鼠辈，甚至在各自的领域里还很有建树。但是，就一个"名"字，使这些本该名垂青史的人们成了万人唾弃的盗窃者。

183

有时，既未沽名钓誉，更未有盗窃之嫌，美名便戴到了自己的头顶，这时又当如何呢？以下的例子非常值得人们深思：

第二次世界大战期间，美军与日军在依洛吉岛展开了激战，最后将日军打败，把胜利的旗帜插在了岛上的主峰，心情激动的陆战队员们，在欢呼声中把那面胜利的旗帜撕成碎片分给大家，以作终生的纪念。这是一个十分有意义的场面，后赶来的记者打算把它拍下来，就找来六名

战士重新演出这一幕。其中有一个战士叫海斯，是一个在战斗中表现极
为普通的人，可是由于这张照片的作用，使他成了英雄，在国内得到一
个又一个的荣誉，他的形象也开始印在邮票、香皂等上面，家乡也为他
塑了雕像。这时他的心情极为矛盾：一方面陶醉在赞扬中，一方面又怕
真相被揭露；同时，由于自己名不副实，又总是处在一种内疚、自愧之
中。在这样的心理状态下，他每天只好用酒来麻醉自己。终于，在一天
夜里，他穿好军装，悄悄地离开了对他充满赞歌的人世。

苏东坡先生说得好："苟非吾之所有，虽一毫而莫取。"美名美则美
矣！只是对于那些还有一点正义感，有一点良知的人，面对不该属于他
的美名，受之可以，坦然却未必办得到！得到的是美名，得到的也是一
座沉重的大山。一条捆缚自己的锁链，早晚会被压得喘不上气来。

做人做事一点通

谁也不想默默无闻地活一辈子。在追求名利的过程中，还是要少一
点欲念和私心，该是你的就是你的，不是你的也强求不得，千万不要被
名利诱惑，让其遮住智慧的双眼，否则将失去生活中那份踏实和快乐。

12. 失之东隅，收之桑榆

一位外国学者说过："会快乐的人，并不一味地争强好胜，必要的
时候，宁肯后退一步，放弃一些力所不及的东西。"乐观地看到"失之东
隅，收之桑榆"，也是一种做人的本色。

暂时的退步只是一种权宜之计和求生手段，待时机成熟，成功条件
已具备，便可由退转进，由守转攻，这就是中国古人所说的屈伸之术、

快乐之道。为此，我们提醒人们，在人生大道的某一个点上，只有有失，方能有得。

陶渊明第一次入仕，当了一个州的祭酒，可是他受不了官场的束缚，没几天就自动离职回家了，州里招募他做主簿，他也不去。他只是亲自耕种供给自家生活。

第二次，他做了彭泽县令，他吩咐属下在官府的田里全都种上秫稻，可是妻子却坚持种粳稻，于是他就一半种秫稻，一半种粳稻。郡守派督邮到彭泽县来，县中小吏告诉他应当整冠束带，衣帽整齐地去拜见。陶渊明长叹一声说："我不能为五斗米的薪俸弯腰拜迎乡里小人。"当即他解下印绶离职而去。

陶渊明淡泊名利的心性，不为五斗米折腰的气度早已传为佳话，虽有人生的无奈和悲哀，但"采菊东篱下，悠然见南山"的生活情趣却是自然恬淡。这是很多事业有成之人所缺少的。

人要懂得克制处处得利之心，懂得放弃一些东西。因为有所弃，必有所获。

常州人张史和孟州人何仁可少年时在同一个学堂读书，并且经常在一起研究经书。后来张史先做了官，但他总是比不上何仁可的名誉好，心里就开始嫉妒何仁可的才能，和别人谈话时，总是不说何仁可的好话。世上没有不漏风的墙，何仁可听说了这事，想出了一个应对的办法。

张史有一个爱好，就是经常召集门生，讲解经书，一到这个时候，何仁可就要自己的门生到他那里去非常虔诚地请教疑难问题，并且一心一意、认认真真地做笔记。一来二去，随着时间的流逝，张史明白了，这是何仁可在有意地推崇自己，为此心中十分惭愧。后来，在与同僚的交往中，再也听不到他贬低何仁可的声音，而是不断地赞扬何仁可的人品和作为。

何仁可的这种无为化有为的做法，明代时的王阳明也用过，正是这种无为才使他免去了杀身之祸。

明朝正德年间，朱宸濠起兵反抗朝廷。朝廷派王阳明率兵去征讨，

185

由于他出色的指挥，一举擒获朱宸濠，立下了大功。

当时的总督江彬十分嫉妒王阳明的功绩，认为他夺走了自己大显身手的机会。于是广布流言说："最初王阳明和朱宸濠是同党，后来听说朝廷派兵征讨，才抓住朱宸濠为自己解脱。"想以此嫁祸于王阳明，并除掉他，把这个功劳夺为己有。

在这种情况下，王阳明和好友张永不得不对这一不白之冤讨论对策："如果退让一步，把擒拿朱宸濠的功劳让给江彬，就可以避免不必要的麻烦。假如坚持下去，不做妥协，那江彬等人就要狗急跳墙，做出伤天害理的勾当。"为此，他将朱宸濠交给张永，使之重新报告皇帝："朱宸濠捉住了，是总督大人的功劳。"就这样，堵住了江彬的嘴，使其不再乱说话。随后，王阳明就以病体缠身为由，回家休养去了。

张永回到朝廷后，大力称颂王阳明的忠诚和让功避祸的高尚事迹。正德皇帝明白了事情的始末后，就重新给予了王阳明应得的封赏。

王阳明以退让之术，避免了飞来的横祸。这种以退让求生存的方法，同样也蕴含了深刻的哲理。

若干年前，鲁国的大臣公仪休，是一个嗜鱼如命的人。他升任宰相以后，鲁国各地有许多人争着给公仪休送鱼。可是，公仪休却命令管事人员不准接受。

他的弟弟看到这么多从四面八方精选来的活鱼都被退了回去，很是不解，就问他："兄长最喜欢吃鱼，现在却一条也不接受，为何？"

"正因为我爱吃鱼，所以才不接受这些人送的鱼。"公仪休很严肃地对弟弟说，"你以为这些人是喜欢我、爱护我吗？不是。他们喜欢的是我手中的权力，希望我运用权力去偏袒他们、压制别人，为他们办事。吃了人家的鱼，必然要给送鱼的人办事，执法必然有不公正的地方，不公正的事做多了，天长日久哪能瞒得住人？宰相的官位就会被人撤掉。到那时，不管我多想吃鱼，他们也不会给我送来了，我也没有薪俸买鱼了。现在不接受他们的鱼，公公正正地办事，才能长远地吃鱼。靠人不如靠己呀。"

有一次，一个不知名的人偷偷往他家中送了一些鱼，他无法退回，就把鱼挂到家门口，直到几天后鱼变得臭不可闻才把它们扔掉，从那以后，再也没有人敢给他送鱼了。

生活中充满了种种诱惑，在诱惑面前我们也应当把握住自己的欲望，适当放弃，对不应得到的不存非分之想，才是明智的作为。

一个人能够约束自己的得利之心，懂得为自己的所作所为负责，即使在无人知晓的情况下仍能自律，在人生道路上就能把握好自己的命运，不会为得失越轨翻车。

做人做事一点通

低调做人，把握现实给予的机遇，做到"有所为，有所不为"。才会有"失之东隅，收之桑榆"之乐。

13. 活得太累都是自己找的

经常会听到有人说"生活真是太累了！"其实，生活本身并不累，它只是按照自然规律和它本身的规律在运转。说生活太累的人只是因为他本人感觉太累。

生活可以说是包罗万象，丰富多彩。生活在这个世界上，你要为衣、食、住、行去奔忙，要去应付各种各样难以预料的事，要去与各种各样的人打交道。谁也不能保证所接触都是好事，所遇到的都是善良的人。因此，生活中必然会有这样或那样的不足，有喜就会有悲，有幸运之神也会有不幸的降临。有君子就有小人，有高尚的就有卑鄙的。任何事物都是相对而生的，有阴就有阳。否则，生活就不能称之为生活了。

只有各种各样的事、各种各样的人生活在一起，互相交流、互相作用，才能构成色彩斑斓的生活，也只有这样的生活才是有滋味的，才是丰富多彩的。

生活中，你不可避免地要面对各种各样不合自己心意的事，与各种各样与自己性格相左的人共处，你是坦然、磊落、轻松地对待，还是谨小慎微，经常抱怨或者发脾气呢？但无论怎么样，有一点是要做到的，那就是不要让自己长期生活在紧张、压抑之中，不要让自己的弦绷得太紧。换句话说，就是生活得不要太累了。必要的时候，放松一下自己，轻松地去生活，去面对人生。

生活是公平的，对谁都是一样，没有绝对的幸运儿，更没有绝对的倒霉鬼。你感觉自己不幸，别人同样有烦心的事；别人有好机会，你也会遇到好运气。正因为这样，千万别认为自己是最不幸的，更不要让自己困在自己织的网中挣扎不出来。

蔚蓝的天空，飘着朵朵白云，海面风平浪静，让人心情舒畅。

快到午时了，一个老渔夫悠闲地坐在海边，一边抽烟，一边凝视着大海，身旁是他的渔船。他看起来满足而自在，心中没有任何杂念。这时，从远方驶来一艘快艇，一个富翁走了过来。两人开始了下面的对话。

富翁："这么好的天气，为什么还坐在这里抽烟呢？"

老渔夫："既然天气这么好，为什么不坐下来抽烟？"

富翁："这么好的天气，你就不能坐下抽烟！应该抓紧时间出海打鱼。"

老渔夫："我一大早就出海了，现在已经回来了，打的鱼足够满足几天的生活之需了。"

富翁："天气这么好，那你应该抓紧时间再多出去几次，打更多的鱼。"

老渔夫："那打完更多的鱼以后呢？"

富翁："然后每天再继续去打啊。"

老渔夫："那再然后呢？还要做什么呢？"

富翁："然后你用赚来的钱，买一艘新船，租给别人。"

老渔夫："租完以后呢？"

富翁："那你就可以赚很多的钱，买更多的船，赚更多钱，做更多的事情啊……。"

老渔夫："那有了钱以后呢？"

富翁："那你就成功了，就可以悠闲地坐在海边，抽一袋烟，无牵无挂，享受幸福的人生了！"

老渔夫："你看我现在在做什么呢？"

富翁："你在……"

富翁无话可说了。

我们生活在竞争激烈的时代，每天都面对着生存和发展的压力，为了更好地生活，常常心力交瘁、疲惫不堪。我们是否静下心来仔细想过，我们到底在追求什么呢？是快乐还是痛苦呢？很多人整天都在憧憬发大财、做大官、获得名望和地位。然后为了这些所谓的成功，用辛苦和烦恼替换了一天天美好的时光，就这样，为了享乐，苦苦追求了一生，为了休息，匆匆忙忙过了一生。

人的一生不该碌碌无为虚度光阴是正确的，但只有追求美好的目标，才是健康的人生。而要追求美好，就不要错过每一天你身边的美好时光。

无论何时何地，是否快乐，关键看你对待世界的心境。人生在很多时候，是否拥有快乐，不是因为拥有的多，而是因为计较的少。

感觉生活太累的人一般都是一些胆小怕事，斤斤计较的人。每说一句话都要考虑别人会怎么看待自己，是否因为这一句话而伤害到其他人；每做一件事都要前思后想，深恐给自己带来坏的影响。他们在工作中，对领导、同事小心翼翼；生活中对朋友、邻居谨小慎微。其实，在你周围的人，每个人的脾气都不一样，无论怎样谨慎，都不可能使每个人满意。即使样样谨慎从事，对你有成见的人还是大有人在。只要你不违背常情，不失去良心，那么挺起胸膛来做人做事，效果恐怕比过分谨慎更好。

189

第五章

拿得起，放得下

感觉活得太累的人往往不能很好地调整自己，一旦遇到不幸的事发生，不能辩证、乐观地看待。而是消极、悲观地看待生活，似乎世界末日就要来临了。

任何人如果一直生活在心情沉重、感情压抑之中，那将是非常可怕、可悲的事。处处都要考虑得失，时时都要注意不必要的小节，那么干大事、成就大事业的时间将化为乌有。因为你连小事都要左思右虑，宝贵的时间就在犹豫中悄悄地流逝了。也许，当你即将老去、再回首往事的时候，会发现自己是那么渺小，两手空空，一事无成。到那时，你再后悔已经没有任何意义了。

感觉到生活太累的人，无法看到生活中光明的一面，更体会不到生活中的乐趣。因为他的时间全部放在了周围狭小的空间里，而无暇顾及其他事情。更为严重的是，他的生活是非常被动的，不愿主动去做事，总是患得患失。这样的生活永远不会幸福，更没有快乐可言，他永远都背着沉重的包袱生活。

做人做事一点通

既然活得累是件痛苦的事，既然生命对我们来说是那么宝贵、那么短暂，为什么不换一种活法，活得轻松一点，努力去感受生活中的阳光和快乐呢？即使工作任务很重，人际关系复杂，也要抽出一点时间来放松一下自己，这对你的工作会更有益处，你也会因此发现新的天地。

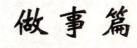

做事篇

第六章
善于创新，做要事、成大事

　　一般说来，很多大事都是在创新中完成的，很多奇迹都是在创新中产生的。可以说没有创新，就不会有新发现、新成就。所以要善于创新、敢于创新，有了创新精神想不成大事都难！

1. 有策划才有创新

做什么事都离不开策划，善于策划，做事成功的概率就很高；反之，不善于策划，就可能远离成功。也许，你缺少的不是决心和目标，而是超人一等的策划能力。

泱泱大国，上下五千年的历史，造就出了许多成大事的策划大师。这些人我们总是用"博学多才"、"上通天文，下知地理"、"上晓五百年，下知五百载"等等来形容他们。实际上，他们也是普通人，但为何他们能做到"运筹于帷幄之中，决胜于千里之外"呢？很简单，说穿了，只不过是他们善于根据时势、人事去分析成败与发展趋势而已。能做到这一点的人，一定是一个策划能力很强的人。

从下面这些故事中，你就可以看出这种能力对一个成大事者是多么重要。

（1）诸葛亮的预言和策划

《三国志》中有一篇文章叫《隆中对》，是写诸葛亮回答刘备有关天下大势的咨询，在这次冠绝千古的谈话中，未出隆中即知三分天下事，而其后形势的发展也正是他所预测的那样，可见诸葛亮是一位"形势预言家"了。细看这篇《隆中对》，并无什么特异之术，绝非靠能掐会算预测天下事，而是依赖对当时形势、人事的了解和分析而作出的。还有很重要的一点，就是他一旦出山，就尽心尽力地辅佐刘备，可谓鞠躬尽瘁、死而后已。正是靠了他的努力，刘备才得以与曹操、孙权抗衡而三分天下。看来，要想做一个政治预测家，不能以隔岸观火的悠闲态度来对待世事，有时还需要积极地参预和投入，才能实现自己的预测。从这个意义上讲，这不仅是政治预言家，还是政治活动家了。

中国是一个历史极其悠久的国家，在漫长的封建社会里，改朝换代是经常发生的事，高瞻远瞩是统治者不可缺少的素质，所谓"人无远虑，必有近忧"，说的就是这个道理。

（2）张良的定国之策

楚汉纷争之际，刘邦曾被困于荥阳，他为了争取各方面的支持，让郦食其为他出谋划策，郦食其主张实行分封诸侯国拥有土地与人口。计谋一出，立刻遭到张良的反对。当时郦食其还未走，张良从外边来谒见汉王。汉王正在吃饭，对他说："门客中有人主张实行分封制，以削弱楚国力量。子房，你看如何？"张良说："是谁给陛下出这样的计策？如此大势已去，陛下的事业完了。"汉王说："为什么呢？"张良说："我想借您面前的筷子，为您指画形势。过去武王讨伐殷纣王、封他们的后代，是有把握置纣王于死命，但陛下您现在有把握置项羽于死命吗？这是不能采用分封制的第一个原因。周武王进入殷朝，到箕子门前抚车致意，重修比干的坟墓，现在陛下您能做到吗？这是不能采用分封制的第二个原因。把殷纣王积粟之仓库里的粮食都发散出去，把殷纣王的储财都分发出去，用以接济贫穷的人，现今陛下能吗？这是不能采用分封制的第三个原因。军用的车辆在殷朝战事结束以后就被改作乘人之用了。把刀枪剑戟都倒着装载，表示不再用了，现今陛下能这样做吗？这是不能采用分封制的第四个原因。把军马散放在华山的南边，表示没有什么用处了，如今陛下能这样做吗？这是不能采用分封制的第五个原因。把运输军需用的牛马都放在桃林塞的原野上，表示天下不再有运输和积聚，现在陛下能这样做吗？这是不能采用分封制的第六个原因。而且天下的游说之士，离开父母，抛弃祖坟边的热土，离开有交谊的老朋友，跟从陛下打天下，只是日夜盼望能得到很小一块土地。今天您拥有六国的后代，用土地去封有功之臣，那么游说之士各自回去，跟家人团聚，与老朋友会面，还能跟陛下您去夺取天下吗？这是不能采用分封制的第七个原因。如果楚国不强大，那还好说，如果楚国强大，其他六国肯定会屈

193

服于楚的，陛下您去哪里寻找向您称臣的六国后代呢？这是不能采用分封制的第八个原因。如果用此计谋，陛下的事业就付诸东流了。"汉王停止吃饭，把嘴里的饭吐了出来，骂道："郦食其这小子，差点坏了我的大事。"于是下令销毁六国的王印。

张良这番话实在太厉害，让刘邦能及时醒悟，如果不听张良之言或是晚听张良之言，别说打败项羽，建立汉朝，恐怕自己也死无葬身之地。

张良的政治预测可谓是极其正确的，就在他说了这番话不久，占据齐地的韩信就派使者来见刘邦，要求封他为齐地的假王，刘邦一听，勃然大怒，觉得韩信不赶快来救援自己，还趁火打劫，要挟封王。但后来听了张良的劝说，竟封他为真齐王，从而稳住了韩信，打败了项羽。如按郦食其的计策封了齐国的后代，那韩信早就背叛刘邦了。由此可见，汉朝的兴亡成败，有一大部分是捏在张良这位政治预测家手里的。

（3）皇太极的远见

并不是所有的政治预测家，都像张良一样仅仅为某一具体事物考虑，他们的预测可能是为未来做准备，于是这种高瞻远瞩的预测有时不仅一时看不出效果，甚至还有负面反映，但这种预测对将来而言意义非凡。试看雄才大略的清世宗皇太极是怎样收拢汉族人才的。

清皇太极打算留下明将洪承畴为己效力，便派范文程去劝洪承畴投降。房梁上的尘土偶然落下，沾到洪承畴的衣服上，他用手掸去灰尘。范文程回去将情况告诉皇太极，他说："洪承畴肯定不会求死，连衣服尚且那么珍惜，更何况他的性命？"皇太极亲自去看望洪承畴，解下身穿的貂皮大衣给洪承畴穿上说："先生是否觉得暖和些了？"洪承畴瞠目而视许久，叹息道："这真是老天选定的明主啊！"于是叩头请求接受他投降。对此，皇太极异常高兴，不仅当天的赏赐不计其数，还设置了酒宴，摆上了戏台。将领们有的对此很不高兴，说："皇上待洪承畴太好了！"皇太极劝他们说："我们这些人栉风沐雨几十年，是为了什么？"将领们答道："那谁不知，是为了入主中原！"皇太极听后笑道："这就譬如行路，我们都是盲人，如今好不容易得到一个向导，我怎能不高兴？"

此论足见皇太极是如何高明，范文程是汉族的大学者，是一位极有见识之人，洪承畴更是明朝的大官，学识过人。这两人为清军入关，尤其在制订统治方略方面，起了重大的作用。可以说，清政府若无像范文程这样的一大批汉族知识分子帮助制订策略，用皇太极的话说，就是"领路人"，想长期立足中原，是很难想象的。

由于政治预测的复杂性（包括军事、经济、政治文化和人事等诸种社会因素）和内容的包容性（包容了诸多因素和社会内容），使得政治预测不仅仅是门大学问，也是种大智慧，故而能够做出成功的政治预测的人，已不是一般的政治家了，而是预言家、先知先觉者！

做人做事一点通

政治预测虽难，在中国历史上，却多有成功的政治预测，多有大智之人能透析世事，洞烛幽微，也积累了极其丰富的政治预测的成功经验。因此，有大志者，必定要知往昔、察现实、测未来，历史经验，是不可轻视的。

2. 大事是在创新中完成的

做大事就要善于创新，没有创新难成大事。有米谁都能做饭，没有米能做饭才是真本事，这就是创新的结果。

奥运会是全球的体育盛会，因此举办奥运会也成了各个国家积极争夺的香饽饽。可是在上个世纪后半期，举办奥运会却是让人害怕的事。为什么呢？

1972 年，第二十届奥运会在联邦德国的慕尼黑举行，最后欠下了 3

6亿美元的债务，很久都没有还清；1976 年，第二十一届奥运会在加拿大的蒙特利尔举行，最后亏损了十多亿美元，成了当地政府的一个大包袱。直到今天，蒙特利尔人还在缴纳"奥运特别税"；1980 年第二十二届奥运会在莫斯科举行，比上两届举办城市耗费的资金更多，一共花掉了 90 多亿美元，造成了空前的亏损。面对这种情况，1984 年的奥运会几乎到了无人问津的地步，还是美国的洛杉矶看到没有人敢拿这个烫手的"山芋"，就以唯一申办城市"获此殊荣"，企图通过这种方式来显示其泱泱大国的实力。可是等"夺取"到了举办奥运会的权利之后不久，美国政府就公开宣布对本届奥运会不给予经济上的支持，接着洛杉矶市政府也说，不反对举办奥运会，但是举办奥运会不能花市政府的一分一厘……

俗话说"巧妇难为无米之炊"，没有钱是什么事情也办不成的。谁能出来挽救这场危机呢？

洛杉矶奥运会筹备小组不得不向一家企业咨询公司求救，希望这家公司寻找一位高手，办好这届奥运会。

这家公司动用了他们收集的各种资料，根据奥运会筹备小组提出的要求，开动计算机进行广泛搜寻，计算机不时反复出现一个名字：彼得·尤伯罗斯。

彼得·尤伯罗斯是何许人呢？计算机对他如此青睐？

彼得·尤伯罗斯的基本情况如下：

1937 年，他出生在美国伊利诺斯州文斯顿的一个房地产主家庭。大学毕业后在奥克兰机场工作，后来又到夏威夷联合航空公司任职，半年后担任洛杉矶航空服务公司副总经理。

1972 年，他收购了福梅斯特旅游服务公司，改行经营旅游服务行业。1974 年，他创办了第一旅游服务公司，经过短短四年的努力，他的公司就在全世界拥有了二百多个办事处，手下员工一千五百多人，一跃成为北美的第三大旅游公司，每年的收入达两亿美元。

他的这些业绩不能说是惊天动地的，但是他非凡的管理才能由此可见一斑。彼得·尤伯罗斯因此担起了这个重担。

举办奥运会的难处是他始料不及的。一个堂堂的奥运会组委会，居然连一个银行账户都没有，他只好自己拿出一百美元，设立了一个银行账户。他拿着别人给他的钥匙去开组委会办公室的门，可是手里的钥匙居然打不开门上的锁。原来房地产商在最后签约的时候把房子卖给了其他人。事已至此，尤伯罗斯只好临时租用房子——在一个由厂房改建的建筑物里开始办公。

尤伯罗斯在无人无钱的情况下采取了三种方式筹备这场奥运会：

（1）拍卖电视转播权

彼得·尤伯罗斯是这样分析的：全世界有几十亿人，对体育没有兴趣的人恐怕找不到几个。很多人不惜花掉多年积蓄，不远万里去异国他乡观看体育比赛。

但是更多的人是通过电视来观看体育比赛的。因此，事实证明，在奥运会期间，电视成了他们不可缺少的"精神粮食"。很显然，电视收视率的大大提高，广告公司也因此大发其财。彼得·尤伯罗斯看准了，这就是举办奥运会的第一桶金。他决定拍卖奥运会电视转播权！这在奥运会的历史上可是破天荒的。

要拍卖就要有一个价格，于是有人就向他提出最高拍卖价格 1.52 亿美元。

尤伯罗斯抿嘴一笑："这个数字太保守了！"

手下的人都用一双惊奇的眼睛望着他。这些人都一致认为，1.52 亿美元已经是天文数字了，那些嗜钱如命的生意人能够拿出这样一大笔钱就已经不错了。大家都用怀疑的眼光看着他，觉得他的胃口也太大了。

精明的尤伯罗斯早就看出了这一点，不过只是抿嘴笑了一下，没有做过多的解释。他知道，这一仗关系重大。于是，他决定亲自出马，来到了美国最大的两家广播公司进行游说，一家是美国广播公司（ABC），一家是全国广播公司（NBC）。同时。他又策划了几家公司参与竞争。一时间报价不断上升，出乎人们的意料，就这一笔电视转播权的拍卖就获得资金 2.8 亿美元。真可以说是旗开得胜！

（2）拉赞助单位

在奥运会上，不仅是运动员之间的激烈竞争，还是各个大企业之间的竞争，因为很多大企业都企图通过奥运会宣传自己的产品。从某种程度上说，这种竞争常常会超出运动场上的竞争。

为了获得更多的资金，尤伯罗斯想方设法加剧这种竞争，于是奥运会组委会作出了这样的规定：

本届奥运会只接受三十家赞助商，每一个行业选择一家，每家至少赞助 400 万美元，赞助者可以取得在本届奥运会上获得某项产品的专卖权。鱼饵放出去之后，各家大企业都纷纷抬高自己的赞助金，希望在奥运会上取得一席之地。

在饮料行业中，可口可乐与百事可乐是两家竞争十分激烈的对头，两家的竞争异常激烈。在 1980 年的冬季奥运会上，百事可乐获得了赞助权，出尽了风头，此后百事可乐销量不断上升，尝到了甜头。可口可乐对此耿耿于怀，一定要夺取洛杉矶奥运会的饮料专卖权。他们采取的战术是先发制人，一开口就喊出了 1250 万美元的赞助标码。百事可乐根本没有这个心理准备，眼巴巴地看着别人拿走了奥运会的专卖权。

照片胶卷行业比较具有戏剧性。

在美国，乃至在全世界，柯达公司都认为自己是"老大"，摆出来"大哥"的架子，与组委会讨价还价，不愿意出 400 万美元的高价，拖了半年的时间也没有达成协议。日本的富士公司乘虚而入，拿出了 700 万美元的赞助费买下了奥运会的胶卷专卖权。消息传出之后，柯达公司十分后悔，把广告部主任给撤了。

不用细细叙述。经过多家公司的激烈竞争，尤伯罗斯获得了 3.85 亿美元的赞助费。他的这一招的确比较凶狠：1980 年的冬季奥运会的赞助商是 381 家，总共才筹集到了 900 万美元。

（3）"卖东西"

尤伯罗斯的手中拿着奥运会的大旗，在各个环节都"逼"着亿万富翁、千万富翁、百万富翁及有钱的人掏腰包。

火炬传递是奥运会的一个传统项目，每次奥运会都要把火炬从希腊的奥林匹克村传递到主办国和主办城市。1984年美国洛杉矶奥运会的传递路线是：用飞机把奥运火种从希腊运到美国的纽约，然后再进行地面传递，蜿蜒绕行美国的32个州和哥伦比亚特区，沿途要经过41个城市和将近一千个城镇，全程高达1.5万公里，最后传到主办城市洛杉矶，在开幕式上点燃火炬。

尤伯罗斯为首的奥运会组委会规定：凡是参加火炬接力的人，每个人要交3000美元。很多人都认为，参加奥运会火炬接力传递是一件人生难逢的事情，拿3000美元参加火炬接力——"值"。就是这一项，他就又筹集了3000万美元。奥运会组委会规定：凡是愿意赞助2.5万美元的人，可以保证在奥运会期间每天获得两人最佳看台的座位，这就是1984年美国洛杉矶奥运会的"赞助人票"。

奥运会组委会规定：每个厂家必须赞助50万美元才能到奥运会做生意，结果有50家杂货店或废品公司也出了50万美元的赞助费，获得了在奥运会上做生意的权利。

组委会还制作了各种纪念品、纪念币等，到处高价出售……

尤伯罗斯就是凭着手中的指挥棒，使全世界的富翁都为奥运会出钱，他则不断地把钱扫进奥运会组委会的腰包里……

现在我们来看洛杉矶奥运会的结果：美国政府和洛杉矶市政府没有掏一分钱，最后盈利2.5亿美元，创造了一个世界奇迹。

从此，奥运会的举办权成了各个国家争夺的对象，竞争越来越激烈。

尤伯罗斯之所以受命于危难之际而最后创造了奇迹，关键就是他的奇思妙想，他善于发现可以赚钱的东西，善于发现市场的竞争点……

做人做事一点通

尤伯罗斯之所以能产生奇迹，没有秘密可言，全在于创新，只有善于发挥奇思妙想的人才能走在别人的前面、赶超别人，做别人办不到的事。

199

3. 创新让棘手的问题不棘手

有时候，一个棘手的问题会让你束手无策，解决棘手问题的唯一方法就是创新，因为创新才能改变原有的思维方式，打破固定的思考习惯。

法国著名女高音歌唱家玛·迪梅普莱，有一座非常漂亮的园林，山青水秀，林木葱郁，流水潺潺，鸟鸣啾啾，好一派迷人景象。

为此，引得不少人来这里度周末、采鲜花、采蘑菇、捉蟋蟀、观月亮、数星星，有的甚至燃起篝火，一边野餐，一边唱歌跳舞，余兴未尽者，干脆搭起帐篷，彻夜狂欢。因此，常常把园林搞得一片狼藉，肮脏不堪。束手无策的老管家，只得按迪梅普莱的指令，在园林的四周围搭起篱笆，竖起"私家园林，禁止入内"的警示牌，并派人在园林的大门处严加看守，结果仍然无济于事，许多人依然通过各种途径用极其隐蔽的方式潜进去，令人防不胜防。后来管家只得再行请示，请主人另想良策。

迪梅普莱思忖良久，猛地想起，园林中不是经常有毒蛇出没吗？直接禁止游人入内不见成效，何不利用毒蛇做篇文章呢？她叫管家雇人做了一些大大的木牌立在园林的显眼处，上面醒目地写明："请注意！你如果在林中被毒蛇咬伤，最近的医院距此十五公里，驾车需半小时。"从此以后，再闯入她园林的人便廖廖无几了。

从上面的实例中我们可以看出，迪梅普莱要禁止游人进入她的园林，"常规性的措施"完全不起作用，只有采取借助其他因素，迂回曲折地走一下弯路，再用巧妙的办法解决了问题。

对于非常强大的敌人或障碍，如果我们没有必要的条件和充足的力量去打垮它，只是一味地直线前进，盲目蛮干，那是一勇之夫所为，轻则徒劳无功，重则头破血流，丢盔卸甲，甚至惨败。

反过来我们动动脑筋，变换一下思路，不去向强敌直接挑战，不去触动和攻击障碍本身，而是采取避实击虚，避重就轻的迂回方式，先去解决与它发生密切关系的其他因素，最后使它不攻自破或不堪一击，这样令"墙橹灰飞烟灭"，比起硬碰硬的真打实敲，岂不更加得意？

做人做事一点通

对于问题，根据具体情况做具体的分析研究，该勇往直前的就义无反顾地冲上去，但面临一些在当时情况下，我们无条件、无力量解决的问题时，我们可以理智地避其锋芒，"绕道而行"，不争一时之气。取得最终的胜利才是根本，笑到最后的才是真正的笑。

4. 学会"拆台"，削弱对手实力

这里说的拆台，并不是想象中那样使用卑鄙的手段诋毁别人，而是竞争激烈的双方，用特殊手段把对方的主力或是当事人换掉，使对方不能或是无法与自己竞争，这种方法常用于兵家、商战中。中国古代的反间计就类似于此。

三国赤壁交兵之时，曹操的军队不习水战，于是曹操重用了熟悉水战的荆州降将蔡瑁、张允，日夜操练水军，因此，曹操军队的水战能力有了很大提高，对周瑜依托长江的水上防御造成了极大的威胁。

且说曹操得知周瑜暗窥他的水寨，气得额上青筋直蹦，对诸将说："昨日与东吴水战输了一阵，挫伤了我军的锐气，今又被他窥探吾寨，吾应用何计破之？"

这时曹操手下一谋士蒋干（字子翼）出来献计。他说："我自幼与周郎同窗交契，愿凭三寸不烂之舌，去江东说此人来降。"曹操大喜，问："你和周公瑾相交甚深？"蒋干挺起胸脯，很有把握地说："丞相放心，此去江东，定能成功。"曹操又问："需带何物去？"蒋干说："只要一童儿随往，二人驾舟，其余不用。"曹操听了更是高兴，设酒席为蒋干送行。

周瑜听说蒋干来访，以礼相待。陪同蒋干入军中，介绍众文官武将与蒋干相见。礼毕，大摆酒席，列奏军乐，轮换行酒，款待蒋干。

晚上，周瑜携蒋干入帐，与诸将再饮。饮至晚上，点上灯烛，周瑜自舞剑作歌，皆满堂欢愉。至深夜，蒋干告辞说："不胜酒力矣。"周瑜命撤宴席，诸将一一辞出。周瑜对蒋干说："久不与子翼同榻，今宵二人抵足而眠。"于是佯装大醉之状，携蒋干入帐共寝。周瑜和衣卧倒，流涎呕吐，形态狼藉。蒋干怎么也睡不着，伏枕听时，军中鼓打二更，看帐内，残灯尚明；看周瑜时，鼻息如雷。蒋干见帐内桌上堆着一卷文书，便起床偷看，却都是军务往来信件。内有一封，上面写着"蔡瑁、张允谨封"。蒋大吃一惊，暗暗读之。书略曰："某等降曹，非图仕禄，迫于势耳。今已将北军困于寨中，但得其便，即将曹贼之首，献于麾下。早晚人到，便有关报。幸勿见疑。先此敬复。"蒋干读后思曰："原来蔡瑁、张允结连东吴……"

蒋干将书暗藏于衣内，再想检看他书时，见床上周瑜翻身，便将灯吹熄就寝。周瑜故作说胡话："子翼，我数日之内，教您看曹操之首！"蒋干勉强应之。周瑜又口内含糊曰："子翼……教您看曹操之首！"蒋干问之，周瑜又睡着。蒋干躺在床上，将近四更，只听得有人入帐，喊："都督醒否？"周瑜梦中做忽觉之状，故问那人："床上睡着何人？"那人答："都督请子翼同寝，何故忘却？"周瑜懊悔说："吾平日未尝饮醉；昨日醉后失事，不知可曾说甚话？"那人说："江北有人到此。"瑜喝："低声！"便喊："子翼。"蒋干只装睡着。

周瑜潜步出帐。蒋干侧耳窃听，只闻有人在外说："张、蔡二都督道：'急切不得下手'……"后面的话声音很低，听不清楚。

不一会儿，周瑜入帐，又喊："子翼。"蒋干只是不应，蒙头假睡。周瑜亦解衣就寝。蒋干寻思："周瑜是个精明人，天明寻书不见，必然害我……"睡至五更，蒋干起床喊周瑜。周瑜却装着睡熟。蒋干戴上头巾潜步出帐，唤了小童，径出辕门。军士不予阻挡。蒋干下船，飞桨回见曹操。曹操问之："子翼的事干得如何？"蒋干说："周瑜雅量高致，非言词所能动也。"操怒道："事又不济，反为所笑！"蒋干说："虽然未能说服周瑜，却与丞相打听得一件事。"在唤左右屏退后，蒋干取出书信，将打听的张、蔡投降书信之事逐一说与曹操。曹操大怒道："二贼如此无礼耶！"于是即唤蔡瑁、张允到帐下。曹操说："我要你二人马上进兵攻打周瑜。"蔡瑁说："水军尚未练熟，不可轻进。"曹操怒道："军若练熟，吾首级早献于周郎矣！"蔡、张二人不知其意，惊慌失措，言不能答。曹操喝武兵推出斩之。片刻间，刀下头落。等曹操省悟过来时，追悔莫及，说："吾中计矣！"后人有诗叹曰："曹操奸雄不可当，一时诡计中周郎，蔡张卖主求生计，谁料今朝剑下亡。"

周瑜巧借蒋干、曹操之"刀"，除掉了熟悉水战的两位铁台柱，迫使曹操不得不起用"泥腿子"带兵演练，使周瑜保住了水战的优势，为赤壁之战的胜利奠定了基础。

做人做事一点通

人们每天都在喊《孙子兵法》、《三十六计》，其实这种教人用计的书籍派不上多大用场，关键在于灵活运用，只有理论加实践，并在此基础上不断创新才能发挥奇效，得到自己想要的结果。

5. 利用名人成事，改变原有思维

精明的人善于借助名人效应，实现个人目的，他们的借力方法值得人们效仿。当自己处于被动地位时，在名人身上动动脑筋，说不定能改变当前局势，一举成名。

所谓"借鸡生蛋"是指用别人的力量实现个人目的。知道如何借而且借得比较巧妙，使双方都能获得好处，这的确是一种本事，而且还是一种大本事。

一出版商出版了一套图书，当他苦于不能出手时，一个主意冒了出来：给总统送一本，并三番五次去征求意见。忙于政务的总统哪有时间与他纠缠，便随口而出："这本书不错。"于是出版商便大做广告："现有总统喜爱的书出售。"于是这些书就兜售一空。

时间不长，这个出版商又有卖不出去的书，他便又送了一本给总统。总统上签于上次的情形，想奚落他，就说："这书糟糕透了。"出版商闻之，机灵一动，又做广告："现有总统讨厌的书出售。"有不少人出于好奇争相抢购，书又兜售一空。

第三次，出版商将书送给总统，总统接受了前两次教训，便不予作答而将书弃之一旁，出版商却大做广告："有总统难以下结论的书，欲购从速。"居然又被一抢而空，总统哭笑不得，商人大发其财。

下面又是"借力经商"的一个成功个案：

在德国一个偏僻的小镇上，却有一家世界上最大的体育用品公司——阿迪达斯公司。这个小镇只有 17 万人，而这家公司却有 4 万名职工，分布在全世界四十个国家的子公司中，这家公司经营各种体育用品，但是传统的、最主要的产品是足球鞋，每年各公司中总共生产 25 万双足球鞋。

70 年前，阿迪·达斯勒兄弟俩在母亲的洗衣房里开始了制鞋业，他们边制边卖，销路看好。弟兄俩重视质量，不断地在款式上创新，他们不厌其烦地量下顾客脚的尺寸、形状，然后制鞋，于是每一双鞋都能满足消费者的要求。由于种种有利于顾客的经营方式，使他们的家庭制鞋作坊发展很快，没几年时间就扩展成一家中型制鞋厂。

1936 年的奥运会来临之际，阿迪·达斯勒兄弟发明了短跑运动员专用的钉子鞋。他又派人打探参赛运动员的情况，当得知美国短跑名将欧文斯很有希望夺冠的消息后，便无偿地将钉子鞋送给欧文斯试穿，后来欧文斯不负众望，果然在比赛中获得四枚金牌。于是欧文斯穿的钉子鞋一举成名，阿迪鞋厂的新产品成了国内外的畅销货，阿迪鞋厂也就变成了阿迪公司。用体育明星来创品牌的办法太妙了！此后，老阿迪屡屡使用这种手法，不久老阿迪又发明了可以更换鞋底的足球鞋，并把新产品无偿送给德国足球队。1954 年，世界杯足球赛在瑞士举行，不巧，比赛前下了一场雨，赛场上泥泞不堪，匈牙利队员在场上踉踉跄跄，穿着"阿迪达斯"的联邦德国队却健步如飞，并第一次获得世界冠军。至此，"阿迪达斯"名扬海内外。

可见，创新款式、质量只是一个方面，而销售方式是否成功才是关键。为了公司的声势，阿迪达斯公司利用犹太人的"借势变钱术"，将商品的百分之二到百分之六拿出来作馈赠，他们不惜余力找著名运动员穿上阿迪达斯公司的鞋。运动员在大赛中穿着"阿迪达斯"品牌鞋做活广告，比花钱做任何电视广告都更为有效。对于体育明星，阿迪达斯公司常常慷慨赞助。通过努力，在 1976 年蒙特利尔奥运会上，有 124 位金牌得主穿着"阿迪达斯"鞋，在这之后的西班牙世界杯大赛中，运动场上所有的人员中有四分之三全身披挂"阿迪达斯"品牌的商品。

阿迪·达斯勒兄弟的成功与他们出色的服务是分不开的。在赛场上，阿迪达斯公司总是派职员在那儿为运动员服务。只要哪位运动员感到鞋子不舒适，阿迪达斯公司的人马上就为他解决问题。在一次世界杯足球赛上，有一位德国主力队员的腿腱受伤，阿迪达斯公司连夜为他赶制了一双特殊球鞋，才使他能够重上球场。阿迪达斯公司出色的服务，为它赢得了广阔的市场。

做人做事一点通

什么是名人效应？名人效应就是借助名人推销自己的产品、让人认可自己的产品，因为名人本身是出色的广告宣传，这样做的结果只有一个——别人无法不认可你的东西。这就是聪明的商人一贯提倡的经商原则：借第三只手来赚钱。

6. 打破常规，就是创造机会

要成大事，就要养成用多种思维方式来思考问题的习惯，也就是学会在思考中不断创新。只有这样，才会使你在事业上有所成就。

盼盼集团的前身是营口市金属制品厂，是韩召善背着86万元债务，带领十几名工人创办起来的。经过将近十年的努力奋斗，他们终于将一个只做些零件的小工厂发展成为有自己品牌且小有名气的企业。当时他们生产的"宫灯牌"档案柜十分畅销。90年代初，工厂已有800多人，年产值1700万元，实现利税300多万元，这对镇办小厂来说已是相当可观的，但韩召善却感到铁皮柜市场基本饱和，不会有大作为，商场如同战场，企业要生存、要发展就必须研制开发出新的、好的拳头产品。这一年，适逢中国刮起旧城市改造之风，建筑业十分火热，经过一段时间的考察，韩召善发现防盗门市场前景不错，便提出转产防盗门。但是立刻遭到了大多数成员的反对。他们认为眼下维持好铁皮柜的生产就可以了，怕再折腾个鸡飞蛋打一场空，弄不好，还把这几年积攒下来的老本儿都得搭上。

企业兴衰成败关键要看企业领导人的战略决策是否正确。韩召善经过自己长期的观察后发现：乡镇企业在走过初期繁荣的一段后，便进入漫长的低谷期，要么衰落，要么勉强维持现状，如不尽快迈上新的发展台阶，很快就会满足不了市场越来越高的要求。于是，韩召善对员工们说："继续坐在老产品上，不思进取，不思开拓，其结果是不言而喻的。"一段时间以后，大家的思想都统一起来了，韩召善终于力排众议，新产品如期上马。

韩召善同时也十分重视广告的重要作用。他认为做广告就像搞储蓄，到头来总会有效益的，投入一元钱会得到三元钱的回报。盼盼集团每年都要拿出的销售额的百分之六到百分之八做广告，从 1992 年到 1997 年，广告费共支出 4700 万元，仅 1997 年一年的广告费就达到 2600 万元。他们先后在中央电视台、辽宁电视台等几十家新闻媒体为"盼盼"投入大量广告费，果然，广告给集团带来了更多的商机与合作。随着广告力度的加大，经济效益也随之大增，就"盼盼"防盗门的专业生产看，正是以每年产值、利润翻一番的速度递增，去年已达到年产 50 万个的预定目标，产品的市场份额达到百分之二十，库存量为零。他们的目标是占据防盗门市场份额百分之二十五以上，实现年产值超过 10 亿元人民币。

盼盼集团将过去过于杂乱的 CI 设计统一起来，很快就被市场接受。与国际流行设计接轨，并将集团企业形象识别系统进行计算机管理。不久，盼盼集团在同行业中率先推出了品牌形象。这主要是为了树立一种名牌意识。一个知名企业不应光盯着眼前这一点。名牌意识往往要在几代人的身上体现。比如可口可乐，现在无论大人、小孩都对它非常熟悉。因此，盼盼希望自己的品牌也能够影响一代甚至几代人。

售后服务是市场竞争发展到一定程度的必然手段，是商战的重要组成部分。产品的质量再怎么好，也总不会绝对地满足客户的需要。防盗门最重要功能就是保障安全，给"盼盼"上保险会彻底消除消费者的顾虑，盼盼与保险公司签订了保险协议，给每个防盗门交纳有关保险费，在保险期内，因产品质量原因被撬，或者有明显盗窃痕迹，致使用户遭受家财损失的由保险公司在 3000 元限额内按实际损失负责赔偿。投保后的"盼盼"胸戴 PICC 标志，身携"产品质量保险卡"，销量大增。

正是由于韩召善的一系列措施，使得盼盼形象已深入人心。

"盼盼"之所以取得令人瞩目的成就，可以说韩召善不拘于一点的散射式思维帮了大忙。假如当初只固守铁皮柜市场，不迅速转入防盗门市场，也许今日的"盼盼"还是乡镇小厂，或许早就垮掉了。

青年人既要认识到这一点，也要养成思考创新的习惯，同时更要从成功者的身上学习他们的优良之处为我所用。

成功创业者，一定要有从全局观察，从大处着眼的气度与能力，绝不能拘于小范围或局部。

三星集团是韩国十大财团之一，该企业创建之勋李秉哲，经过近五十年奋斗，使企业闻名遐迩，称雄世界，他发展企业的原则和经营策略，更为人们所信服。他的生平业绩和经营思想，1986 年被日本著名的"讲谈出版社"编辑成书，极为畅销。他的成就不仅是整个韩国的骄傲，在世界上也有着深远的影响。1979 年美国巴比森大学授予他最高经营奖，1982 年 4 月 3 日美国波士顿学院授予他名誉博士称号。他逝世后，韩国当局还追授他一枚一级国民勋章。

李秉哲的前半生经历了日本帝国主义的统治，这期间他虽然也创办了企业，但由于种种原因始终得不到充分的发展。1954 年韩国光复后，他在苦难生涯中受到教育和启发，确立了"实业报国"的办企方向，但动荡的国内局势，战争的爆发又使他的事业惨遭失败，但李秉哲并没有一蹶不振。他从失败中总结创建事业的四大原则：第一，必须敏锐地把握市场的动向；第二，必须抑制贪心，不能超越自己的能力去经营企业；第三，必须绝对避免投机心理；第四，办企业要有上、中、下策多种准备，当上策受挫或失败时，就要果断放弃上策，依次采取中策和下策，做到有备无患。这一准则在他的整个事业建立发展过程中是始终都被遵循的，使三星集团逐步发展壮大，为韩国经济的繁荣昌盛作出了巨大的贡献。

李秉哲在总结历史经验教训后，始终本着不断进取，无终点创业的精神。他说过这样的话："时代在发展，人类在进步，满足于既得之功，安于现状，就是衰退，就是走自我毁灭之路。"李秉哲通过经营实践观察到：特定商品在事业达到顶点时，就应该开辟其他商品和领域，他把这种经营策略叫"企业变身"，他曾经这样教导过他的部下们："必须具有事先了解企业寿命的智慧，以便在其寿命结束之前做好转向其他商品或事业。"遵照这一原则，他不断开拓自己的经营领域，三星集团首先是从制糖业开始的，以后又延伸到轻工业、重工业、电子工业、尖端技术，甚至文化艺术业等，这些举措都鲜明地体现出他"无终点创业"的观念。

李秉哲认为，随着时代发展，企业经营者在抓住可变经营手段的同时，还应注意抓住经营哲学中的不变规则，这就是技术革新的经营合理化。进入20世纪80年代，李秉哲把这一经营思想高度概括为"尖端技术、尖端经营"。他认为在国际竞争中要生存下去，就必须不断地使企业经营合理化，只有不断采用高新技术，降低成本，才能得到客户的青睐。因此，必须不断开发新技术。

此外，他还十分注重提高员工们的素质，提倡发扬创新的精神。他认为技术是现代企业发展的钥匙，他时时搜集新信息，不断选择适合自己企业发展的技术加以引进，并确定明确的引进原则，为此他组建了"三星综合技术院"，云集一批科技人才，专门负责新技术信息的搜集、引进、消化、开发和利用，并亲自负责组织和管理，该院主要承担着这样几份任务：第一，在全财团范围开发所有有前途的尖端产品；第二，开发高技术或在若干会社共同利用的核心技术；第三，开发周期长且波及效果大的材料和产品；第四，属于会社之间重点开发或属大型项目是全财团共同开发的任务。他多凭自己着眼于未来的眼光来制定中长期目标。这项工作的落实为其他几项基础产业如半导体、电子计算机、汽车等尖端技术奠定了坚实的基础。为此，1982 年至 1986 年，三星集团用于技术开发和人才培训投资总额达 460 亿韩元，占全社当年销售额百分之四。三星不仅注意开发本企业应用技术，还瞄准宇航、情报通信、新材料等尖端技术和基础科学研究，因此三星技术不仅在韩国而且在世界上也始终处于领先地位，这些尖端技术的广泛应用，对提高企业经济效益也起到很大作用。

做人做事一点通

扩展思维空间，对于企业来说是一种生存的活力，对于个人来说，是转败为胜，化不利为有利，走向成功的动力与方向。

7. 出名有术，成事有方

一个人的名声有多大事业就有多大，因此，出名是许多人的梦想，但是要讲究方式方法，好方法能达到预期效果，反之则可能事半功倍。

　　前不见古人，
　　后不见来者。
　　念天地之悠悠，
　　独怆然而涕下！

人们不能否认这是一首好诗，但古时候，传媒业极不发达，好诗如何出名也是一大难事，在这方面不妨学一学陈子昂。

唐代著名诗人陈子昂是四川射洪县人，当时一直默默无闻。为了能出人头地，他跋山涉水来到京都长安，可一住十年依然没人赏识。

一次长安东市来了一个卖胡琴的，胡琴通体晶莹玉润，琴音优美，可称绕梁三日。此琴开价100万钱，每天都有不少富商显贵前来观看，但却无人购买。长安城把此事嚷嚷得沸沸扬扬。

有一天，陈子昂从人群中出来，对卖琴人说："此琴我买了。"

围观的人都非常惊讶。"这是谁呀？好大的口气！""你买它干什么呀？"

陈子昂冲众人施礼一笑："在下四川陈子昂，擅长拉胡琴。"

"好啊，那你就当众给我们拉一曲吧。"众人说。

"明天吧。我住在宣阳里，明天备好酒菜，恭候长安的各界名流前来指教！"

第二天，陈子昂住处门庭若市，熙熙攘攘，一百多位长安名流贤士聚集一堂。待大家酒足饭饱之后，陈子昂抄起桌上的胡琴，猛地扔出很远，摔了个粉碎。众人大惊，忙问何故。陈子昂起身对大家说："我陈子昂著文赋诗已有累年，积有作品一百多件。远道来京，没料到一直未被人赏识，非常郁闷，怎么会热衷拉胡琴呢？"然后拿出自己的作品分送大家。一天之内，陈子昂在长安城名声大噪。

由此看来，陈子昂买琴的真实用意可见一斑，这种制造假象，巧达个人目的的做法，非常令人钦佩。

当然，陈子昂这种挖空心思提高自己知名度的思想未必值得肯定，但他用别出心裁的迂回策略，达到了目的的做法，却值得人们借鉴。

做人做事一点通

一马平川的坦途是人们所希望和企求的。然而世上哪有那么多省时省力的阳关大道任人驰骋？这就如同负重登山，"一"字形走不通就走"之"字型，这就是聪明人之路！

8. 创新要有悟性

悟，感悟、顿悟、联想、分析的意思，人有灵犀，豁然开朗，就是
"悟"的结果。悟是特异功能还是第六感官？显然两者都不是。其实悟还
是一定条件下的创新，只不过有些人善于此道，有些人不善于此道罢了。

这是发生在第二次世界大战中的一个故事：一次，苏军与德军相持
不下。一天，在两军阵地交界处不远的地方，一位正在值勤的苏联红军
无意中发现德军阵地上有一只猫，他马上想到了这个地方有可能是德军
司令部。于是，他把这一情况立即报告给了上级。经过继续观察，他发
现那只猫一连几天都在同一个地方出现，这使他更加确定了那里就是德
军司令部。接着，苏军方面迅速调集炮兵，向那个地方猛然轰击。战役
结束后，那个苏联红军的推断得到了证实。

一个普通士兵从一只猫的行为中推断出德军司令部的位置，这就是
思考的结果。在那种残酷的战争下，普通士兵是没有条件养猫的，因此
养猫的人必定是一位高级军官；而家养的猫是不会走远的，既然这只猫
一连几天都出现在那个地方，这就说明此地很有可能是高级军官的驻地，
也就是说此地极有可能是德军的作战指挥部或司令部。其实，这位普通
苏联红军的这种带有逻辑性的思维并不特殊，很多人经过思考都能够得
到和他一样的结论。而问题的关键是，很多人没有养成分析问题的习惯，
对很多有价值的东西视而不见，听而不闻。

故事中的普通士兵是冷静而理智的，他没有忘记自己头上还顶着一
个有思考能力的脑袋。试想，在那种炮火连天的情况下，狙击手正全神
贯注地盯着对方据点，稍有动静就有可能送上性命，更何况步步接近或

从多个角度来侦查敌军司令部。正是由于这个原因，炸掉德军司令部虽然异常关键，但苏军却毫无办法。然而，这个普通士兵却在这种艰难的情况下从一只猫的角度上判定了德军司令部的所在。

在中国西部农村，有一位叫张永旺的青年农民，他的"悟"性比哈默还高，当时中国西部很穷还未开通火车。有一天，当他看到有人勘测，他马上意识到这是要通火车，而且这个县城还是一个大车站。于是他承包了三百亩荒山全部种上了梨树，因为梨树在那个地方极易成活，而且结出的梨口感好、个大、水分足。好多人对他的举动不以为然，认为他在自讨苦吃，因为几乎家家都有梨树，没有人会买他的梨的。没过几年的时间，这里果然通火车了，张永旺种的梨树也随之有了反应，他把那些梨都发往外地赚了一大笔钱。这时那些人才反应过来，也赶忙栽种梨树，但梨树并不是种上就结果的，等到别人的梨树结果时，张永旺的梨树正是产果的最佳树龄。

这时的张永旺却做了一个让人吃惊不小的举动，他把自家三百亩梨树砍掉了近一半，种上了一种丛生性的荆条。原来，张永旺发现了一个情况就是来批发梨的人不愁买不到梨，犯愁的是没有装梨的筐。于是，他马上种植了当年就见效益的荆条，又招了一批人日夜编织装梨的筐，其结果我们就不再赘述了，张永旺也因此在当地一举成名，成了传奇式的人物。

当有了一定资金后，张永旺在火车站附近开了一家西服店，可一连好多天无人问津。大约过了一个半月左右，在张永旺西服店对面又开了一家西服店，而且同样的西服要比他这里的西服便宜许多。这样一来，张永旺西服店的生意更冷清了，而对面的生意却慢慢好起来，于是他怒气冲冲去找这家西服店理论。正在这时，日本丰田汽车公司中国销售区的总经理慕名前来拜访张永旺，看到眼前吵架的情形，大失所望，准备打道回府，但又马上察觉到这里面另有文章。后来，这位经理终于把事情弄清了。他马上向张永旺发出了年薪150万元的聘用书，要他到丰田汽车销售公司做销售部的主任。原来那两家西服店都是张永旺开的，这

213

种绝妙的经营手段真可谓空前绝后！

我们不禁惊诧于张永旺的经营手法了，不得不佩服他的"悟"功。在市场经济激烈的竞争时代，这种经营手法似乎让人感到艺术化了，是一种美妙至臻的境界，让人没有理由不为他的经营手法喝彩，更让那些多年在商海拼搏而不见成就的人汗颜。

做人做事一点通

谋事在人，成事在天。善谋者善悟，有悟性才是可造之才，有悟性才能创新适变。

9. 善于动脑子，精于用点子

现实生活中，我们会碰到这样那样的难题，这里的难题难易程度取决于解决问题的方式和手段，有些时候这些难题真的让人头疼，进退两难。如果要解决这类问题并不是没有办法，主要是看对象。找时间、抓机会，力求巧妙。

一个老汉在分家时，欲将他的 17 头牛分给三个宝贝儿子。因老大为家里吃的苦最大，所以决定分给他一半；次子的贡献比长子稍逊，分给三分之一；三子刚刚毕业，还未给家里效力，但毕竟也是家庭一员，就给他九分之一吧。但所有的牛都是老汉的心头肉，一个也杀不得，怎么个分法？

首先，摆在人们面前就有这样一个头疼的事，17 头牛既不能被二整除，更不能被九整除，但分牛方法也很明确，不能杀牛。这就得让人转换一下思想，这道题不是加减法，而是用除法来计算，所以可以考虑一下借一头牛或减一头牛来解决这个问题。

此时您应该明白17头牛的分法了吗？先借一头牛，长子分一半得9头牛；次子三分之一分得6头牛；小儿子九分之一分得2头牛。一共17头，借的再还人家。

客观事物的发展，大多是由简单到复杂，由低级到高级这样发展的，但它发展到一定的程度，可能也会出现后退、下降这种情况，也就是说总的趋势是有起有落的波浪式，正如列宁指出的是"螺旋式的上升运动"。但不管发展到什么程度，总有解决的方案，这就是方法的问题。

人生难免有凹凸不平和激流险滩，在这样的情形下，我们一味地勇往直前，难免会跌倒，甚至碰得头破血流。巨大的困难如同拦路虎一样，横在我们面前，我们每个人不都是打虎英雄武松。与其被老虎咬得遍体鳞伤，倒不如我们悄然绕行，因为我们应该牢记的是，我们的最终目标不是和老虎争斗，而是绕过老虎到达目的地。创新有方法这是人类最应去发展的能力，正是有了创新能力，人类才有了科技发达的今天和丰富的物质生活。但过时的应试教育往往将孩子的创新能力无情地扼杀了，如果说孩子将太阳说成是绿色的，老师说错了还能够接受的话，那么下面的事例则让人忍无可忍。

一年级学生期末考试时，用"团"字组词，有的组成"团员"（共青团员），有的组成"团圆"（全家团圆），像这种并非特定语意环境下的组词，二者都是无懈可击的。但评卷的人（能称其为老师吗？）却将后者打了"×"，他的理由是"标准答案如此！"在美国，老师问"8"的一半是多少，如果孩子回答是"0"就会受到夸奖，因为孩子是通过对"8"形状的观察而得出的答案，"8"不正是由一上一下的两个"0"组成的么？要是中国的孩子这么回答呢？肯定会遭到严厉的责骂，并伴以"笨蛋"等伤孩子自尊心的话语，所以，教育界在基础教育的改革就是开展素质教育，这是非常及时的。

宋神宗年间，有一次京城失火，把绵延数十里的皇宫烧掉了。宋神宗责令当时监管土木建筑的大臣三个月内重新建好一座新的皇宫。丁渭虽接旨，但心中却叫苦不迭，三个月时间，也许材料都备不齐，哪儿能修好皇宫？摆在丁渭面前的主要有三大难题：第一，京城内缺少烧砖的泥土，从外地调用，费时费力；第二，外地的石块、木材不能迅速直接送到建筑工地；第三，修建完毕后建筑垃圾如何及时处理。有一个问题解决不好，就不能按时完工。

丁渭苦苦思索了三天，终于找到一个天底下最巧妙的办法，这个办法直到今天还使建筑师和数学家们赞叹不已。他的解决办法分三步：从皇宫前的大道挖土烧砖，就地解决取土烧砖的难题；把河水引入挖空的大道，造成人工运河，就可以把石块、木材等外地才有的材料直接运送到工地，解决运输问题，又快又省力；修建完毕后，把大量的建筑垃圾回填到大道里去，还原先前的大道。三个难题如此解决，丁渭也按时完成工程。这个解决方案，省时省力，又不浪费，几方兼顾，是今天系统工程视为典范的方案。丁渭的系统工程来自于经验，而且在今天看来这已是一种极为科学的方法了。

做人做事一点通

创新能力是指开拓新知识、新技术、新产品、新方法的创造能力，包括批判力、创造力、联想力、想象力。归根结底，这种创新完全来自于善于动脑，所以，当难题摆在眼前时，先不要慌神，要冷静下来开动脑筋，想点子、想办法。

10. 善用逆向思维，变不可能为可能

逆向思维是创新突变的根本方式。对于善成大事者而言，从逆向入手，解决棘手问题，是他们的拿手好戏。

要创新，就必须要有用逆向思维打破常规的决心，就具体问题进行具体分析，不敢打破常规者，他的事业将注定不能有大的发展。只有变化，只有创新，才能出奇制胜。

老子曰："反者，道逆也。"意思是一种反常规的做法往往是万事万物运行规律的体现，这也就说明了"成大事"一定要具体问题具体分析，绝不能墨守成规。

唐宣宗大中十三年，浙江出现了一伙以裘甫为首的盗贼，屡次击败前来镇压的官兵。浙东地区山林海岛中亡命之徒就纷纷云集于裘甫的麾下，其部众竟然在很短的时间内发展到三万余人，裘甫自称天下都知兵马使，聚积资财粮草，雇请优良的工匠，锻造军用器械，声势震动中原。

浙东观察使郑祗德几次派兵镇压，都为裘甫所败，于是向朝廷上表告急。朝廷知郑祗德不能胜任，也正在议论选派武将去代替他。

但是在推荐人选的问题上，各位大臣却是各持己见，争论不已。最后宰相夏侯孜说："浙东地方有山有海，阻拦通路，只可以用计谋攻取，难以用强力夺取。朝中武将没有智谋，只有前安南都护王式可以，当地人却都归服于他，其威名远近皆知，可以任用他前往浙东征讨裘甫。"诸位宰相都认为夏侯孜说得有理。于是唐宣宗任命王式为浙东观察使，替换郑祗德。

于是宣宗立刻召见王式，问他有何良策可以尽快消灭贼军。王式回答说："只要多派军队，贼军很快可以攻破。"

有个宦官说："大量调拨军队，所花的军费太大，并非良策。"王式说："多调拨军队，将贼军迅速消灭，所有的军费反而可以节省。若少调拨军队，不能战胜贼军，或者是将战事拖延几年几月，贼军的势力日渐壮大，江淮之间的群盗就将蜂起响应。现在国家的财政用费几乎全部仰仗于江淮地区，如果这一地区被叛乱的贼众阻挠，使财富输送之路不通，就会使上自九庙，下及北门十军，都没有办法保证供给，这样一来，耗费的军费岂不是要多得多？宦官无言以对。唐宣宗听了他的一番话，也觉得十分有道理，于是颁下诏书，调忠武、义成、淮南诸道军队交给王式指挥。

王式进入浙东观察使治所越州，便开始重新修订法令、军纪。经过王式的整治，无人再敢以军饷用度不足、患病卧床为由不愿出战了，要求先升官再出战的人也不敢再说话了。

由于当时裘甫的势力很大，人们都惧怕他，所以有很多人通敌。而对裘甫派来的间谍，越州府官吏不但不将其逮捕，反而收买他们，甚至还会为之提供饮食。州府中的许多文武官吏也暗中与裘甫军通信，以求城破之日，能免死并保全妻子儿女。王式暗中察明，把主要的通敌人员逮捕处斩，并申明了纪律，严格门禁法规，规定没有经过严格检查的人不得出入。夜里安排周密的警戒，这样一来，裘甫无法再探听官军的虚实。

然后，王式命令越州所属诸县打开仓库放粮，用以赈济贫苦的百姓。有人提出疑问说："裘甫贼寇还未消灭，军粮正急于要用，不可散发。"王式答道："这我自有缘由。"

还有人请求建烽火台，用来警报贼寇的来犯，王式只是笑了一笑，而不予答应。

王式又挑选出懦弱的士兵，让他骑上强健的战马、配以很少的武器，作为侦察骑兵。这一回，虽然部下又感到惊讶万分，但谁也不敢再多加过问了。

众将士不知道王式妙计何出，有人甚至怀疑王式会不会用兵。

官兵在王式的指挥下，几次与裘甫军交锋，最后裘甫被围困在剡县城中。贼军城中无粮，水源被断绝，裘甫被迫出城投降。

于是王式大摆庆功宴，与众将士痛饮，但大家对他克敌致胜的奥秘仍不明白。有人问："您刚到越州赴任时，军粮正紧张，而您却将官府仓库的仓粮散发给百姓，赈救贫困乏粮者，其中用意是什么？"王式解释说："这个道理十分简单，裘甫贼众聚谷米引诱饥饿人民，我分发粮食，饥民就不会被裘引诱入伙为盗。况且诸县守兵极少，如果不分粮食给民众，裘甫贼军赶到，官府的谷米正好成为贼寇的资粮，为资贼所用，岂不是一举而二失？"

又有人问：“那您又为什么不设烽火台呢？”

王式说：“设烽火台不过是为了求取救兵，我手下的军队都已安排了任务，全都开拔，越州城中没有军队可用作援兵，设置烽火台不过是徒费功劳，惊扰乡民，使我军自乱溃散而已。”

诸将又问：“您派懦弱的士兵充当侦察兵，而且给他们配以很少的武器，这又是什么道理呢？”

王式笑着说：“如果侦察兵选派勇武敢斗的士兵，并配给利器，遇到敌人就可能会不自量力上前搏斗，如果都战死了，就没有人回来报告，我们就不知道贼军的到来，这样的侦察兵有什么用呢？”

众将士听完王式的解释后，都对他佩服得五体投地。从这里人们可以看出，用逆向思维，对具体问题进行具体分析，才能有所突破，达到成功。

汉朝末年，贾诩曾经在董卓手下任职，贾诩是个很有谋略的人，后来董卓被刺杀，他就投奔到张绣队伍中出谋划策，但没有受到重视。

建安二年正月，曹操征讨驻守在南阳的张绣，还没有取胜，忽然得知袁绍将乘虚攻打曹军的大本营许都，曹操只得收兵撤退。张绣一看曹操撤退，立即决定追击。

贾诩连忙劝阻：“千万不要贸然追击，否则有可能吃大亏。”张绣认为敌人已经退却，哪里有不追赶的道理？他不听劝告，联合刘表的队伍一同追击曹操的军队。大约追赶了十多里路，追上曹军断后的部队，结果曹操的士兵奋勇应战，张绣、刘表大败而归。张绣倒是能够承认错误，他惭愧地对贾诩说：“你说得对啊！我的力量确实比不过曹操，所以不能取胜，后悔没有听你的话。”这时贾诩却说：“现在你应该赶快掉过头去追曹操，肯定会打一个大胜仗！”张绣、刘表疑惑不解：“我们乘胜追击反而吃了大亏，现在我们打了败仗，您却说应该果断追击，这是为什么呢？”贾诩胸有成竹地说：“情况已发生变化，与以前不同了，你们只管追去，越快越好，如果不胜，我拿脑袋担保！”

刘表不相信贾诩的话，坚决不愿再出兵。张绣虽有疑虑，还是相信了他的话，重新整顿了败兵残将，再回去追赶曹军。这一次，两军接触，厮杀一阵，果然曹军越战越弱，抵挡不住，一路丢下许多车马粮草，慌忙逃走了。张绣大获全胜，缴获了一大批战利品，满载而归。

张绣急切地问贾诩："第一次我用精兵去追曹操的退军，你说追不得；第二次你却劝我用败兵去追击取胜的曹兵，反而能取胜。这究竟是什么道理呢？"贾诩解释说："这并没有什么奇怪的啊！曹操是个非常懂得用兵的人，他一定不会不做防备就随便退却的。你虽然很善于用兵，但还是不如曹操力量强大。曹操退却时，必定会做好防止追击的准备，我估计他会亲自率精兵断后。你去追他，当然要吃亏了。但是曹操打了胜仗却还是急着撤退，这就很不正常了。我猜想很可能是有人进攻许都，或是朝廷内部出了问题。你第一次追击，他已将你打败，他就放心了，他自己一定亲率主力军队先走了。即使留下断后的部队，也不会是什么有战斗力的部队了，不是你的对手。你第二次是出其不意地追击他们，你想，这怎么能不打胜仗呢？"

张绣听了他的这一番话，觉得十分有道理，连连称赞："高明！高明！"从此以后，贾诩便获得张绣的信任了。

《草庐经略》上说："虚实在我，贵我能误敌。"兵法上有实则虚之谋略，然则，这都没有一定之规，关键要看个人的胆识和悟性。兵者，"诡道"也，所谓"诡"和"谲"之类的词语，在兵家那里是没有褒义和贬义之分的，而这类词的意思无非就是一个，那就是变化。谁能变化得快，谁就会取得胜利。在军事上，与其说是斗勇，不如说是斗智。而智，就是变化。所以我们要善变，不可拘泥于一格，否则就无法有所创新。

做人做事一点通

谁都会"变化"，在你变化的同时对方也在变化着，因此，要取胜，就必须要掌握别人的变化，这就要采取反"常"的策略。也许从此入手更容易理解"反者，道之动也"之类的话。只有敢于打破常规，敢于突破创新，才能在任何环境中都立于不败之地。

做事篇

第七章
善抓机遇，办实事、做好事

抓不住机遇就无法打开成功之门，机遇难得，没有机遇就该创造机遇，有了机遇就要稳稳地抓住，不要错过，因为下次机遇可能不会垂青于你！

1. 在没有机会中寻找机会

过分的自信是固执，如果做事没有主见又难成大事。尤其是在遭受失败和挫折时更要把好关，不要让自己在固执中再次失败或陷入困境，不能因没有主见而失掉机会。

第二次世界大战之后，是美国的经济平稳、快速的发展时期。大多数美国人也开始利用这一段有利时机大力发展自己的事业。

在这种背景下，威尔逊从军队退役回家，正在家乡做着小商品零售业务，但由于经营不得法，生意很不好，在短短的一年中，他已赔掉了十几万美元。

有一天，心情极度沮丧的威尔逊正在孟斐斯市郊区散步。突然，他看到这里有一块荒废的土地，由于地势低洼，既不宜于耕种，也不宜于盖房子，所以无人问津。就在这时，一个绝佳的投资计划在他的头脑中形成了。于是，他连忙向当地土地管理部门打听，看看能否以低价收购这块土地。得到有关部门的肯定答复之后，他立即结束了自己零售商的业务，以低廉的价格买进这块低洼的地皮。

可是，包括他母亲在内，所有的亲戚朋友都对他买进这样的一块地皮表示怀疑。他们对威尔逊说："我们不了解你这样做的用意究竟何在？""我不太会做零售生意，"威尔逊说，"我想再干我的老本行——盖房子。"

"做你老本行我不反对，"他母亲也在一旁插嘴说，"可是，像你这样乱投资，买这块地皮简直是毫无道理。虽说价钱的确很便宜，但买下这样的一块废弃而毫无价值的土地在手上，再便宜又有什么用呢？况且，那块地皮太大，整个算起来也要不少的钱，利息的负担也是一笔很大的损失。"

"亲爱的妈妈，这种事我无法向您解说，请您不要再操心了。我做了这么多年的生意，我的判断不会比您差，有一天，您就会了解我的做法。"

"我倒不是干涉你的决定，"母亲接着说，"我只是提醒你，你的资金不多，要做最有效的利用。"

"是啊，"威尔逊的太太也在一旁帮腔，"你已经赔掉了十几万了，不能再胡乱冒险，难道我们这么多人的智慧不如你一个人？"

"这不是人多少的问题，亲爱的。"威尔逊笑着说，"因为你们都太不懂这一行生意，所以说大都是外行话。就像你常跟孩子们说的故事中那个所罗门王一样，他一个人的智慧大，还是大家的智慧大？"

"你又要讲歪理了，"他太太被他逗乐了，也笑着说，"可惜你不是所罗门王。"

"在你们当中，谈地皮造房子，我就是所罗门王。"

"反正你决定的事，别人想反对也是白搭。"他母亲接过话头，叹息着说，"你小时候就是这个样了，不知你哪一年才能改得缓和一点，听听你老婆的话？"

亲友们都起哄般笑了起来，年轻的威尔逊太太羞红了脸，低垂下头。

"我要是不听她的话，她怎么会跟我结婚？"威尔逊打趣地说。

朋友们被他逗得更乐了，在笑声中，一场争执云消雾散。而三年之后，事实证明了威尔逊这次的投资是何等正确。

战后美国经济的繁荣，使孟斐斯市的人口大增，市区也迅速扩大起来。威尔逊买的那块地皮成了城市主干线延伸后的黄金地带，这时候人们才看出此地的环境是如何优美。

宽大的密西西比河从它旁边流过，望着那滚滚逝去的流水，再颓丧也会被大自然雄奇壮丽的景色激起满腔的雄壮豪迈之情。

威尔逊的这块地皮此时已身价百倍，但他并不急于脱手，也未在上

第七章

善抓机遇，办实事、做好事

面建造房屋，这似乎又是一个令人高深莫测的做法。

他的太太实在沉不住气了，私下里问他："这块地皮你究竟作何打算？就这样摆在那里也总不是长远之计吧？"

"我知道，"威尔逊说，"可是，到现在为止，我还没有想出一个适当的利用方式来，因为那地方实在是太美了。"

"为什么不盖公寓楼，然后出售呢？"

"那太可惜了。"威尔逊说。

"你想想看，如果在孟斐斯市进口的地方盖上一座公寓，住进一些三教九流的人物，对这个都市不是一种羞辱吗？我想，我要做的事，应当是既对得起自己，又对公众有益的事。"

"你想的太多，"威尔逊的太太笑着说，"我不再催促你赶快将这块地处理掉了。我突然觉得我对这块地发生了一些微妙的感情，我相信你会最终做出最适当的处置。"

夫妇之间，最难得的就是这种"超越言语"之外的了解，难怪威尔逊跟他太太的感情会始终融洽无间。因为随着时间的流逝，他们彼此之间已到了心领神会的地步。

不久，威尔逊终于在这个地方创办了著名的假日旅馆。

在他看来，住惯了高楼大厦，吃腻了加工食品的城市居民们，大都有厌烦都市生活的心理，因此他们乐于在节假日期间回到大自然怀抱中，呼吸一些新鲜空气，一面观赏大自然的美丽风光，一面在这青山绿水之间放松自己疲惫的身心。

而在威尔逊的假日饭店中，他为人们所提供的，具有浓郁乡土气息的地道的农庄建筑，再加上农家生产的蔬菜、瓜果等食品，都为久居都市的人带来了一股清新的气息。

它受到了人们热烈的欢迎，很快威尔逊首创的这家假日饭店就发展到相当大的规模，也为他自己带来了巨大的经济利益。威尔逊也实现了他自己的诺言，既方便了他人，又为自己带来了利润。

在瞬息万变的商业市场上，有利的商机随时都可能变为不利的，不利的商机也有可能在短时间内变为有利的机遇。关键在于，经营者是不是识变，能不能以静制动，变不利为有利。

2. 抓住机会等于成功了一半

"欲扬汤止沸，不如釜底抽薪"是最厉害的手段。中国传统政治的核心是"人治"，中国传统文化的根本是"治人"。照此看来，这也就不足为怪了。这种手段在政治、军事、官场、商场上百试不殆。

中国古代有两大成功商人：一个"商圣"陶朱公，另一个是"亚商圣"胡雪岩。二者做生意都有独到之处。尤其是胡雪岩，生逢乱世，能八面玲珑，不论官、商两道皆能呼风唤雨，可谓手段高明至极。

与胡雪岩关系最好的当属湖州巡抚王有龄，王有龄这个官就是胡雪岩冒身家性命为之捐来的。王有龄对胡雪岩自然感恩戴德。

王有龄自从当上湖州知府以来，与上面的关系可谓做得相当活络，逢年过节，上至巡抚，下至巡抚院守门的，浙江官场各位官员，他都极力打点，竭尽巴结之能事，各方都皆大欢喜。每次到巡抚院，巡抚大人总是马上召见，可这天巡抚竟把他拒之门外，是何道理？真是咄咄怪事！

王有龄沮丧万分地回到府上，找到胡雪岩共同探讨原因。

胡雪岩道："此事必有因，待我去巡抚院打探。"于是起身到了巡抚院。找到巡抚手下的何师爷，两人本是老交情，无话不谈。

原来，巡抚黄大人听了表亲周道台一面之词，说王有龄治湖州府今年大丰收，获得不少银子，但孝敬巡抚大人的银子却不见涨，可见王有龄自以为翅膀硬了，不把大人放在眼里。巡抚听了后，心中很是不快，所以今天给王有龄一些颜色看。

这周道台到底何方神圣，与王有龄又有什么过节呢？

原来，这周道台并非实缺道台，也是捐官的候补道台。是巡抚黄大人的表亲，为人飞扬跋扈，人皆有怨言。黄巡抚也知道他的品性，不敢放他实缺，怕他出事，念及亲情，留在巡抚衙门中做个文案差事。

湖州知府迁走后，周道台极力争补该缺，王有龄使了大量银子，黄巡抚最终还是把该缺给了王有龄。周道台从此便恨上王有龄，常在巡抚面前说王有龄的坏话。

王有龄知道事情缘由后，恐慌不已，今年湖州收成相比往年，不见其好，也不见其坏，所以给巡抚黄大人的礼仪，还是按以前惯例，哪知竟会有这种事，得罪了巡抚，时时都有被参一本的危险，这乌纱帽随时可能被摘下来。

对此，胡雪岩却微微一笑，从怀里掏出一只空折子，填上两万两银子的数目，派人送给巡抚黄大人，说是王大人早已替他将银子存入钱庄，只是没有来得及告诉大人。

黄巡抚收到折子后，立刻笑逐颜开，当即派差役请王有龄到巡抚院小饮。此事过后，胡雪岩却闷闷不乐，他担心有周道台这个灾星在黄大人身边，早晚会出事。

王有龄何尝不知，只是周是黄大人表亲，打狗还得看主人，如果真得要动他，恐怕还真不容易。

胡雪岩想来想去，连夜写了一封信，附上千两银票，派人送给何师爷，何师爷半夜跑过来，在密室内同胡雪岩谈了一阵，然后告辞而去。

第二天一早，胡雪岩便去找王有龄，告诉他周道台近日正与洋人做生意，这生意不是一般的生意，而是军火生意，做军火生意原本没什么，只是周道台犯了官场的大忌。

原来，太平天国之后，各省纷纷办洋务，大造战舰，特别是沿海诸省。浙江财政空虚，无力建厂造船，于是打算向外国购买炮船。按道理讲，浙江地方购船，本应通知巡抚大人知晓，但浙江藩司与巡抚黄大人有隙，平素貌和神离，各不相让，藩司之所以敢如此，是因军机大臣是他的老师，巡抚黄大人对藩司治下的事一般不大过问，只求相安无事。

然而这次事关重大，购买炮舰，花费不下数十万，从中回扣十万，居然不汇报巡抚，所以浙江藩司也觉得心虚，虽然朝中有靠山，但这毕竟是巡抚的治下，于是浙江藩司决定拉拢周道台。一则周道台能言善辩，同洋人交涉是把好手，二则他是巡抚的表亲，万一事发，不怕巡抚大人翻脸。

周道台财迷心窍，居然也就瞒着巡抚大人答应帮藩司同洋人洽谈，这事本来做得机密，不巧被何师爷发现了，何师爷知事关重大，也不敢声张，今日见胡雪岩问及，加之他平素对周道台十分看不起，也就全盘托出。

王有龄听后大喜，主张原原本本将此事告诉黄巡抚，让他去处理。

胡雪岩道，此事万万不可，生意人人做，大路朝天，各走半边。如果强要断了别人的财路，得罪的可不是周道台一人。况且传出去，人家也当我们是告密小人。

两人又商议半晌，最后决定如此如此。

这天深夜，周道台正在做好梦，突然被敲门声惊醒。他这几日为跑炮船累得要死，半夜被吵，心中很是气愤，打开门一看，却是抚院的何师爷。

何师爷见到周道台，也不说话，从怀里摸出两封信递给他。

周道台打开信一看，顿时脸色刷白，原来这竟然是两封告他的信，信中历数他的恶迹，又特别提到他同洋人购船一事。

何师爷告诉他，今天下午，有人从巡抚院外扔进两封信，士兵拾到，正好何师爷路过拆开一看，觉得大事不妙，出于同僚之情，才来通知他。

周道台一听顿时魂飞魄散，连对何师爷感激的话都说不出来。他暗思自己在抚院结怨甚多，一定是什么人听到买船的风声，趁机报复，如今该怎么办呢？那写信之人必定还会来报复。心急之下，拉着何师爷的衣袖求他出谋划策指条明路。

何师爷故作沉吟片刻，这才对他说，巡抚大人所恨者，乃藩司，所以他并不反对买船。如今同洋人已谈好，不买也是不行，如果真要买，这笔银子府中肯定是一时难以凑齐，要解决此事，必要一巨富相资助，日后黄大人问起，且隐瞒同藩司的勾当，就说是他周道台与巨富商议完备，如今呈请巡抚大人过目。

周道台听完，倒吸了一口凉气。他在浙江一带，素无朋友，也不认识什么巨富，此事难办！

何师爷借机又点化他，说全省官吏中，唯湖州王有龄能干，又受黄大人器重，其契弟胡雪岩又是浙江大贾，仗义疏财，可以向他求救。

一提王有龄，周道台顿时变了脸色，不发一言。

何师爷知道周道台此时的心思，于是又对他陈述其中的利害，听得周道台又惊又怕，想想确实无路可走，于是次日凌晨便来到王有龄府上，王有龄虚席以待，听罢周道台的来意，假装沉吟片刻，道："这件事兄弟我原不该插手，既然周兄有求，我也愿协助，只是所获好处，分文不敢收，周兄若是答应，兄弟立即着手去办。"

周道台一听，还以为自己听错了，赶紧声明自己是一片真心。

两人推辞了半天，周道台无奈只得应允了。于是王有龄到巡抚衙门，对黄巡抚道自己的朋友胡雪岩愿借资给浙江购船，事情可托付周道台办。

巡抚一听又有油水可捞，当即就应允。

周道台见王有龄做事如此厚道大方，自惭形秽。办完购船事宜后，亲自到王府负荆请罪，两人遂成莫逆之交。

胡雪岩这招"釜底抽薪"之计，可谓厉害之极，他知道如果把周道台背后的勾当面告诉黄巡抚，可能以后对自己更加不利。原因有二：其一，周道台本来就对王有龄、胡雪岩有意见，这样更加深了双方的矛盾，结果对胡雪岩不利；其二，胡雪岩如果把这件事告诉黄巡抚，自己也捞不到什么好处，周道台是黄巡抚的亲表弟，他不会对周道台做出什么过重处理，这样胡雪岩与黄巡抚之间的关系就不像原来了，变得复杂微妙了。为此胡雪岩断然否定了王有龄要对黄巡抚全盘托出的计划，而是制造声势，无中生有，把周道台逼到绝地，从背后把话堵死，使其只有按自己设计的方案一步一步走进来。事毕，周道台不但不恨王有龄、胡雪岩，而且还万分感谢，双方都有好处，同时又借花献佛，使黄巡抚捞了实惠，这样一来，胡雪岩在杭州的日子自然好过。

做人做事一点通

胡雪岩的"釜底抽薪"之计令人为之叫绝，于公、于私、于情、于理都恰到好处。不论多么纷繁复杂的事情，只要瞅准机会、抓住突破口，都能轻松的化解。

3. 处低不失斗志

古人云：人生不如意事十之八九。也就是说，人生不可能总是一帆风顺的，每个人都可能会遇到失意的事情，无论在任何时候，人们都要学会居安思危，莫失去斗志，才可以在人生的舞台上找到属于自己的一片天地。

有这样的一个故事：在一个晴朗的天气里，一只野狼蹲在一块大石头上，用力地磨着牙齿。一只狐狸走过来对野狼说："这么好的天气里，大家都在休息娱乐，而你却在忙碌着，你为何不停下来和大家一起玩乐呢？"

野狼没有说话，看了狐狸一眼，继续磨牙，此时，它的牙齿已经磨得又尖又利了。狐狸见野狼没有说话，非常纳闷，于是又奇怪地对野狼说："今天的森林里非常安静，猎人早就已经回家了，不用担心他们回来，老虎也不在近处走动，没有任何危险，你何必还那么用劲磨牙呢？

为何不休息一下呢？"

野狼终于停止了磨牙，它回答说："我磨牙并不是为了娱乐，也不是没事找事做，而是提前在为将来可能突发的危险做准备。如果有一天我被猎人或老虎追逐，那时再磨牙就来不及了。所以，趁现在有时间，就把牙齿磨好，将来发生危险时不会措手不及，可以保护自己。"

俗话说："洪水未到先筑堤，豺狼未来先磨刀。"野狼的磨牙行为给人好多启示。无论自己当前所处的情况怎么样，都应该做到未雨绸缪，居安思危，只有提前做好应对的准备，不失去拼搏的勇气，在危险突然降临时，才不至于手忙脚乱，才可以去从容应对。

当今社会，竞争日益激烈，生活节奏日益加快，人们承受的生活压力越来越大，有时难免受挫碰壁，处于人生的低谷。面对暗礁或者险滩，人们往往会有这样的表现：一是迎面撞上，头破血流；二是错愕停留，面壁思过；三是飞檐穿墙，力求突破；四是改变方向，重新出发。第四种表现，既有检讨，也有行动；既有决心，又有毅力，这种方法是可取的。

若想要在厄运中出现转机，就要在厄运之前，思考出人生中可能会出现危险的替代方案。一旦失意或者处于低谷时，就能很快地调整自己，找到适合前进的新方向。

李白怀才不遇，官场失意，却在诗坛大放异彩；范蠡政界失意，却在商场大展宏图；爱因斯坦在家乡屡遭迫害，却在异国他乡受人瞩目，成为科学泰斗；里根在电影界极不顺利，壮志未酬，却在政界大放光彩，连选连任；苏轼被贬黄州，将失意踩在脚下，写出千古不朽的前、后《赤壁赋》及《念奴娇·赤壁怀古》。他们能成为楷模，原因何在？因为他们处低不忘继续奋斗，仍然自强不息。

当周围满是掌声与鲜花或者身处高位要职时，人们会感到得意之时的快乐与喜悦；然而当一不小心步入低谷或者面对万丈深渊无处可走时，人们难免会有伤心、失落之感，这是人之常情。这时，承受不住打击，丧失斗志，一直消沉下去，就会被沮丧蒙住双眼，找不到走出去的路。这时你该做的就是随时准备再度上台，不要自怨自艾、自暴自弃，无论是原来的舞台还是新的舞台，只要不丧失奋斗的勇气，终会有机会成功。

世事难料，人生的际遇变化多端，起伏不定，有时是逃不过去的，不失去斗志，心存坦然自在的心情，就能为人生找到起点，找到再放光芒的机会。

管仲曾经辅佐公子纠对抗齐桓公，后来公子纠失败，他归降了齐桓公，并且做了齐国的相国。

对于当时人们的议论，他这样说："人们认为我被齐桓公俘虏后，委曲求全是可耻的，可我认为有志之士可耻的不是被关在牢里，而是不能对国家和社会做贡献；人们认为我所追随、拥戴的公子纠死了，我也应该跟着死，不死就是可耻，可我认为可耻的不是不随主死，而是拥有满腹才华却不能让一个国家称雄天下。"管仲置身于逆境，却不抱怨，而是以一个良好的心态去面对现实，终于成为一代名相。

人生就是一个不断地迎接失意，又不断地战胜失意的过程。失意并不可怕，失意是人生的一笔财富。因为，人们在处于低谷时，才会有足够的时间去冷静地自我反思，正视自身缺点，克服自己的不足，使自己不断地成熟、强大起来。

有人说，一生就是一场漫长的战役。谁也不欢迎失意，但谁也无法回避失意，就像明天不一定会更好，但明天一定会到来一样，只能去面对。伟人、巨人、成功者在身处人生低谷时，他们不会一蹶不振，而是会在黑暗的角落里，悄悄地磨剑，用失意来祭旗，把失意当成前进的动力，用失意来鞭策、激励自己。

231

做人做事一点通

巴尔扎克曾说："逆境是天才的进身之阶，信徒的洗礼之水，能人的无价之宝，弱者的无底之渊。"一个积极向上的人，在任何环境里都不会自卑。一个不肯拼搏进取、浪费光阴的人，才是真正的低微之人。

4. 人弃我取也能创奇迹

人争我弃，人弃我取，是一种特殊的策略，可用于军事上，亦可用于商战上。军事上属奇兵奇计，商战上可爆冷门、烧冷灶，却能收到意想不到的效果。

被誉为"上海滩奇迹之王"的周云光以善于抓住不是机会的机会来创造奇迹而闻名上海。如果说上海是冒险家的乐园，那么周云光就是这乐园中最为风光的几个人物之一。

周云光的银行是在非常险恶动荡的环境中建立的。银行诞生不久，便面临外商银行和钱庄两大国际和国内集团的夹击。当时的上海租界内外，外国银行林立，美国的花旗、汇兴，法国的东方汇理，英国的汇丰、麦加利，日本的三井、住友、三菱，比利时的化比、中法实业，德国的德华，俄国的道胜，荷兰的安达等银行，都是实力异常雄厚的金融财团。外商银行依靠强劲的实力，根本看不起中国的银行，周云光的上海银行更是没有被放在眼中。不少人都认为上海银行的倒闭是迟早的事情。

开办伊始，周云光经常能听到一些嘲笑说："中国的银行是不可能办好的。"而此时，国内金融市场的竞争也日趋激烈。远的不说，仅上海钱庄中就涌现出了诸如齐丰、同康、源康、庆富等实力超群的大钱庄。

实际上，在复杂交错的金融市场上，钱庄俨然以仅次于外商银行的姿态自居。华资商业银行，实际上是在外商银行和钱庄的夹缝中讨饭吃。周云光明白上海银行既无强大政治势力，又无雄厚经济基础。因此，对于这家"小小银行"来说，首要的任务是站稳脚跟。要想站稳脚跟，必须从服务质量和内部经营上下工夫。周云光知道这才是银行生命的源泉。

善于观察的周云光在长期的实践中发现，外商银行和钱庄注重吸纳大户存款，而对小额存款颇为轻视，他就以此为突破口，特别看重小额存款，把它作为上海银行能否成功的关键。他强调"服务社会"，主张"人争近利，我图远功，人厌细微，我宁繁琐"的经营方针。

正因如此，他经营的上海银行特别标出"储蓄"字样，非常明显的表示该行"以提倡储蓄发展商业为本"。为了吸引小额存款，周云光别出心裁首先提出"一元开户"，也就是说只要有一元钱，就可以在上海银行开户。"一元开户"是针对上海的广大市民阶层专门设立的，因此，在当时中国金融界是前所未闻的新鲜事，这件事在上海金融界一时引为笑谈，认为有失一个银行的身份。

甚至，就连老百姓也难以相信，当时，有一个顾客听说后决定亲自去试一试，他拿上150元钱，要求办理150个户头的存折。上海银行当即满足了他的要求，很快为他开立了150个户头。消息传出，许多小有积蓄的人纷纷登门，一下子便打开了储蓄业务的局面。

由于符合广大消费者的心理和经济利益。"一元开户"很快受到城市中下层市民的普遍欢迎，那些低收入的教师、公职人员、家庭主妇、自由职业者以及部分小商人和手工业主，争先恐后，纷纷将平时劳动收入及个人所得存入上海银行。这项在创办初期遭到银行业同行们讥笑的创举，一时间大获成功，风靡整个上海滩。以至于后来竟被上海各大银行相仿效，就连像中国银行这样官办的国家银行也放下了面子，积极提倡这种业务。

"一元开户"的成功使周云光创造了一个神话，迅速成为人们街头巷议的人物。人们由衷地佩服周云光的精明和眼光。在"一元开户"打开储蓄局面后，周云光并没有满足，他又乘胜追击，采取了上门服务的办法，亲自率领银行员工到各大专院校开办学生储蓄、教育储蓄。

由于上海银行登门服务，手续简便，态度热情，深受师生欢迎。周云光进而在一些重点院校设立固定营业机构，进而为学校代发教职工薪金，促进了储蓄业务的拓展。接着，周云光乘胜追击，又发明出在工人居住区开办职工储蓄这一高招，同时他还在市民中办理定活两便、零存整取、礼券储蓄、存本取息等各种新型储蓄。这些方便顾客的措施在上海滩无疑是空前的，在当时极富开创性。周云光不畏艰险，敢拼敢闯在中国金融史上导演了一幕幕令人回味无穷的经营神话。

能在旧上海的金融界独领风骚，周云光自有一份过人的能力，除了个人的奋斗，除了机遇的惠赐，周云光还以令人折服的个人魅力，在各种势力之间巧妙周旋。因为旧上海的金融市场是当时时政的畸形产物，是极不规范的。要想成功就要付出比在其他地方更多的心血，还要洞悉具体国情，两者兼具方能争取机会。

做人做事一点通

机遇来之不易，尤其是在逆境中，它需要人们以双倍的努力去发掘，即使头破血流也在所不辞。周云光的成功就是一个鲜活的佐证。

5. "化整为零" 制造奇迹

有些时候，一些表面上不可实施的计划，实质上却能促进一个行业的发展，这需要人们具备灵活的头脑实现这一目的。

今天分期付款买汽车已不是什么新鲜事，但在汽车销售行业仍是一条极其有效的销售策略。最先用这种方式销售汽车的人的确很了不起，事实证明了它的可行性。这一"高明手段"的确也引领了一个时代。

推销是一切经营活动的起点。这是任何一名推销人士必须承认的市场规则。

艾柯卡从做推销员的第一天起，就明白没有推销就没有经营的道理。

而他本人在实践中也身体力行，丝毫不苟。他事业的成功正是得益于扎实的推销基本功，关于这一点，他从来都没有否认过。

艾柯卡一直都有一个梦想，那就是有朝一日能够成为福特公司的一员。1947年六月他终于如愿以偿，来到美国汽车制造业中心——底特律城，成为一名福特公司的见习工程师。

福特公司有一个传统的制度，这个制度规定每一个见习工程师必须在全公司各个部门锻炼，它的目的是要求工程师们在每个部门停留几天，熟悉制造汽车的每一个步骤。

艾柯卡对公司的安排表示理解，他很愉快地和同行们被分配到全球最大的制造厂，锻炼学习。但是，现实远远没有他想象的那样美好，这倒不是说他受不了这种苦，而是他接触不到自己所喜欢的营销部门。

虽然，艾柯卡仅仅待了九个月，但这期间，他从制模厂到试车厂，从铸造厂到采矿厂，从炼铁厂到汽车装配线，不到受训时间的一半，他说对制造行业失去了兴趣。因为这些训练不是他所期望的，他感觉自己的才华被白白浪费掉了，他渴望去的是销售部门而不是工程部门。

经过深思熟虑，艾柯卡终于决定向公司提出到营销部门工作的要求。公司很快就给出明确答复："我们希望你能留在福特，也不反对你的意见，但如果你决定走销售这条路，你必须先证明你的能力，出去推销你自己"。艾柯卡很快就被分到纽约区的汽车销售部，开始从低层柜台做起。尽管如此，他还是非常高兴，因为他又回到了自己喜欢的老本行。

艾柯卡自认为遇上了好时机。他这种分析也不无道理。因为在二战时期不生产民用车辆，汽车成了当时的稀缺货，尤其是二战结束后的几年。汽车立刻成为抢手货，需求量大增，每一辆都以定价卖出，而且只多不少。

虽然艾柯卡的职位不高，但像纸片一样飞来的新订单却使他的工作举足轻重。他放下电话机，看着一辆辆全新的汽车到处走动，与众多希望成为百万富翁的汽车经销商打成一片，与他们共同分享推销技巧。

没过多长时间，艾柯卡就以出色的业绩被公司提拔成为得州胡克贝茨城的经理。他和经销商继续保持了以往的密切合作方式，因为他明白这些经销商是美国汽车的灵魂所在。他们也是福特公司固定的销售渠道，因此他以最好的售后服务来回报他们。

艾柯卡认为他之所以取得了一些成绩：一是因为他了解经销商的贡献，因此他在工作中努力使经销商感到满意。这样就形成了一个良性循环，他的工作越做越好，经销商对他也越有信心。二是得益于他自己提出的化整为零的销售方式。

1958 年新型福特汽车刚刚上市之后，销路还没有打开，几乎收不到任何定单，尤以费城地区销路最差，迟迟打不开局面。

面对这种行情，艾柯卡心急如焚，以前在费城当过几年推销员的艾柯卡一边推销汽车，一边进行市场调查研究。在这次调查中，他收获颇大，原来，并不是这个地区的居民不想买，而是他们的收入除去生活费以外，就所剩无几了，哪里敢奢谈买汽车。

艾柯卡经过研究，决定改变以往的销售方式，针对这个消费层的顾客，他设计出了一种灵活多变的方法，即要他们在这些日常开支之后，再增加一项以日常开支方式购买 1958 年新型福特汽车的办法，首先交相当于总售价百分之十五的定金，以后在四年之内，每月付款 58 美元，在四年之后这辆车便属于顾客本人。

这种方式的优点在于使那些工资不高的消费者敢于购买汽车。除此之外，他还配了一个既醒目又动听的广告："一个月只要付出 58 美元，就可拥有福特 58 型新车。"这句广告名言一出便奏了奇效，打动了千百万消费者的心。

短短三个月内，这种新型汽车在费城的销售量一路飙升，很快就居全美国各地区之首，艾柯卡也因此一跃而成为福特公司华盛顿地区的经理。

艾柯卡这一举动的高妙之处就在于他抓住了人们看重近利的心理，用"化整为零"的方法，宣传一个月只需 58 美元就可以买一辆新车，这无疑是一个对人们有很大诱惑力的宣传，因而获得了成功。

广告具有软硬之分，花钱做的硬广告虽然可以风行一时。但是，构思精巧的软广告却可以传遍市场每一个角落。艾柯卡正是这样一个善于运用软硬招数打开广告之门的人。

在很多顾客的心目中，艾柯卡是一个与他们非常亲近的人，他十分重视顾客的意见。每一款新车的问世，他想到的总是符不符合顾客的要求，总是请顾客发表意见，以便改进。

艾柯卡是真正为顾客着想的人，这种关怀是发自内心的。他经常邀请所辖地区的顾客到汽车厂做客，并请他们对新汽车发表评议。在这些客人中，有收入比较高的白领，也有收入中下的蓝领。艾柯卡对待他们从来一视同仁，没有高低贵贱之分。

有一次，当一些顾客对新型车发表感想之后，策划人员发现白领阶层的夫妇非常满意型号为"风神"的车型，而蓝领工人则认为车虽然很好，但买不起。两种截然不同的反应引起了艾柯卡的注意，后来，他请他们估计一下车价，几乎所有的人都高估至少8000美元左右。他由此从中得出一个结论："风神"车太贵就不会有很多人买。当他告诉客人"风神"车的实际价格只有2500美元时，许多人的第一反应都是诧异："开玩笑？我要买一部！"

艾柯卡知道定价既是销售的一个重要环节，同时也是一门高深的学问。要制定一个既符合公司利益也使普通顾客能够接受的价格，最重要的就是要摸透消费者的心理。据此，他最后将"风神"汽车的售价定为2000美元。

万事俱备，只欠东风。当企业目标确定之后，广告宣传活动就成为开路先锋。艾柯卡是一个非常重视广告策划、宣传的企业家，为了推出这种新产品，他委托桑斯广告公司为"风神"的广告宣传工作进行了一系列的广告策划。

艾柯卡在新型"风神"车上市的第一天，就根据既定计划，安排180家权威报纸用整版篇幅刊登了"风神"车广告，旨在突出这款车的物美价廉。

这部广告重点突出的是便宜的价格和良好的性能，这是最吸引人的地方，因此艾柯卡把广告定位在这一点上，在广告画面上：一部白色"风神"车在奔驰。在右上方，大标题是"出人意料"，副标题售价 2000 美元。这一步广告宣传，是以提高产品知名度为主，进而为提高市场占有率打基础。

艾柯卡还邀请各大报纸的编辑到迪特南斯为新车大造声势，他供给每人一部"风神"车进行大赛，同时还邀请两百名记者亲临现场采访。这样还同时吸引了大量普通观众，间接地提高了产品的知名度。

艾柯卡的高明之处在于，他巧妙地使用了障眼法，从表面上看，这是一次赛车活动，实际上，这是一次极富广告韵味的宣传活动。事后有数百家报纸、杂志争先恐后地报道了"风神"车大赛的盛况。

艾柯卡并不仅仅满足报纸传媒的造势。他把精心策划的宣传攻略，进一步拓展到了电视领域。选择电视媒体作宣传，其目的就是为了扩大广告宣传的覆盖面，提高产品知名度，从而使产品家喻户晓。从"风神"上市一开始，各大电视网就不厌其烦地每天重复播放"风神"车广告。

这部电视广告片也是经过周密策划的，而且艾柯卡还花巨资启用了国内广告界最强的阵容。它是由汉森广告公司制作的，其内容是：在一望无垠的大沙漠中，一个渴望成为一流赛车手的年轻人，驾驶着漂亮的"风神"车在飞驰。随后飞扬的风沙逐渐形成了广告词"出人意料"。对观众成了强烈的视觉冲击，令每一个看过的人都久久难以忘怀。

艾柯卡的目标是让在每一个角落里的人都能了解"风神"汽车的优越性，因此他还竭尽全力在美国各地最繁忙的 17 个飞机场和 360 家假日饭店展览"风神"汽车。以实物广告形式，激发人们的购买欲，并且选择最显眼的停车场，竖起巨型的"风神"广告牌以吸引过往的行人。

在上述计划完好地付诸实施以后，艾柯卡还向全国各地几百万小汽车车主，寄送广告宣传单和实物。此举是为了达到直接促销的目的，同时也表示公司忠诚地为顾客服务的态度和决心。

毫无疑问，艾柯卡导演了一部称得上具有铺天盖地、排山倒海之势的广告巨片，在上述几大步骤实施后的一周内，"风神"便轰动整个美国，风行一时。在"风神"上市的第一天，就有超过数以万计的人涌到福特代理店购买或预定，大大突破原先设想的销售量为 8000 部的广告指标，后来销售数字增加到 20 万部，取得空前的成功。

这一显赫的成绩，使艾柯卡一举成为"风神车之父"。由于艾柯卡策划有方，取得了成功，艾柯卡终于为公司所重用，被破格提升为福特集团的总经理，很多美国人把他看成是传奇式的英雄人物。

做人做事一点通

任何一名成功的营销人士都懂得理解顾客的客观处境，因为这对企业而言，就是制定灵活多变的营销政策的根据，也是企业发展的良好契机。古语云"工欲善其事，必先利其器"，在"利"与"善"的因果关系链的终端就是令人心动的机遇。电视广告作为传媒业新兴的骄子有其无可比拟的优势，艾柯卡正是看中了这一点，在投入巨资的同时也得到了丰厚的回报。

6. 淘金不如"分金"，东方不亮西方亮

中国有句俗语叫："不在一棵树上吊死。"做任何事都要学会变通，只要你心态是正的，不搞"歪门邪道"总会有成就的。

1850 年，大批淘金者来到美国旧金山淘金，到处是熙熙攘攘、川流不息的人群。这些人大都衣衫褴褛，蓬头垢面，一副疲于奔命的样子。他们满脑子都在做着一个共同的美梦：淘金发财。

自从美国西部发现了金矿，便掀起了"淘金热"，世界各地希望"一夜暴富"的人都向这里涌来了。

240

在这支庞大的淘金队伍中，有个年轻的小伙子叫李维特·施特劳斯，他抛弃了自己厌倦的家族世袭式的文职工作，跟着两位哥哥远渡重洋也赶到美国来"发财"。

现实并非李维特想象的那样：这里淘金的人多如牛毛，淘金不是一件好做的事情！他是一个比较实在的人，心里盘算开了，做生意或许比淘金更容易赚钱。这样他就开了一家卖日用品的小店。

从德国来到美国，异国他乡，一切都是新的——那样的新鲜，又是那样的生疏。要开好这个小店，他得向当地的美国商人学习做生意的窍门，学习他们的语言。没过多久，他就成为一个地道的小商贩了。

一天，有位来小店的淘金工人对李维特说："你的帆布很适合我们用。如果你用帆布做成裤子，更适合我们淘金工人用。我们现在穿的工装裤都是棉布做的，很快就磨破了。用帆布做成裤子一定很结实，又耐磨，又耐穿……"

"说者无意，听者有心。"一句话就把李维特点醒了，他连忙取出一块帆布，领着这位淘金工人来到了裁缝店，让裁缝用帆布为这个工人赶制了一条短裤——这就是世界上第一条帆布工装裤。

就是这种工装裤后来演变成一种世界性的服装——牛仔裤。那位矿工拿着帆布短裤高高兴兴地走了。

李维特已经考虑成熟了：立即改做工装裤！

许许多多的发明都是"踏破铁鞋无觅处，得来全不费功夫"，真像诗人说的："妙语本天成。"

这许许多多的偶然，对无心者来说，犹如一阵凉风吹过，转眼就不见了。而对于有心人来说，这就是无价之宝，他们常常会抓住这一瞬间的"电光"，创造出震惊世界的"热核爆炸"。成功人士的过人之处就在于能紧紧抓住很多偶然的东西，做出惊人的成就。

李维特就是这样，帆布短裤一生产出来，就受到那些淘金工人的热烈欢迎！这种裤子的特点是坚固、耐久、穿着舒适……

大量的订货单雪片似的飞来，李维特一举成名。

1853 年，李维特成立了"李维特帆布工装裤公司"，大批量生产帆布工装裤，专以淘金者和牛仔为销售对象。

顾客的要求就像上帝的旨意，否则，就会在弱肉强食、优胜劣汰的市场中失去优势，甚至一败涂地。

李维特对此是心知肚明的。从帆布工装裤上市的第一天起，他就没有停止过对自己的产品进行思考，哪怕是产品处于供不应求的状况。他还是不断从生活中发现问题，产生更新的创意。

他亲自到淘金现场，细心观察矿工的生活和工作特点，想方设法使自己的产品更能满足顾客的需求。为了让矿工免受蚊叮虫咬，他将短裤改为长裤；为了便于矿工把样品矿石放进裤袋时不会裂开，他将原来的线缝改为用金属扣钉牢；为了让矿工们更方便装东西，他又在裤子的不同部位多加两个口袋等。

通过这些不断的改进和提高，李维特的裤子越来越得到矿工的欢迎，生意更加兴隆了。

后来，李维特发现，法国生产的哔叽布具有与帆布同等耐磨力，但是比帆布柔软多了，并且更美观大方，于是决定用这种新式面料替代帆布。不久，他又将这种裤子改缝得较紧身些，使人穿上显得挺拔洒脱。这一系列的改进，使矿工们更加欢迎。经过不断的革新改进，牛仔裤的特有式样形成了，"李维特裤"的称呼也渐渐改为"牛仔裤"这个独具魅力的名称。

做人做事一点通

李维特本是众多淘金者中的一员，但他看到淘金的人太多，如此激烈的竞争，成功者肯定是少数，不如在这些人身上打主意赚点钱。这正应了那句话，东方不亮西方亮。淘金不成，可以"分金"，这样的手段的确高明。

第七章
善抓机遇，办实事、做好事

7. 借强者的势力壮自己的声威

"大动作"就是大手笔，有了大动作，往往能主宰局势，确保你的地位不受威胁。

如果说曹操对每一个有用之才只是采取以单对单的借力方法的话，那么"挟天子以令诸侯"这一招则可谓是空前绝后的惊世之举。利用天子的声威，收服天下人心，是曹操施展借力本领的巅峰之作。

曹操刚崛起时，天下各主要势力各有优势，如孙策凭借长江天险而固守，刘备则凭借"光复汉室"的招牌而感召天下。在这种群雄并起的形势下，欲想谋求霸业，必须营造一种自己的优势来号令天下，曹操经过比较权衡，决定以"奉戴天子"——即所谓"挟天子以令诸侯"作为自己的政治优势。

中国古代有一句成语，叫做"要想打鬼，借助钟馗"。打鬼借助钟馗，确实是一个十分高明的做法或谋略。因为一方面鬼是怕钟馗的；另一方面，谁有了钟馗，谁就掌握了号令和汇聚所有打鬼力量的优势与主动权。

"打鬼借助钟馗"这种做法的原理不过是做事情尤其是做大事情要借助一种招牌，或者说打着一种旗号(借一面义旗)，而这种招牌和旗号的名声必须是响亮的，表面的威信必须是公认的。这样才能感召众生，竭智效力。

古往今来，许多成大事者都颇得"借一种旗号"号令天下的真传与实惠。众人皆知的春秋首霸霸主齐桓公就是通过"尊王攘夷"的做法而获得其政治上、军事上的主动权。曹操的"挟天子以令诸侯"可以说又是运用这一谋略的经典范例。

但是"打鬼借钟馗"失败的例子也不是没有的，远的不说，曹操之前的董卓就是一例。

在曹操之前，先是董卓控制着汉献帝这面"义旗"。

初平元年（公元190年）二月，董卓将献帝西迁长安，安置在未央宫中。董卓自己则在长安城东修筑了一座堡垒居住，取名 坞。 坞城墙高厚各达七丈，高度与长安城墙相等。董卓将从洛阳等地掠夺的大量金银财宝和粮食藏在坞中，单粮食就可供三十年食用。董卓不无得意地说："如果大事成功了，我可以雄踞天下；如果不成，我守着这些东西也可以过一辈子了。"周初时，周文王立吕尚为太师，武王即位，尊为师尚父，意思是太师吕尚是可尊崇的父辈。董卓以吕尚自居，自为太师，号曰"尚父"。他擅自乘坐只有皇太子才能乘坐的青盖车，对亲戚大加封赏，以弟董旻为左将军，封鄠侯，兄子董璜为侍中、中军校尉，执掌兵权。其子孙即使还是幼童，也都一概授官，男的封侯，女的做邑君。宗族内外，并列朝廷，声势煊赫。

可惜他是一个专横跋扈、滥施淫威的暴徒，没有能很好地利用这一优势，很快便落得个"暴尸于市"、"焚尸于路"的下场。

董卓的前车之鉴如何汲取，曹操阵营内部谋士们的不同意见如何采纳，是对曹操能力和胆识的严峻考验。对于这样一个重大问题的决策，曹操的重要将领们是有分歧的。建安元年（公元196年），曹操在贺年节的会议中向重要的幕僚和将领提出了这个问题。

富于谋略的大胡子将领程昱首先表示意见："依情报显示，皇上现在离开关中，进驻于安邑，如果能趁机奉迎皇上，必能取得竞争优势。"

荀彧表示："豫州离司隶区最近，目前有一半以上已在我们的控制中，如果要迎接皇帝，应以洛阳及许都最为合适，因此要准备这件工作，必须清除豫州境内其他的力量。"

首席猛将曹仁则有不同意见："虽然张邈的势力已清除，但吕布、陈宫等雄踞徐州，和袁术勾结，随时可能再度威胁兖州。因此属下认为应先稳定东方，彻底摧毁袁术及吕布力量，再行经营豫州。"

夏侯惇的意见也差不多："就军事形势观察，豫州连接司隶区和荆州，目前拥有部分倾向袁术和刘表的小军团部署，正好可作为缓冲。清除豫州反而会使自己陷入北方袁绍、东方吕布、南方刘表、西北面西凉及司隶区军团的层层包围中，是相当不利的。"

几乎大部分将领及幕僚都赞同夏侯惇的看法。

曹仁更进一步表示："奉迎天子并不一定有利，董卓便成了众矢之的，以我们现有实力，'挟天子'不见得便能'令诸侯'。万一掌握不好，未受其利反将先受其害。"

满宠也表示："目前最重要的是探询袁绍的动向，对奉迎天子来讲，袁绍最有实力。如果这个时候因此事和袁绍闹翻，很可能会遭到倾覆危机，应审慎对待。"

曹操回答道："由冀州府传来消息，袁绍阵营里为了奉迎天子之事，意见分歧，审配等人坚持反对意见，袁将军本身似乎兴趣不大，况且和公孙瓒间的战争仍在持续中，依目前情报判断，或许不至于有所行动。"

荀彧大声表示："奉迎天子绝非纯为功利，从前高祖（刘邦）向东讨伐项羽，便以为义帝复仇作为出师之名，因此得到天下诸侯响应。董卓之乱起，天子流亡关中，将军便首倡义军勤王，只因山东秩序混乱，才使我们无力兼顾关中。虽然战事连连，我相信将军仍然心向王室，以平定天下为己任吧！今皇上脱离西军掌握，正是大好机会啊！拥护皇帝顺从民望，此乃大顺；秉持天下公道以收服豪杰，此乃大略；坚守大义招致人才，此乃大德。即使会遭到其他势力围剿，也难不倒我们的。要不及时决定大计，等到别人也有所行动，就来不及了啊！"

在众人争执不休中，曹操突然想起当年反董联盟时自己和袁绍间的对话。

袁绍曾问曹操："如果这次举兵失败，您看我们应以何处为据点最为适当？"

曹操反问："以阁下的意见呢？"

袁绍回答道："我认为我们应以黄河以北的冀州山区为据点，争得北方的协助，以向南争取霸权。"

曹操当时并不同意袁绍的看法，他认为地利固然重要，但更重要的是人心。的确如荀彧所言，汉献帝虽早已名实不符，但在一片混乱的政局中，他仍是天下人心之所系！

曹操当机立断，决心奉迎汉献帝。

此后，曹操又经过一番艰苦曲折的奋争，终于于建安元年（公元196年）八月将当时处于困窘中的汉献帝迎至许都。

将窘困流徙中的献帝迁到许都，由自己来充当献帝的保护人，是曹操政治生涯中的得意之作。曹操这样做，不仅使自己获取了高于所有文臣武将的地位，而且把献帝变成了自己进行战争的工具，从此无论是征伐异己还是任命人事，都可利用献帝名义，名正言顺，置对手于被动地位，而给自己创造了极大的政治优势。

另一方面，这样做在客观上对国家、对人民也有好处。当时群雄割据，谁都想吞灭对方，独霸天下。曹操迎帝许都，将献帝置于自己有力的保护之下，虽然使献帝变成了一个傀儡，但却也使献帝在局势极为混乱的时期免除了被废黜、被杀害的危险，保留了这样一个国家最高权力的象征，使得不少割据者的野心、行为受到遏制，从而在一定程度上维护了中央集权，对控制割据、分裂局面的恶性发展，加速国家统一的进程发挥了一定作用。

东汉末年的军阀割据和混战，给社会造成了严重的破坏，给人民带来深重的灾难。但是，乘乱起兵者，只有军事家的头脑，而很少有政治家的眼光。而只有曹操独具慧眼，清楚地认识到政治决策的正确与否，民心的向背，是决定胜负的首要因素。因此他毅然接受了僚属们"挟天子以令诸侯"的策略，把献帝迎接到自己的根据地许都。

这就是曹操的手段，他可以打着天子的旗号，随便征伐，以达到自己统一天下的目的。

现实生活中，我们会碰到这样那样的难题，这里的难题难易程度取决于解决问题的方式和手段，有些时候这些难题真的让人头疼，进退两难。如果要解决这类问题并不是没有办法，主要是看对象。找时间、抓机会，力求巧妙。

做人做事一点通

我们行走的路不总是笔直平坦，难免有凹凸不平和激流险滩，在这样的情形下，我们一味地勇往直前，难免会跌倒，甚至碰得头破血流。事业上征途上也是如此，不可能总是"顺水又顺风"，巨大的困难如同拦路虎一样，横在我们面前，与其被老虎咬得遍体鳞伤，倒不如悄然绕行，因为我们应该牢记的是，我们的最终目标不是和老虎争斗，而是绕过老虎到达目的地。

8. 等待是在创造机遇

广告是近些年的新生事物，只要我们打开电视、报纸，映入眼帘的都是铺天盖地的广告。可见商家们还是很看重广告这张王牌的。但是要把广告做得精，却不是件容易的事。领带大王曾宪梓一直非常重视产品的广告宣传，而且十分注重广告艺术。他认为好的广告事半而功倍，反之则事倍而功半。

大名鼎鼎的"金利来"领带最初是在一个简陋的小作坊里生产的，但它最终堂而皇之地走进了大雅之堂，跻身名牌之列，靠的就是过硬的质量和别出心裁的广告宣传。

20世纪80年代初，随着大陆市场的繁荣，西装开始成为大中城市着装的热点，许多香港的厂家着手有计划地打入大陆的服装市场。曾宪梓也开始为"金利来"领带进入大陆市场设计一着妙棋。从 1981 年起,曾宪梓耗资百万开始在大陆电视网大张旗鼓地做广告宣传,"金利来"领带很快就覆盖了大陆广告市场。人们只要打开电视机,准能听到那句意味深长的广告词:"金利来领带,男人的世界。"连几岁的孩童都能念诵。然而,想乘机赚一笔的商人遍寻全国市场却没有"金利来"的影子。原来,这是曾宪梓有意造成的市场空缺,让销售和宣传有一段时空间断。根据价值规律,供不应求,必然会引起产品价格上涨,这种情景持续了整整两年,广告宣传耗资百万,产品却难觅踪迹。曾宪梓稳坐香港,按兵不动。香港商界为之震惊,深深佩服曾氏的深谋远虑。

1983 年,"金利来"不慌不忙地进入了内地市场,人们蓄积已久的购买欲望很快就迸发出来,使"金利来"销量空前,获得了巨额利润。曾宪梓仍然采取同样的做法,全力稳定大陆、香港的市场,对东南亚各国只按计划播出宣传广告。两年后,"金利来"又一次主宰了东南亚领带市场。

曾宪梓的"时空间断式"推销法,在香港商界尚属首创。实践证明,这确实是一招妙棋。一般情况下,在进行大规模全方位广告宣传的同时,产品销售热潮便已经开始,这被认为是机不可失的"黄金时刻"。曾宪梓却将它放弃了,有意造成宣传与销售的时空间断,而且耐心地等待长达两年之久,令消费者由好奇到寻觅,由寻觅到渴望,形成消费势能的递增蓄积,犹如大坝之于江水,人为地制造水位落差,最后形成万马奔腾之势。

247

做人做事一点通

光打雷,不下雨,把人的好奇心一直吊到嗓子眼,然后不慌不忙地现身,侦探小说谓之"悬念"。曾宪梓的高明之处在于他把"悬念"运用到了广告上,正是这种前所未有的逆向思维,使他取得了巨大的成功。

9. 相信自己的判断，叩开机遇之门

　　不知何时，派生出了这样的话：战胜自己就是最大的胜利；真正认识自己，已经向成功迈进了一半；战胜自我就等于战胜了对手……如果真的能够相信自己、战胜自己，就等于为自己叩开了机遇之门。

　　生活中我们会经常碰到这样的事，自己想在某一个地方开一家饭店，但总怕没生意，迟迟不敢开始。这时有一个人捷足先登开了起来，生意居然很火，你可能会很后悔，唉！我还想什么？为什么不先做起来？类似的事会发生在每个人身上。痛定思痛，你有没有想过，是什么原因使我们有了这样那样的后悔？恐怕是对自己的判断有怀疑吧？

　　希腊船王奥纳西斯 1906 年出生于土尔其西海岸的伊密尔，1922 年全家逃难到了希腊。

　　第一次世界大战之后的经济复苏阶段，很多人没有摸准市场的脉搏，拼命地扩大再生产。不久就出现了市场过剩，物价迅速下跌。很多人为了使自己的资金流动起来，特别是那些资金比较少的人，都纷纷将自己的产品降价销售。那些手里稍有积蓄的人，都在考虑买点儿什么不会赔钱的东西，以免自己手里的钞票贬值。在这种时期，善于经营之道的人却在研究干什么事情可以赚更多的钱。

　　奥纳西斯就是想赚更多的钱的人。他想，生产过剩、物价暴跌之后，经济必然再次繁荣，商品的价格一定回升，有的还会暴涨。毫无疑问，现在买进便宜的商品，到那个时候就会获得成倍的利润。

　　可是买什么呢？股票、房屋、黄金……

　　这些东西，他都不买，他买的是经济危机之中最不景气的海上运输工具——轮船。他是这样分析的：世界经济一旦复苏，运输必须先行，他投入的钱就会像植物一样疯长，利润就会源源不断地产生出来。有了这种认识，他马上把全部财产都抛了出去。

到哪里去买船呢？

在这场经济危机中，加拿大国营运输业几乎破产殆尽，最后不得不拍卖家业，其中正好有六艘货船，十年前的造价是 200 万美元，而现在每艘的价格却是 2 万美元。这个消息传到奥纳西斯的耳朵里，他差点跳了起来，急忙赶到加拿大买下了这六艘货轮。

在此后的几年内，经济危机愈演愈烈，当时就有很多人认为奥纳西斯干了一件蠢事，而现在却都认为他是疯子。可是奥纳西斯却整天笑眯眯的，对自己的决定充满了信心。

奥纳西斯的运气终于来了，但不是因为经济复苏，而是第二次世界大战爆发了。无论是欧洲战场还是亚洲战场，到处都需要美国的各种各样物资。这时，谁有能力在太平洋、大西洋运输货物，谁就可以赚到大笔的钱。一时间，奥纳西斯的六艘货船成了六座浮动的金山……

第二次世界大战结束的时候，奥纳西斯已经成了商业巨头之一。话得说回来，如果不是战争，奥纳西斯发财的速度不会这样快，但是，只要世界经济复苏，他是一定会发财的。

第二次世界大战结束之后，世界经济开始复苏，奥纳西斯预见到，经济的发展必然刺激石油运费的猛涨，运输石油必然带来超额利润。他把牙一咬：投巨资建油轮！

在第二次世界大战以前，油轮的载重量是 1 万吨，而到了 1960 年，就发展到 10 万吨了。1975 年，奥纳西斯拥有油轮达 45 艘，其中 20 万吨级以上的超级油轮就有 20 艘。这一艘艘大大小小的油轮，就像一台台造钱的机器，源源不断地为奥纳西斯制造出大量的财富。

1975 年，奥纳西斯去世，享年 69 岁，他的资产高达十几亿美元，拥有一支世界上最大的私人船队，创办了好几家造船厂，买下了爱奥尼亚海岛上的斯斜紫奥斯岛，兼营着一百多家公司，在世界各地的大城市都有办事处，他的矿山、土地等财产，没有人说得清楚……

对于奥纳西斯的成功，很多人都归功于他惊人的魄力和精妙的思考力，认为他能够很好地适应他所遇到的每个人，和这些人友好地相处，因而得到了很多人的支持和鼓励。

奥纳西斯曾对丘吉尔说过："我是通过艰苦奋斗创下基业的，不是因为我有什么惊人的本领，而是一种'历史的必然性'。我们在实践中就可以明白这个道理。您知道，每当上天风调雨顺的时候，很多人就会饱食终日，无所用心，被动地接受大自然的恩赐，他们失去了主动权，他们失去了活力。这就好比中国的那句古话'生于忧患，死于安乐'。与此相反，我们如果处在艰难的困境之中，为了生存下去，就会不断努力。经过不断的奋斗，我们就不断地适应了各种各样的环境，就会主动地去改变自己的环境，会花很大的力气去创造，去创业，去开拓新的领土。说实话，我就是在贫穷中发奋图强，我就是在困境中不断前进的。我敢肯定，没有一个人会在轻轻松松中就可以取得胜利的。应该着重指出的是，我每时每刻都充满了信心，我从来不怀疑自己。一个人只有突破自己对自己的限制，才能够充分展示自己的才能。"

据说丘吉尔听了这段话后极为欣赏，认为十分深刻。奥纳西斯没有怀疑自己的判断，当然这是有一定原因的，原因就在他说的这段话中，如果细细地品味奥纳西斯的这段话，不难发现他的成功奥秘：胆略过人、善抓机遇、努力奋斗！

做人做事一点通

奥纳西斯相信自我，始终没有怀疑过自己的判断，因此它能一次次地抓住机遇。因为机遇是一种无形的东西，就看你如何把握；机遇是可大可小的东西，就看你如何对待。

做事篇

第八章
敢想敢做，肯动脑、多行动

思路决定出路，机遇存在于想象力之中。一个擅长运用思维的人不仅善于牢牢抓住身边的机遇，而且习惯于创造机遇。物以稀为贵，新颖的思维同样能够创造出非凡的价值。

1. 多想一小步，前进一大步

有人说，行动是最主要的，没有行动便没有任何成就。这种说法无疑是偏激的，因为它忽视了思维的巨大作用。行动的正确与否，需要用思维来引导。

积极思考是现代成功学非常强调的一种智慧力量，可以说，思考是行动的唯一前提。如果一个人不经过思考就去行动，便会为自己的鲁莽付出代价，或是事倍功半，或是徒劳无功，甚至会导致失之毫厘谬以千里的后果。

无论做什么事情，只要愿意思考，总会得到一些回报的。

纳克是一名伐木工人，为公司工作了三年却从来没有加过薪。不久，这家公司又雇用了另一名伐木工人亚蒂。亚蒂只工作了一年，老板就给他加了薪。纳克愤怒了，去找老板理论。

老板说："你现在砍的树和一年前一样多。我们是以产量计酬的公司，如果你的产量上升了，我会高兴地给你加薪。"

纳克无言，回去后开始更卖力地工作，并延长了工作时间，可是仍然不能砍更多的树。他找到老板诉苦，老板告诉他："可能亚蒂知道一些我们都不知道的东西。"

于是，纳克找到亚蒂："你怎么能够砍那么多的树？"

亚蒂回答："我每砍一棵树，就停下来休息两分钟，顺便把斧头磨锋利。你最后一次磨斧头是什么时候？"

亚蒂的最后这句话说到了点子上。俗话说，磨刀不误砍柴工。思考的过程便是磨刀的过程，一旦思考成熟，就能够在同样的时间内做成更大的事业。

有两个小伙子，一个叫实，一个叫新，他们住在同一个镇上，二人均在家待业。很快，二人通过不同的方式同时打听到了一个招聘消息：离镇较远的一个村子出现了饮水问题，需要招两位年轻人给村里送水。二人兴致勃勃地去参加应聘，表现都不错，于是同时与村里达成了协议。这样，两人便开始负责村里的送水工作。

实是个实在人，他觉得工作来之不易，一定得好好干。他买了一套工作服和两只大桶，陆续投入到了工作中。每天，他都早早起床，拎着两只桶去距村千米左右的湖边提水，然后挨家挨户地送水。凭着结实的身体和踏实的工作态度，实每天都能够挣到不少钱，心里觉得挺美的。唯一觉得不舒服的，就是有些累，毕竟每天干的都是体力活。不过，实就是比较实在，他认为，只要能挣上钱，累就累点，年轻人嘛。

新的工作方式与实的差别很大。接到工作后，他并没有像实那样立即去买工作用品。新在琢磨，如果单靠体力挣钱，即使再怎么卖力，每天的收获也不会有大幅度的增加。既然是工作，就该有进步，这样干起来才能鼓舞人。于是，他想到了修渠。因为有了渠后，就可以把水引入村里，然后通过输水管道就可以送到各家门前了。在一番思索和计划后，新从镇上找到了一支施工队，开始了修渠工作。

一个多月后，渠便修好了，输水管道也很快安装完毕。他向该村村民们保证，自己送的水不仅干净，而且量足。另外，还比较方便，什么时候需要用水，打开水龙头就可以了。新的计划成功了，村民们纷纷装上了水龙头。水源源不断地流向村民家中，钱也在不断地涌向新的口袋里。

新并没有满足眼前的这些小成绩，他接着打听该村附近有没有存在饮水问题的村子。一旦有消息，就前往洽谈。很快，新便在这些村之间形成了一个小规模的送水系统。

有了送水系统，新即使不工作也能够挣上很多钱，生活自然过得轻松自在；与新相比，实的工作方式已经不能满足村民的需求，他所挣的钱也就越来越少，生活依旧忙碌和辛苦。有人说，懒人推动了历史。理由是勤快人整天忙着赚钱，只有懒人甘愿放下手中的活去思考，而思考是推动历史的根源。其实，这个故事便是很好的证据。

做人做事一点通

爱默生说："思考是行为的种子。"有什么样的思考，就会有什么样的行为。多思考一些，做起事情来也就更容易一些，出路就会更大一些，生活也会更美好些。

2. 只要愿意想，就能办得到

思考让杂乱无章变得井井有条，让难事变成易事，甚至在有些时候帮助一个人完成不可思议的事情。

英国有句谚语："世界对愿意思考的人来说是个戏剧，对只会感觉的人来说是个悲剧。"的确如此，思考的力量是巨大的。

某个犯人被单独监禁。有关当局已经拿走了他的鞋带和腰带，这样做只是不想让他伤害自己（他们要留着他，以后有用）。这个不幸的人用左手提着裤子，在单人牢房里无精打采地走来走去。他提着裤子，不仅是因为他失去了腰带，也因为失去了15磅的体重。从铁门下面塞进来的食物都是些残羹剩饭，他拒绝吃。当他用手摸着自己肋骨的时候，他嗅到了一种万宝路香烟的香味，他喜欢万宝路这种牌子。

通过门上一个很小的窗口，他看到门廊里那个孤独的卫兵深深地吸了一口烟，然后美滋滋地吐出来。这个囚犯很想要一支香烟，所以，他用他的右手指关节客气地敲了敲门。

卫兵慢慢地走过来，傲慢地哼道："你有什么事？"犯人结结巴巴回答说："对不起，请给我一支烟……就是你抽的那种。"

卫兵错误地认为囚犯是没有权利的，所以嘲弄地哼了一声就转身走开了。

这个囚犯却不这么看待自己的处境。他认为自己有选择权，愿意冒险检验一下自己的判断，所以他又用右手指关节敲了敲门。这一次，他的态度是威严的。

那个卫兵吐出一口烟雾，恼怒地扭过头，问道："你又有什么事？"

囚犯回答道："对不起，请你在30秒之内把你的烟给我一支。否则，我就会用我的头撞击这结实的混凝土墙，直到弄得自己血肉模糊、失去知觉为止。如果监狱当局把我从地板上弄起来，然后让我醒过来，我就会发誓说这是你干的。当然，他们决不会相信我。但是，想一想你必须出席每一次听证会，你必须向每一个听证委员证明你自己是无辜的；想一想你必须填写一式三份的报告；想一想你将遇到的麻烦吧——所有这些都只是因为你拒绝给我一支劣质的万宝路！就一支烟，我保证不再给你添麻烦了。"

卫兵会从小窗里塞给他一支烟吗？当然给了。他替囚犯点上烟了吗？当然点上了。

语言是思想的化身，故事中的囚犯对卫兵说的话充分说明了一点：在与卫兵对话前，他做了充分的思考。成熟的思考用语言表达出来时是有逻辑性的，甚至具有推理性。正是有了这种思考，囚犯的语言才如此具有"魅力"，让自以为高高在上、对囚犯不屑一顾的卫兵低下了其高贵的头，亲手为"囚犯"点上了一根烟。

如果没有读过这个故事，很多人或许很难想象一个身陷囹圄的囚犯能够从一个趾高气扬的卫兵那里讨到好处，甚至会以为即使囚犯从卫兵手里得到了自己想要的东西，也会为此付出超过一般的代价。然而，故事中的这个囚犯只有一套正常人都会忌讳的囚衣，卫兵从他身上得不到丝毫的好处。就是在这种情况下，囚犯没有放弃，因为他发现自己并不是一无所有，至少还有谁也夺不走的思维。就是凭借这种思维，他在没有任何不等价交换的情况下如愿以偿。

人的眼界是有限的，但思维却是可以无限延展的。站在不同的角度，我们看到的景象是不一样的，正所谓"横看成岭侧成峰，远近高低各不同"。有人说，既然不能看到事物的全貌，不如试着多换几个角度。但是，时间在有些时候是极其宝贵的，容不得花费太多的时间去选择更多的视点。在这个时候要想达到目的，与其移动脚步，不如转动大脑。

思维的魅力就是如此之大，只要愿意去想，就能办成很多看似不能办到的事情。

做人做事一点通

不要用"不可能"三个字约束住自己的手脚，因为在你的思考中，"不可能"将会变成现实。

3. 改变自己，便能改变一切

水之所以能够胜任各种各样的容器，是因为它没有尝试去改变容器的形状，而是主动改变自己来适应各种容器。当外界环境难以改变时，不妨改变一下自己，虽然这样做会暂时委屈一下自己，但换得的结果却会让你感到惊喜不已。

一个漆黑的夜晚，一个人摸索着外出。他高一步低一步地走着，一个提灯笼的人向他走了过来。他们相遇后，这个人发现提灯笼者是一个瞎子。

他顿生好奇，问道："你既然看不到东西，灯笼对你有何用处？"

"我提着灯笼走路，并不是给自己照明，而是要让走夜路又不带灯的人能够发现我。这样，我可以避免被撞倒。"

如果这位夜行人不向盲者提出问题，那么人们对盲者提灯笼的做法有什么看法呢？一部分人往往会选择这样一种观点：盲者即使提着灯笼，也无法看路。于是，他们就会觉得盲者的行为有些奇怪，令人难解。他们之所以会如此分析，是因为他们的思维很传统。在他们眼中，提灯笼就是为了照明，是为了避开凸凹不平的地面给自己带来的不便。而对于双眼失明的人来说，灯笼便是无用的。

可是，盲者对夜行人的回答却别出心裁，他的话语掷地有声，干脆利落地回答了夜行人的疑问。对于盲者来说，白天与晚上没有丝毫的差别，他们走夜路被绊倒或跌入坑内的可能性不大。因为即使在白天，也一样看不到路，对于他们来说，晚上提灯笼是别有他用的。

盲者打灯笼的做法便是改变自己的表现。在无法避免被人撞倒的情况下，他在走夜路时打起了对自己看似没有用处的灯笼，结果起到了安全夜行的作用。从这件事上可以看出，盲者是聪慧的，虽然没有慧眼，但却有一颗宝贵的慧心。

然而，生活中却有很多人虽然有着炯炯有神的双眼，但没有一颗玲珑心。每当遇到无法改变的事情时，他们都会显得手足无措。其实，大可不必如此。既然现实无法改变，就应该尝试着改变自己。与其和根深蒂固的生存环境抗衡，不如适应环境、顺应潮流。结了婚的男人都会有这种经验：先试着改变老婆，当老婆无法改变时，就试着改变自己来适应老婆。虽然这样做会暂时委屈一下自己，但却换来了夫妻恩爱和家庭和睦。生活如此，事业同样如此。如果你不想造成尴尬局面和被动局面，那么最好的办法是多站在对方的立场去观察，这样就能拉近双方的距离，弥合双方的矛盾。成大事者深知此理，因此也是运用此理的高手。

今天，成千上万的推销员在人行道上奔波，他们疲惫不堪，垂头丧气，徒劳往返。为什么呢？因为他们总是在想自己所想，并没意识到别人有时候并不想买任何东西。其实，在很多时候，人们都在一如既往地研究如何解决自己的问题。如果推销员们能够向顾客表明他们的服务或商品将如何帮助顾客解决问题的话，即使他们不向顾客兜售，顾客自己也会去买的。因为顾客们喜欢凭着自己的兴趣去买东西，而不愿意让别人说服自己去买东西。

文·扬是一位著名的美国律师，还是某大企业的巨头之一。他曾经指出："那些能够设身处地为他人着想、懂得他人心理活动的人，从来不需要为前途未卜而忧心忡忡。"

想要推销出产品，就要学会从他人的观点着想，站在他人的角度看待问题。卡耐基认为，要使顾客依照"你希望的那种方式"去做，就应该跟那些你想去影响的人交换意见。

娇恩女士的失败很好地说明了这样做的重要性。娇恩聪明漂亮，受过良好教育，大学毕业后在一家"平价百货公司"的成衣部担任助理采购员。她的师长在介绍信里给她的评价很高，说她有野心、天分与热忱，一定会成功。

但是娇恩并没有取得辉煌的成就，她只做了八个月就改行了。

有人问她的上司："到底是怎么回事？"

"娇恩确实是个好女孩，而且个性又好。"上司说，"但是她犯了一个很大的错误。"

"是什么啊？"

"她老是卖些她自己喜欢，顾客却不喜欢的东西。她总是根据自己的好恶来决定样式、颜色、质料和价钱，而不是针对专程前来的顾客所喜欢的标准选购。当我提醒她有些货品可能不合顾客口味时，她就说：'他们一定会喜欢的，那还用说吗？连我自己都喜欢呢，它一定很畅销。'"

娇恩女士的家庭环境很好，她的教养使她很讲究生活质量。她无法以中低收入民众的眼光来评论服装的好坏，所以她卖的东西都不适合平价公司的顾客。

这个例子的要点是：让别人替你做那些"你要他们为你做"的事情时，必须站在他们的立场，用他们的眼光来看。当你征求别人的意见时，

"如何影响别人"的奥秘就可以看出来了。

有一个年轻的单位主管曾讲述这个技巧是多么有用：

"我在一家服装商店担任经理助理时，负责处理向逾期不付款的客户催收信件。他们原有的催收函内容措辞强硬，甚至带点恐吓的意味，使人不敢恭维。我一面看一面想：'老天爷，假使有人寄这种信给我，不发疯才怪！我绝对不付这笔钱。'所以我就写了会使人高高兴兴付账的信。结果真的很管用。我站在顾客的立场(姑且这么说吧)，居然就使我们的催收业绩达到破记录的水准。"

江山易改，本性难移。何谓本性？思想、观念、性格等等都是。如果盲目去改变别人的本性，以期待别人来适应自己，无疑会导致悲惨的结局。知难而进在有些时候是正确的，但在这个时候的确是不明智的选择。

做人做事一点通

如果能够将改变他人的时间花费在改变自己上，不仅可以省时、省力，还可以避免自寻烦恼。

4. 见微知著，蛛丝马迹藏玄机

世界上最能干的人不是等待时机者，而是运用、攫取、征服甚至奴役机会的人。

——卓宾

对于普通商人来讲，可以用到的机会更多，因为经济是国家乃至整个世界的命脉，离开了经济基础，一切都将化为乌有。在经济无处不在的情况下，赚钱的机会也有很多很多，以至于很多人成为了有钱人。

　　但对于锐意进取、着眼大利的商人来讲，他们是不屑于跟风的，因为被多人利用过的机会中的利润在他们眼中是不值一提的。在竞争激烈的商海中，面对竞争对手的虎视眈眈，精明的商人常常能够洞察先机，然后以不可阻挡之势赚得盆满钵溢。

　　美国南北战争快要结束时，市面上的猪肉价格十分昂贵。美国企业家、亚默尔公司创始人菲利浦·亚默尔深知这是由战争造成的，一旦战争结束，肉价就会猛跌。

　　亚默尔向来有读报的习惯，一天，他拿起一份当天的报纸，看到一则极普通的新闻报道：一个神父在南军李将军的管区遇到一群儿童，他们是李将军下属军官的孩子。孩子们抱怨说他们已有好些天没有吃到面包了，父亲带回来的马肉很难下咽。亚默尔看完后，立即得出如下判断：李将军已到了宰杀战马充饥的境地，战争不会再打下去了。

　　于是，亚默尔立即与当地销售商签订了以较低价格售出一批猪肉的销售合同。条件是交货时间推迟几天。不久，战争果然迅速结束了，猪肉的价格暴跌，亚默尔从这笔交易中轻松地赚了100万美元。

　　还有一件事情，1875年春天的一个周末，亚默尔同夫人商量好外出郊游，报纸上一则看来并不重要的消息引起了他的注意。消息报道了墨西哥的一种牲畜病例，而那种病好像是由一种瘟疫引起的。

　　当时，亚默尔已开始经营肉类生意。他的目光停留在那条消息上，脑子飞快地转动着。他想，要是墨西哥真的发生了家畜瘟疫，那么美国邻近的两个州——加利福尼亚州和得克萨斯州势必将受到传染。而这两个州是美国肉类食品的供应中心，一旦发生瘟疫，整个美国的肉类供应必将严重短缺。经过一番盘算，他一把抓起电话，拨通了家庭医生的号码，问对方想不想去墨西哥做一次旅行。这个突如其来的建议使医生丈二和尚摸不着头脑，不知如何回答是好。但亚默尔不容医生多想，请他放下手头的一切，立即赶到他在郊外野餐的地点当面商量。

　　当医生赶到郊外的时候，亚默尔早已游兴索然，因为他的整个身心已被大生意占据了。他请医生立即赶到墨西哥去，实地查明一下那里是不是真的发生了瘟疫。医生第二天到了那里，迅速把所了解的情况告知了亚默尔，证实了他根据报纸做出的判断准确无误。

亚默尔掌握了这一情报后，便迅速行动起来。他集中了全部能够动用的资金，在加利福尼亚州和得克萨斯州收购了大批肉牛和生猪，把它们运到美国东部。

不久，瘟疫在加利福尼亚州和得克萨斯州传播开来，美国政府严厉禁止这两个州的一切肉类食品外运，市场上肉类食品紧缺，价格猛涨。备货充足的亚默尔在短短几个月之内，就赚了600万美元。然而，亚默尔却遗憾地说："我本想让医生立即动身去墨西哥，他延误一天使我丢掉了100万美元。"

在普通人的眼中，赚钱是多么的不易，但诸如哈默、亚默尔这些成功的商人却能够撰写出一个又一个财富神话，这是多么大的反差。其实，他们并不是天才，只是大脑里充满了赚钱细胞、能够从看似普通的信息中看到丰厚利润而已。然而，与他们相比，普通人缺乏的就是这种见微知著、以小见大的思维。欲成大事者既不愿意做普通人，就应该摆脱普通人的思维，学习成功人士的思维模式。

享有政治家和哲学家美誉的著名实业家、犹太人巴奈·巴纳特，依靠信息取得了辉煌成功。巴奈·巴纳特在创业初期同样走过了一段艰辛的道路，凭借着对信息的高度敏感和过人的经营技巧，短时间内成为了举世瞩目的富翁。

一个星期天的晚上，巴奈·巴纳特和往常一样在家里陪父母。忽然，广播里传来一则信息：西班牙舰队在圣地亚哥被美国海军战败并消灭。这本是一则对普通人生活不能造成多大影响的新闻，但却引起了巴奈·巴纳特的高度重视。他迅速地联想到战争结局对股票交易的影响，并做了如下断定："今天是星期日，明天就是星期一了。按照惯例，美国的证券交易所在周一并不营业，而伦敦的交易所则已经开始营业。如果能够在黎明前赶到伦敦，肯定能赚一笔钱财。"当时巴奈·巴纳特没有小汽车，而火车在夜间又不运行。时间一秒一秒地过去，巴纳特急中生智，想出了一个绝妙的办法：他马上赶到火车站，花大价钱租了一辆专列。就这样，他及时赶到了伦敦。第二天晨曦初露时，其他的股票投资商还在梦中，而巴纳特已来到了伦敦证券交易所，并稳稳当当地赚上了一大笔钱。

只有具有见微知著的能力，才能够洞察先机，进而卡住命运的喉咙。而要想具备这种能力，就必须不断练就洞察力。其实，这并不困难。狄德罗说过这样一句话："人类自身是个矛盾体，因为它时而强大时而虚弱，时而崇高时而卑琐，虽然具有洞察入微的能力，却常常对某些事物视而不见。"当专注于一项事业时，一定要把自己洞察入微的能力运用到对机会的把握中去。这既是一个尝试的过程，也是一个历练心智的过程。

做人做事一点通

机会无处不在，关键在于这个机会能否被自己用上。生活中的素材很多，有智慧的人会从这些素材中找到适合自己的机会并最大限度地利用它们，从而使自己的事业更上一层楼。

5. 别出心裁，无本买卖也做得

如今，钱生钱、利滚利的现象已经普遍存在。有人投资房地产，一买一卖中获利不菲；有人收藏普洱茶，数年后利润翻倍。不过，这种形式的投资是要以资本为前提的。如果一个人拥有足够的资金，做起这方面的营生不用花费多少脑力就能得心应手。但如果在资金不足或没有资本的前提下做无本买卖，却需要一番能耐。

拉菲勒·杜戴拉是一位白手起家的富豪，在不到 20 年的时间里，他创建了价值 10 亿美元的巨型产业。他能够成功的原因很多，但最关键的一点是他善于不断创造机会。其中在有些时候，他是不需要投入成本的。

20世纪60年代，杜戴拉已经拥有了一家玻璃制造公司，但他对此并不满足，一直渴望能进入石油行业。当得知阿根廷准备在市场上买3000万美元的丁二烯油气时，他来到了阿根廷，想看看能否获得合约。到达目的地后，他发现他的竞争对手竟然是实力雄厚的英国石油公司和壳牌石油公司。他虽然无法与实力强大的对手竞争，但他并不愿意就此罢手。

当时，他了解到阿根廷牛肉生产过剩，头脑中立刻有了一番计划。他找到了阿根廷政府："如果你们愿意向我买3000万美元的丁二烯，我将向你们采购3000万美元的牛肉。"阿根廷政府认为这是个两全其美的事情，于是就把这个合约给了他。

杜戴拉得到许诺后，迅速飞到了西班牙。当时那里的造船厂因无法正常经营而濒临倒闭，西班牙政府一直没有想出解决的办法。杜戴拉对西班牙政府说："如果你们向我买3000万美元的牛肉，我就在你们的制造厂订购3000万美元的油轮。"

然后，杜戴拉马不停蹄，又飞到了美国的费城，这是他最后的、也是最关键的一次谈判。他对太阳石油公司的经理说："如果你们愿意租用我在西班牙建造的3000万美元的油轮，我将向你们购买3000万美元的丁二烯油气。"太阳石油公司并没有提出异议，很快和他签订了协议。从此，他顺利迈入了石油业。

杜戴拉之所以能够"空手套白狼"，是因为他把原本没有关联的几项交易巧妙地连接成了一个交易链。在他的一手安排下，阿根廷的牛肉到了西班牙的手中，西班牙的油轮受到了太阳石油公司的租用，太阳石油公司的丁二烯油气又落入了阿根廷的手中。虽然他交易三次，却没有一次出资，而阿根廷牛肉过剩、西班牙油轮闲置、太阳石油公司扩大业务等问题都得到了解决。对于任何一个组织和个人来讲，都会欢迎帮助自己解决问题的人的。在帮助他人解决问题的同时，杜戴拉成功跻身石油业，帮助自己解决了问题。

263

现代经营理论认为，评价一位现代企业家的能力，不仅要看他拥有多少财富，还要看他能调动多少财富作为资本。因为在资金回报率同等的情况下，一个企业家能够调动的财富越多，他所得到的资金回报也就越多。如果无本买卖都能够做得游刃有余，那么调动资本就会变得轻而易举。

做人做事一点通

新颖的构思是宝贵的，常常能够给人带来惊喜。当遇到资本或其他外在物质难以解决的问题时，不妨动动脑子，用独具一格的方式解决问题。

6. 打破常规，能变通就变通

俗话说："保守保守，寸步难走。"保守者通常用既成的眼光来看待问题和分析问题，不愿意接受新事物。更为奇怪的是，在新事物和因循守旧造成的失败面前，保守者宁愿选择忍受失败。

一个人如果受到思维的限制，就会裹足不前。无论外界情况发生什么样的变化，他都会无动于衷，而这种行为造成的后果则是悲观的。

一个偏僻的小村落下了一场非常大的雨，洪水开始淹没村落。这时候，一位虔诚的神父在教堂里祈祷，让洪水马上退去。当时，教堂外的人都忙着逃命。洪水很快淹至这位神父跪着的膝盖，但他仍然一动不动。

一个救生员驾着救生船赶到教堂并对他说："神父，赶快上船吧！洪水越来越大，会把你淹死的！"神父坚决地拒绝道："不！上帝会来救我的，你不用担心，先去救别人好了。"

几分钟后，洪水已经淹过神父的胸口。神父无奈之下，只好勉强地站在祭坛上继续祷告。这时，一个警察开着快艇赶了过来，对神父大声喊道："快上来，洪水已经无法控制了，再耽误就会被淹死的！"神父答道："我不会走的，我要守住我的教堂，上帝一定会来救我的，你不必操心。你还是先去救那些无人管的人吧。"于是，警察走了。

眨眼工夫，洪水已经把整个教堂淹没了。神父痛苦地挣扎着，并紧紧抓住教堂顶端的十字架。这时，一架直升飞机从远处飞来。飞行员用高音喇叭喊着，并丢下了绳梯："神父，快上来，这是最后的机会了。其他人都撤了，就剩下你自己了。"尽管如此，神父仍然坚持道："我必须守住我的教堂！我相信上帝一定会来救我的，上帝会与我共在的！谢谢你。"无情的洪水滚滚而来，固执的神父消失在洪流中……

神父到了天堂，见到上帝后气愤地质问道："主啊，我把终生奉献于你，为什么洪水到来的时候，你却不肯救我！"上帝笑了，然后温和地说："我怎么不肯救你呢？第一次，我派了救生船去救你，你不走；第二次，我又派一只快艇去，但你仍不离开；第三次，看在你一直虔诚的分上，我以高规格的礼仪待你，专门派了一架直升飞机去救你，但还是遭到了你的拒绝。我几乎想不出你接二连三拒绝的理由，所以以为你急着想来到我身边……"

神父的迂腐和固执显而易见：如果他真相信上帝会救他，就应该知道上帝总会及时出现在灾难者的面前，当救生船赶到的时候，就应该立即爬上船去，但他却宁愿从地上爬到祭坛甚至教堂顶端的十字架，而不去想上帝到底有没有来救他；如果他不相信上帝会来救他，更应该立即爬上船去。

神父的故事有可笑之处，也有发人深思之处。当外界情况发生改变时，重要的是打破常规、灵活变通，而不是因循守旧、盲目坚持。也只有如此，才能在关键时刻挽救自己。

美国涅狄格州有一家名为奥兹莫比尔的汽车厂。该厂因积压了一批轿车而导致资金无法按时回笼，而仓库租金却在不断上涨，工厂濒临倒闭。该厂总裁卡特认为，只有把轿车全部推销出去才能使公司摆脱困境。

那么，采用什么样的推销方法更有效呢？卡特对该厂的销售情况进行了仔细研究，又对竞争对手的商品及推销方法进行了分析，然后推出了"买一送一"的推销手法。该汽车厂在广告中声明，只要买一辆"托罗纳多"牌轿车，就可以同时得到一辆"南方"牌轿车。

买一送一的推销方法由来已久，而且使用非常广泛。不过，一般的做法是免费赠送一些小额商品，如买录像机送一盒录像带、买电视机送电视机罩等。这种小恩小惠的推销方式开始时的确能起到促销作用，但时间一久就难以激起消费者的兴趣。奥兹莫比尔汽车厂将各种推销方法的长处集于一身，大胆推出了买一辆轿车送一辆轿车的办法，效果一鸣惊人，许多人闻讯后赶来看个究竟。该厂经销部一下子变得门庭若市，过去无人问津的轿车一下子成为畅销商品。

其实，奥兹莫比尔汽车厂如此销售轿车并没有亏本，虽然每辆轿车少赚了 5000 美元，但也获得了不少好处。因为如果这些轿车继续积压一年，每一辆轿车的保养费和仓库租金就将远远大于这个数字。

做人做事一点通

晋代王弼说："凡物穷则思变，困则谋通。"当遵循旧有的规则和思维不能够改善现状或扭转乾坤时，一定要懂得变通，千万不要因拘泥而眼睁睁看着自己掉入失败的深渊之中。

7. 独辟蹊径，夹缝中也能找到机会

什么是路？就是从没有路的地方践踏出来的，从只有荆棘的地方开辟出来的。

——鲁迅

只要竞争存在一天，优胜劣汰的规律就不会改变。如今，竞争的激烈程度有增无减，无论身处哪个行业，都必须接受竞争的考验。是否能够在竞争的熔炉中百炼成钢，先要看自己的实力能否有资格成为行业中"大哥级"的竞争对手。因为，如果你的实力远远低于他们的话，他们将会"害怕"和你竞争。

有这样一个故事：

鼬鼠向狮子挑战，遭到了狮子的断然拒绝。鼬鼠以嘲讽的语气挑衅道："哼，难道你怕了？""岂止害怕，而且非常害怕，"狮子从容说道，"接受你的挑战，虽然你不能胜出，也可以此为荣。可是，尽管我把你打得鼻青眼肿、卧地不起，我也会遭到所有动物的耻笑。"

如果你现在只是一只力量薄弱的鼬鼠，而对手却是一只威猛无比的狮子时，最好不要斗胆去挑战，因为对手不是"害怕"你的实力，而是对你感到不屑。

任何事物都具有两面性，竞争同样如此。对于弱者来说，竞争是残酷的，因为时刻要面临被淘汰的危险；对于强者来说，竞争是可喜的，因为少一个竞争对手就多了一份生存空间。欲成大事者自然不愿意被淘汰，但要想做到这点，唯一的途径是使自己由弱者变为强者。当然，这是要讲究策略的。

当身处弱势时，不妨避开与强者的竞争，另辟蹊径，找到适合自己的新空间。

1957 年，刚刚荣升台北市第十信用社董事会主席的蔡万春面色肃然。他明白，在台北的金融同行中，"十信"太渺小了，小到根本无人去理睬它。台北信用良好、资金雄厚的大银行非常多，稍有点名声的商家、企业、个人都把钱存放到它们那里去了。

蔡万春深知自己的实力不可与资金雄厚的大银行较量，但他坚信，大银行虽然财大气粗，但它不可能没有"薄弱"或"疏漏"之处，而那些"薄弱"或"疏漏"之处，就是"十信"的生存之地。

蔡万春在街头巷尾展开了调查，与市民交谈，跟友人商榷。工夫没有白费，他终于发现了各大银行没有重视的一个潜在大市场——向小型零散客户发展业务。

发现这一线商机后，蔡万春大张旗鼓地推出1元钱开户的"幸福存款"。一连数日，街头、车站、酒楼前、商厦门口，到处都是手拿喇叭、殷殷切切、满腔热忱向人们宣传"1元钱开户"种种好处的"十信"职员，令人眼花缭乱的各种宣传品更是满城飞舞。"十信"的这种宣传活动令金融同行们大笑不止，人人都在嘲讽蔡万春瞎胡闹："1元钱开户"根本行不通，连手续费还不够，更不必说要发展了。

然而，精诚所至，金石为开。奇迹出现了：家庭主妇、小商小贩、学生争先到"十信"来办理"幸福存款"，"十信"的门口竟然排起了存款的长队，而且势头越来越旺。没过多久，"十信"即名扬台北市，存款额与日俱增。

迈出了成功的第一步，蔡万春信心倍增。"不能跟在别人后面走，必须乘胜追击！"蔡万春经过仔细的观察分析，又发现了一个大银行忽略的市场——夜市。随着市场的繁荣，灯火辉煌的夜市不比"白市"逊色多少。按照不成文的惯例，银行是不在夜晚营业的。蔡万春大胆推出夜间营业，台北市的各个阶层一致拍掌说好，许多商家专门为夜市在"十信"开户。经过不断地完善发展，"十信"誉满台北。

就这样，涓涓细流成大海，"十信"很快发展成为一个拥有17家分社、10万社员、存款额达170亿新台币的大社，列台湾信用合作社之首。

资金雄厚了，蔡万春又有了新打算。1962年，蔡万春访问日本，日本闹市区的一座又一座金融业的高楼大厦给他留下了深刻的印象。他觉得这些雄伟壮观的大厦不仅令人难忘，更给人一种坚实感、信任感。回到台北，他不惜重金在繁华地段建起一幢大厦。原先讥笑过蔡万春的金融界同行又笑了，但不待他们将笑容收敛，"十信"的营业额呈直线上升，原先属于他们的那些客户，有许多已经跑到"十信"去了。

对于实力弱小的竞争者来说，激烈的竞争环境便是一场大危机。要想生存下去，必须要正视这场竞争危机，找到适合自我生存的一片空间。

蔡万春做到了，于是他成功了。

当你的力量引起了同行业中"大哥"的关注时，说明你已经成为了他们真正的竞争对手。这个时候，你大可不必避其锋芒、另辟蹊径，而应该公开向他们宣战。每战胜一位"大哥"，你就向"大哥"的宝座靠近一步。

8. 着眼全局，别光顾眼前

生意场上有句话："不要把所有的鸡蛋都装入一个篮子里。"意思是说，商海变幻莫测，身处其中的商人不时会受到来自某个方面或多个方面的影响，比如社会环境、消费观念等，为了降低风险，不妨分散投资。其实，分散投资的经营理念完全可以拓展。

对于一个商人来讲，影响其成功的因素有很多，比如信息是否灵通、技术是否过硬、人脉是否广泛、精力是否旺盛、下属是否尽职等等。只要着眼全局，尽量面面俱到，才能够提高成功的几率。

如果一个商人把所有的精力、财力都投入到赚取实际利润中去，必然难以取得大成就。因为很多看起来不能带来实际利润的投资在无形中会成为未来某个时候的机遇，带给人意想不到的好处，就像知识和智慧一样。

威廉·戈尔利在《出类拔萃》一书中提到：为了达到更高的要求，您必须拥有关于每一个用户和商业中所有资产的必要信息。为什么呢？因为获益的唯一方法，就是放手使用自己已经掌握的信息。

269

对于一个商人来讲，信息是至关重要的，如同战场上用兵打仗要了解敌人的情报信息一样，商人在激烈的商业竞争中制定决策时同样不能忽视信息的重要性。正是凭借着精心搭建成的信息网，犹太巨富罗斯柴尔德的三儿子尼桑在股票交易中赚了几百万英镑。

1815 年 6 月 19 日，英国和法国之间发生了滑铁卢之战。如果英国获胜，英国政府的公债无疑会飙升；反之，如果法国获胜的话，英国政府的公债必将暴跌。因此，伦敦证券交易所里的每一位投资者都在等候着战场消息。只要能比别人早知道，哪怕只是半小时、十分钟，也可以决定股票的买进和卖出，从中大大地捞上一把。

然而，战事发生在比利时首都布鲁塞尔的南方，与伦敦相距甚远。当时既没有无线电，也没有铁路，主要靠快马传递信息。在滑铁卢战役之前的几场战斗中，英国均吃了败仗，以致没人对英国股票有期望。

1815 年 6 月 20 日，伦敦证券交易所人头攒动、气氛紧张。在这种情况下，罗斯柴尔德·尼桑总会成为焦点。他习惯于靠着厅里的一根柱子，这根柱子遂得名"罗斯柴尔德之柱"。

突然有人高喊："尼桑卖了"，消息马上传遍了交易所。这时，尼桑正面无表情地靠在"罗斯柴尔德之柱"上卖出英国公债。出于对尼桑的信任，几乎所有的人都毫不犹豫地大肆抛出英国公债。刹那间，英国公债暴跌。尼桑不露声色，继续面无表情地抛出。当英国公债的价格跌到最低点时，尼桑突然开始大量买进。

交易所里的股票商们一下子糊涂了，这是怎么回事？尼桑玩的什么花样？追随者们纷纷议论起来……正在此时，官方宣布了滑铁卢战役中英军大获全胜的消息。

此时，尼桑正悠然自得地靠在柱子上，众人皆沮丧。表面上看，尼桑似乎在玩一场赌资巨大的赌博。实际上，这是一场精密设计的赚钱游戏。

首先，尼桑有自己的情报网，通过它可以比英国政府更早地了解到实际情况。原来，罗斯柴尔德的五个儿子遍布西欧各国。他们极其重视信息在商业活动中的作用，视信息为创造财富的依据，所以不惜代价建立了横跨全欧洲的情报网，并购置了当时最快最新的设备，将社会热门话题、商务信息等全部搜集网内，用以交流分享，其情报的准确性和传递速度不亚于英国政府的驿站和情报网。正是因为得益于这一高效率的情报通讯网，尼桑才比英国政府抢先一步获得英国战胜的情报。

其次，尼桑采用了欲擒故纵的战术。假如是别人，得到情报后会迫不及待地大肆收购英国公债，无疑也可带来巨大的利润。而尼桑却想到首先利用股民对自己的信任设个陷阱，引起英国公债暴跌，然后再以最低价购进，自然可以捞到更大的一笔。

尼桑之所以能够胸有成竹地果敢行动，与他的未雨绸缪是分不开的。正是由于准备好了通畅、快捷、准确的信息网，尼桑在别人焦头烂额、手忙脚乱的情况下稳坐钓鱼台，让众多的人深切体会到了棋高一着的益处。

其实，无论做什么事情，分散投资都是一种上等策略。因为虽然有些投资在当时看来不会给人带来什么好处，但在关键时候却能够派上用场，让人感受最深的便是健康。如果一个人不愿意对健康投资，不注意休息或调养，就难以有足够的精力来应付每天堆积案头的文件、大大小小的业务等，从而减缓事业的发展。

做人做事一点通

欲成大事者一定要从全局出发，把眼光放远一点，为成功做好全面的准备。

9. 随机应变，不要一条道走到黑

爱迪生说："任何问题都有解决的办法，无法解决的事情是不存在的。如果真是到了无计可施的地步，只能怪你自己是笨蛋或者懒汉。"欲成大事者在遇到问题的时候一定要积极思考，千万不要让自己变成笨蛋或懒汉。

俗语云："条条大路通罗马。"进入了死胡同后，最明智的选择是果断掉头，重新选择一条路，千万不要待碰得头破血流后才回心转意。当一座大山摆在面前时，如果不能迎壁而上，不如索性绕山而行。

有这样一个故事：

一次，哈瑟恩在一家小旅店过夜。由于店主不在家，又没有其他客人，整个旅店空荡荡的，只有哈瑟恩和店主的妻子。

饿了整整一天的哈瑟恩再也忍不住了，他向店主妻子请求："麻烦您给我弄些吃的吧，我实在太饿了。"

店主的妻子看到哈瑟恩一副寒酸的样子，不屑一顾地对他说道："尊敬的流浪汉先生，我只能抱歉地告诉你，我家没有东西可吃。"

哈瑟恩无可奈何又略带神秘地说道："既然是这样，我要像我父亲那样做。"

店主妻子听了哈瑟恩的这句话后，觉得情况不妙。她怯生生地问道："那么，请问你的父亲是怎样做的呢？"

"我父亲只是在不得已的情况下才这样做的，不过，那是他应该做的。"哈瑟恩的语气中带有几分生气。

"上帝保佑啊，谁知道他的父亲会干出什么坏事啊，"店主妻子不由得猜想起来，"他的父亲会不会是杀人犯？太可怕啦。"

她稍作镇定，然后匆忙走进厨房，她给哈瑟恩做了许多好吃的东西。她把这些东西摆在桌子上，让哈瑟恩不必客气，尽情享用。哈瑟恩终于饱餐了一顿，他兴奋地对店主妻子说："好久都没有吃到如此美味的东西了!"

乘哈瑟恩在兴头上，店主妻子问道："先生，你能不能给我讲一下，你要像你父亲那样做什么?"

哈瑟恩毫不在乎地说："我的父亲没饭吃的时候就去睡觉。"

看完这个故事，人们会忍不住笑出声来。哈瑟恩在饥肠辘辘的情况下随机应变，以一句看似不经意说出的话紧紧抓住了店主妻子的心理，使店主妻子顿感不安，生怕哈瑟恩做出一些鲁莽之事。于是她只好让哈瑟恩大饱口福。无疑，哈瑟恩是聪明的。

使别人因自己的言行产生错觉，进而采取相应的行动，从而达到自己的目的。

一旦具备了随机应变的能力，便能迅速找到解决问题的方法，从而拨开乌云见晴天。但是，随机应变的能力并不是天生具备的。只有勤于思索、善于思索，方能慢慢练就。

10. 虚张声势，把死棋下活

面对危机四伏、四面楚歌的情形时，很多人会打退堂鼓，眼睁睁看着自己的事业一步步走向倒闭或破产。当然，他们也不愿意这么做，但"事已至此，别无他法"。难道真是这样吗？不。其实，很多的危机之中常常酝酿着生机。

有些人遇到危机后之所以选择坐以待毙，是因为他们无法承受眼前的现实而变得麻木。殊不知，在麻木的过程中，生机也会逐渐丧失。当一个人抛弃事业的时候，事业也会主动地离他而去。

危机并不可怕，可怕的是被危机吓得不知所措。既然危机已经到来，害怕、惊恐又有何用？与其坐以待毙，不如积极思维，从而力挽狂澜，在拯救事业的同时拯救自己的命运。

要想化危为安，重要的还是要靠自己。因为当你落魄的时候，即使有人愿意帮你一把，你也不会接受，因为你也不知道情况会发生什么变化，害怕以后会牵累帮助你的人。这个时候，最好利用目前有限的资本通过有效的方法来挽救自己。那么，什么方法比较管用呢？虚张声势。

日本一家生产咖喱粉的公司，因产品滞销而濒临破产。为了挽救公司，大家都在想办法进行促销，但一切可行性手段都施展出来后，公司的销售量还是没有上去。

销售部经理换了一个又一个，但仍然毫无起色。在这危难时刻，第四任经理田中走马上任。像前三任经理一样，田中也没有好办法来帮助公司渡过难关。大家都清楚，公司产品之所以卖不出去，一是因为顾客对公司的品牌很陌生，二是因为咖喱粉不是紧俏商品，进口的、国产的，应有尽有。

咖喱粉的销量每天都在减少，资金渐渐入不敷出，眼看就要关门大吉了。公司虽然想通过做广告来打开销路，但却没有足够的资金，如果大量广告费用付出后仍不见成效，那么公司就再也无法翻身了。可是，如果不拼死一试，就等于坐以待毙。经上下协商，大家一致认为应该背水一战——做广告。

接下来的问题就是做什么样的广告了。

几天来，田中经理一直在考虑着做广告的问题。一次，他正在办公室里翻报纸，一条新闻吸引住了他。这条新闻说：有家酒店的工人罢工，媒体进行了跟踪报道，罢工的问题圆满解决，酒店恢复营业，原先不景气的生意现在变得异常火爆。

在日本，劳资双方的关系一般都比较和谐，偶尔出现一次罢工事件，就会成为新闻的热点……

田中不禁想到：这家酒店之所以生意红火，就是因为新闻媒体无意之中对其进行了宣传……自己的公司为什么不可以利用这种虚招进行一番自我宣传呢？

一个巧妙的计划在田中的大脑里形成了，他的脸上露出了笑容。要干就要干出名堂，干得轰轰烈烈。一番深思熟虑后，田中叫来几个"干将"，关上房门，详细地吩咐了一番……

几天后，日本的几家大报，如《读卖新闻》、《朝日新闻》等同时刊登出这样一条广告：专门生产优质咖喱粉的某某公司，他们决定雇数架飞机飞到白雪皑皑的富士山顶，将咖喱粉撒在山上。从现在开始，我们看到的将不是白色的富士山，而是咖喱粉色了……

这是一条令全体日本人都感到震惊的消息，许多人都感到意外。富士山是一大名胜，不论是在日本人心目中还是在世界人们的心目中，都是日本的象征。在这样神圣的地方，居然有公司敢撒咖喱粉，绝不能容忍这种行为！

广告刚刚刊出，日本舆论界一片哗然。很多人虽然知道这家公司故弄玄虚，但是对如此言辞还是难以忍受，纷纷指责这家公司的行为。本来名不见经传的一家小公司，这次成了众矢之的，连续多日在报纸、电视等各种新闻媒体上受到攻击。有的人甚至扬言，如果这家公司胆敢按照媒体所说的去做，他们将联合起来让它倒闭！

正是在一片谴责声中，这家公司声名大振，很多日本人知道了它的存在。在广告中所说的在富士山撒咖喱粉日子的前一天，各大报纸刊登出了这家公司的郑重声明：鉴于社会各界的强烈反应，为了公众利益，本公司决定取消原来在富士山顶撒咖喱粉的计划……

持反对意见的人们在欢庆胜利的同时，田中和公司员工们也在欢庆他们的胜利。经过这样一番"折腾"，日本人都知道了这家生产咖喱粉的公司，并且误认为这家公司是一家实力超群、财大气粗的公司。在这种形势下，很多小商小贩都纷纷投到该公司的门下，大力帮助该公司推销咖喱粉。这样，该公司的咖喱粉一时间成为了畅销产品。从此，这家公司的咖喱粉在日本国内市场占有率迅速提高。

通过造势，田中利用有限的资金将这家小公司从濒临绝境中挽救了出来，并使得该公司完成了从名不见经传到闻名整个日本的巨大跨越，从而使得该公司能够更加迅速地成长。

275

第八章
敢想敢做，肯动脑、多行动

虚张声势的关键在于"虚"，以虚掩实，进而掩人耳目，以声势浩大的假象给他人造成视听上的冲击。要想采取一种可行的造势方法，首先要找到一个能够引起轰动的造势点，比如，田中借助了闻名日本及全世界的富士山。懂得了这些基本的理论后，再结合自己面临的实际情况进行延伸性的思考，相信能够为处于危机中的你带来不少好处。虽然没有人愿意面对危机，但"谋事在人，成事在天"，危机有时候难免会真真切切地出现在你的面前。这个时候，不妨使用此招来解救你自己。

做人做事一点通

没有过不了的桥，没有登不上的山。只要自己还存在一天，就不要盲目抛弃自己辛苦创立的事业。只要敢于造势、巧妙造势，死棋便能变活棋，一潭死水将会变得生机盎然。

11. 好酒也怕巷子深，该吆喝还得吆喝

"阡陌交通、老死不相往来"的时代早已经过去，如今的时代是一个信息产业发达、竞争日趋激烈的时代。要想把自己的事业做大做强，就必须要在竞争中脱颖而出。而要想做到这点，就必须要善于宣传自己。

宣传的方式有很多，不过最直接最常见的宣传方式便是做广告。新颖的广告能够给人带来全新的视觉或听觉冲击，从而留下深刻印象。正是由于广告的重要性，广告行业才应运而生。

凡是有名的企业，都擅长做广告，从而赢得了更多的消费者。从下面的两个实例中便可看到新颖的广告与企业发展的重要性。

第一，绿色巨人罐头食品公司在产品初销时，曾以身披树叶的绿色巨人形象做广告。绿色代表着自然和健康，而巨人代表着强壮的体魄。

广告刊登后不久，"绿色巨人"就给消费者带来了好感，给消费者留下了深刻的印象。产品上市不到一年，其知名度竟超过了迪斯尼的唐老鸭，销售量呈直线上升状态。

由于市场需求量出乎意料的大，产品供不应求。面对这种情况，为了防止竞争对手乘虚而入，广告代理商主动献计，设计出了"红脸巨人"的广告图案，并附上了别有趣味的广告语："很抱歉，由于我们的产品供不应求，我们感到难为情。"

"绿色巨人"变成了"红脸关公"，这个创意增加了消费者对绿色巨人罐头食品公司的信赖和好感，从而使该公司安全度过了市场真空阶段，奠定了今日该公司独步市场的根基。

第二，众所周知，要在黑人中开拓化妆品市场是一件相当困难的事。然而，美国化妆品制造商约翰逊却迎难而上，并最终将产品顺利地打入了黑人市场。

约翰逊为了使新产品粉质化妆膏迅速打入黑人市场，开始在广告语上面动脑筋。经过一番思考，他终于想到了一句非常巧妙的广告语："当你用了佛雷公司的化妆品，再擦一次约翰逊的粉质膏，将会收到意想不到的效果！"

然而，公司的很多人对这句广告语持反对态度。他们认为这种"依附式"的宣传没有个性，不会取得明显效果，反而只能长他人志气。约翰逊解释说："在小人物的成名术中，有一招叫'与大人物同在'，这与商品销售中的衬托法是十分相似的。现在在黑人社会中，佛雷公司的产品早就享有盛誉，如果把我们的产品和它的名字一同打出，看似我们在捧着佛雷公司，但实际上是抬高我们自己的身价。"他的这番话折服了反对者，他的计划方案得以施行。

实践证明，约翰逊的想法是正确的，黑人消费者渐渐接受了他的粉质化妆膏。经过数年的发展，约翰逊黑人化妆品制造公司的产品销售量超过了佛雷公司，成为了全美著名的黑人化妆品生产企业。

在企业不同的发展阶段，广告起到的作用也是不同的。如果广告做得

277

新颖，不仅能够帮助自己的产品成功打入市场，还能够延长企业的寿命。

做广告的方式有很多，关键在于是否新颖。

在一个全国性的酒类博览会上，很多的国内知名品牌厂家蜂拥而至，一家名不见经传的小厂也想占一席之地。但由于场面之大远超出酒厂领导的预测，小酒厂的产品和参展人员被挤在一个小角落里。虽然产品是运用传统工艺精心酿制的佳品，但从包装外观和广告宣传上，都很难让经销商认可。由于大厂家使出了浑身解数来推销，小的厂家根本无计可施。当博览会将近尾声的时候，小酒厂的产品依然无人问津，厂长一筹莫展。

这时供销科科长突然发现了大厂家忽略的一点，于是对厂长说："让我来试一下。"只见科长取过两瓶酒装在一个网袋里就往大厅中心走去，科长的这一举动使得厂长莫名其妙。

只见这位科长走到大厅中央人员稠密的地方，突然"一不小心"，将两瓶酒掉在地上，瓶碎了，顿时大厅内酒香四溢。可以想见，到这个博览会参展和订货的都是些品酒专家。当时很多人从这飘散的酒香中得出了定论——这肯定是好酒。很多客户对小厂的酒产生了兴趣，该厂产品在一个多小时内被订购一空。由于厂长说暂时不想扩大生产规模，以保证产品质量，使得很多经销商只有"望洋兴叹"的份儿了。

"好酒不怕巷子深"的思想观念已经过时，因为要想把事业做大，就不能被动地去等待顾客上门，而应该主动出击，通过宣传让更多的客户或商家认识、感受、接受自己的产品。

做人做事一点通

无论是小事业还是大事业，都不要忽略广告宣传的作用。只要能够将广告做得新颖，就能够取得深入人心的效果。不过，有一个前提：保证自己的产品有绝对好的质量。只有在软件和硬件都得到落实的情况下，事业才能够健康成长，并一步步走向成功和辉煌。

做事篇

第九章
以柔克刚，以忍成事

以刚克刚，两败俱伤；以柔克刚，刚柔相济；柔与忍像水一样能随形就势，看似无形，实则有力；看似无为，实则有声。水能蕴化万物，也能包容万物。

1. 韬光养晦，待机而动

做事的方法有很多，要想把事情办好却很不容易。从人的心理上来讲，对自己不构成威胁的人总是会被人们忽视，那么在人办事遇到困难的时候，不妨好好利用这一点，行韬光养晦之策。

古人云："鹰立如睡，虎行似病，正是它攫鸟噬人的法术。故君子要聪明不露，才华不逞，才有任重道远的力量。"韬光养晦不仅是为人处世的智慧，更是成事的方法和诀窍，不暴露自己的才能，让人轻视，才能轻松将对方拿下，一举把问题解决。

爱国将领蔡锷在云南任职期间，成功领导了昆明的重九起义，翻开了推翻清王朝腐朽统治的新篇章，树立了崇高的威望。时任大总统的袁世凯认为蔡锷有才干，而且是梁启超的学生，不能让这样一个危险人物拥兵在外。为了稳固自己的统治，为称帝扫平障碍，袁世凯颁布了总统令把蔡锷调任北京。蔡锷在临走之前，举荐唐继尧回云南任都督，袁世凯同意了蔡锷的要求。

蔡锷到了北京之后便被袁世凯委以精心设置的闲职，并遭到严密监视，其实就是被袁世凯软禁起来。

然而蔡锷也非等闲之辈，在明白了自己的险恶处境之后，立即开始想办法逃脱樊笼。但是蔡锷的一举一动都有袁世凯的人紧密跟随，想要跟袁世凯这么老奸巨滑的人斗智，逃出其布下的天罗地网，谈何容易？

苦思良久之后，蔡锷想到了一个办法，那就是假装自甘堕落，让袁世凯放松警惕之心。

于是蔡锷每日里打麻将、吃花酒、逛妓院，吃喝玩乐，沉迷于八大胡同的风花雪月中，把自己装扮成浪荡之徒，还制造了家庭不和的舆论，并与云吉班的头牌妓女小凤仙整日厮混，作出种种假象迷惑袁世凯和他的耳目。袁世凯得知这种情况以后，觉得蔡锷堕落成性，昏然无能，实在不足为虑，戏称他为"风流将军"。除此之外，蔡锷还在八月举行的将军联名支持帝制时表示极力支持袁世凯称帝，更使袁世凯对他深信不疑。

小凤仙是民国名妓，袁世凯让她结识蔡锷本意是让蔡锷陷入温柔乡中不能自拔，但是小凤仙接触到蔡锷之后，认为蔡锷为人正派，是一个顶天立地的男子汉，不像一般官僚政客，因而对他极为仰慕。蔡锷也把小凤仙视为知己，向她细细述说袁世凯的称帝野心及其为患国家的道理，并请她设法帮助自己逃离北京。

看见蔡锷整日里吃喝玩乐，醉生梦死，沉浸在温柔乡中，袁世凯认为自己的计谋成功，遂对蔡锷放松了警惕。趁着这个时机，在小凤仙以及梁启超等人的帮助下，蔡锷成功地避开了袁世凯的眼线，顺利逃出北京，以最快的速度返回了自己的大本营。当袁世凯得知这个消息之后，不由得仰天长叹：我竟被蔡松坡(蔡锷)骗过了！

次年初，袁世凯冒天下之大不韪登基称帝，蔡锷遂率兵讨伐袁世凯，护国运动正式开始。在蔡锷的引领下，全国各省纷纷竖起义旗，宣布独立。在众叛亲离、四面楚歌的情况下，袁世凯回天无力，被迫取消帝制，不久之后即郁郁而死。

由此可见，扮猪以掩人耳目，行韬光养晦之策，最终扳倒老虎，堪称是绝境之中反败为胜的奇招，也是办事人在遇到困难时不可不知的一着妙棋。

281

韬光养晦是困境中保身全命的绝招，更是弱势图强、起死回生的好方法，使用这种计谋并获得成功的人士自来有之。孙膑被庞涓嫉妒，受到庞涓迫害的时候，依靠装疯卖傻，逃过庞涓的暗算，并通过围魏救赵、以逸待劳等计谋将庞涓打败，报得一箭之仇；越王勾践在兵败国破之际，屈身为仆，在吴国为奴三年，受尽折磨，终于获得吴王信任，才能东山再起击败吴国，成为春秋时期最后一个霸主；魏国大将司马懿在政敌虎视眈眈的时候，假装卧病在床，奄奄一息，让对手放松警惕，才能一举政变成功，建立起属于自己的政权；当然，还有蔡锷以及其他人，他们的成功很大程度上都取决于自己的办事方法，更确切一点说，就是韬光养晦。

做人做事一点通

英国哲学家培根在其名著《随笔》中指出："炫耀于外表的才干徒然令人赞美，而深藏不露的才干则能带来幸运，这需要一种难以言传的自制与自信。"要想在形势不利的情况下把事情办好，要想在困境中起死回生，那么不妨学学蔡锷、勾践、孙膑、司马懿等人，掩饰自己的实力，不暴露自己的想法，让对手放松警惕，从而赢得成功。

2. 放低姿态，耐心处世

降低姿态，平和心情，耐心地接受考验，更容易成功。越王勾践卧薪尝胆，耐心寻找机会，终于成就霸业，吴王夫差迷失于一时的成功，四处炫耀武力，导致国破人亡。低调做人，耐心处世，是成功的保障。

耐心，更多地表现于一个人的内心，是铁杵磨成针的毅力，是十年寒窗的勤奋，是坦然面对失败或成功，胜不骄，败不馁的心境。而考验，也许是飞来横祸，国破家亡，也许是鲜花掌声，万人崇拜，也许是茫茫黑夜，不见光明，也许是明枪暗箭，冤屈误解。

能耐心接受考验的人知道如何等待，有耐心等待的人往往会获得最后的成功，得到命运给予的最丰厚奖赏。为人行事低调不仓促，不受情绪波动的困扰，任尔东西南北风，我自岿然不动，耐心做事，积极寻找机会。

西晋时候，有个人名叫石苞，他为人沉稳，战功赫赫，是当时一位非常有名的将军，深得皇帝司马炎的信任。石苞平时努力工作，认真做事，尽职尽责，在辖区的百姓心目中很有威望。

那个时候，天下还未统一，长江以南还是由吴国统治，吴国时常出兵进攻晋朝。晋武帝司马炎便派他带兵镇守边防，抵抗吴国的进攻。

石苞出身贫寒，为人正直，因此在朝中有一部分人暗中嫉恨他。有一位官员叫王琛，当时在淮北一带做监军，他听到一首歌谣说："皇宫的大马变成驴，被大石压着不能出。"他认为这"马"当然说的是皇帝司马炎，而这"石头"当然就是说的是石苞了。于是，他就悄悄跟司马炎密报石苞背叛晋朝，意图谋反。

就在王琛诬告石苞前不久，迷信风水的司马炎也听一个法师预测说："东南方将有大将造反。"石苞刚好就在东南方，因此在看到王琛对石苞的诬告以后，晋武帝就开始怀疑石苞了。

正在石苞遭受司马炎猜忌的时候，荆州官员送来了吴国派大军进犯晋朝的报告。同时石苞也得到了探子的密报，立即着手准备战斗，开始修筑防御工事，封锁通道，准备抵御吴国的进攻。司马炎听说石苞加固城墙准备战斗的信息后不由得更加怀疑石苞的用意，就问中军羊祜说："吴国军队进攻的套路一向是东西呼应，两面夹击，这次怎么会只在一边。难道石苞真的有意谋反？"羊祜认为不会，但是羊祜的看法并没能打消司马炎对石苞的怀疑。

正在这个时候，又一件事情发生了。当时石苞的儿子石乔也在朝中任职，有一天司马炎召见他，可石乔很长时间都没有消息，更别说去晋武帝那里报到，这彻底引起了司马炎的怀疑，于是他秘密派兵，准备出其不意讨伐石苞。

在出兵之前，司马炎发布了一个罢免石苞官职的文告，认为石苞没有得到正确消息就封锁交通，修筑工事，严重扰乱了百姓的正常生活。然后就派遣大将带领重兵前去征讨石苞，同时还调来另外一支人马从前方包抄，以形成对石苞的合围，尽可能使得石苞不能逃跑。

但这一切石苞一点都不知道，还是一如既往地练兵守城，准备应付吴国的进攻。直到灾难临头，司马炎派兵讨伐他的时候，他还莫名其妙。为人非常耐心的石苞心想："自己一向对朝廷忠心耿耿，忠诚为国，也没有做什么违法乱纪的事情，怎么会被皇帝派兵征讨呢？这里面肯定有误会。而且自己为人一向光明磊落，上对得起国家，下无愧于百姓，用不着畏惧，见了皇帝一切都会明白的。"于是，他采纳了部下的意见，放下武器，打开城门，没有做任何的反抗和辩驳，只身来到都亭住下来，等候司马炎的处理。

司马炎听说了这些事情以后，顿时清醒过来，他想："指控石苞反叛的事情本来就没有什么真凭实据。况且石苞如果真要反叛朝廷，他修筑好了防御的工事，大兵到来他早就反抗了，怎么会只身出城，坦然接受处罚呢？他又不是傻子。再说，如果石苞真的投降吴国，怎么也没有敌人前来帮助他呢？司马炎也不是一个彻头彻脑的糊涂蛋，经过一番仔细的揣摩，晋武帝对石苞的怀疑一下子打消了。

果然，石苞被送回到朝廷以后，不但受到了司马炎的盛情优待，还愈加得到晋武帝的重用和信任。

俗话说："不做亏心事，不怕鬼敲门"。又说"身正不怕影子斜。"石苞的故事说明了一个道理：在意外的危难面前，在事情的紧急关头，更应该冷静地对待，低调地处理，要多一份耐心，对于自己所遇到的不平遭遇和危难处境，要耐心对待，不要因此心惊胆战慌了手脚，也不能气愤不平做出冲动的事情。只要坦荡无私、冷静面对，总有云开雾散的时候。

人的一生不可能如一潭死水，没有一点波澜起伏，也不可能一马平川，不遭受一点挫折。不一定什么时候，寂寞、孤独、失败、委屈、误解、鲜花、掌声、成功、辉煌都会出现在面前，这个时候，耐心的态度，平和的心态，低调做人处世，是接受考验脱离困境成就事业的保障。

耐心，是处世低调的人都具备的良好品质。不管是身处高位还是功成名就，无论是面对不平还是遇到挫折，多一分耐心可能就多一次机会。勾践用几十年的耐心打垮吞灭了强悍的吴国，一雪前耻；夫差滥用武力，自高自大结果人死国亡。

心胸宽广的人看事情能够看得更长远，不计较眼前的小事。他们认为即使别人得到的多，自己得到的少，也没有必要去计较；别人自以为是的贬低，也不用放在心上；就算别人强大富有权高位重，自己弱小贫穷一无所有，也不用自叹自怨。人可以胜天，能改造世界，完善自我，但是人也要遵循自然规律，不可过分张扬。

有人这样形容过猫捕鼠的情形：一日下午，去磨房，刚进门，陡然看见家里的老猫伏在墙角，不远处的墙缝有一小洞，明白是盯上耗子了，于是悄然退出。半小时后，再去，老猫仍在原地，又半小时，仍未动，一直偷偷察看了三次，没见任何动静，老猫静伏如故。不耐烦了，于是走开。傍晚在院子里却看见老猫从磨房里窜出，嘴里叼着一只还在抽搐的老鼠，心里不由得大为叹服。

也许有人认为这跟守株待兔没什么两样，细细想来，根本就是两码事。在这次捕鼠的过程中，其实双方比拼的就是耐心。老猫将耐心这一品质发挥得淋漓尽致，终于等到老鼠从洞里出来，相反，老鼠明知道天敌在外面虎视眈眈，虽然在洞里耐心等待了好长时间，却没能坚持到最后，最终成为老猫的美餐。

耐心如同盛水的杯子，成功就是盛在杯子里的水，杯子越大盛放的水也就越多；耐心如同遮风避雨的房子，房子越坚固，住在屋里的人越安全；耐心就是用来捞鱼的网，网上的线越密，捞住鱼的机会就越大。

285

做人做事一点通
出色做事，需要耐心；想要成功，更需要耐心。

3. 耐住性情，能屈能伸

清人傅山说过："愤怒正到沸腾时，就很难克制住，除非'天下大智大勇者'便不能做到。"的确，人都有七情六欲，难免因情绪激动而愤怒，但是人们还是要尽量的忍住这种情绪，做一个低调处世的大智大勇者，因为有句话叫"小不忍则乱大谋"，只有在处理事情时，懂得克制和忍耐，才能成就一番大事业。

忍耐是大智者所为，它是一种生存智慧。在中国历史上大凡有智慧的人在面临危险时，都能冷静地面对，适时的忍耐、退步，化解险情，求得生存，然后再伺机而动，取得胜利。

唐代宰相娄师德的弟弟要去代州都督府上任，临行前，娄师德对弟弟说："我没多少才能，现位居宰相，如今你又得州官，得的多了，会引起别人的嫉恨。该如何对待？"他弟弟回答说："今后如果有人往我脸上啐唾沫，我也不说什么，自己擦了就是。"娄师德说："这正是我担心你的。那人啐你，是因为愤怒，你把它擦掉了，这就是抵挡那人怒气的发泄。唾沫不擦自己也会干的，倒不如笑而接受为好。"

娄师德兄弟的这番谈论，有打比方、开玩笑的成分，其中意思就是要忍耐，要退让，不要去和对方"针尖对麦芒"。不然，就会更加激怒对方，使矛盾尖锐化，带来更严重的后果。

众所周知，越王勾践卧薪尝胆，最后打败吴国，勾践的这种忍辱负重的精神可以说到了忍耐的极限。

越国与吴国交战，吴国兵败。当时，勾践是越国国王，而吴王夫差刚好继位。为了替父报仇，夫差立志使吴强大起来，蓄势向越进攻。

经过两年的精心准备后，吴王在大将伍子胥的帮助下，向越发起了进攻，一举打败了越国。勾践走投无路，他对自己当时的状况非常清楚，要想日后东山再起，就必须把自己的心思隐藏起来，在吴国忍辱负重。否则，不要说东山再起，恐怕连命都保不住。因此，他通过关系与夫差达成了和议，条件就是要他和他的妻子到吴国做奴仆。不久，勾践夫妇就到了吴国，大夫范蠡随行。

为了替父报仇，夫差对勾践百般羞辱，令他们在父亲的坟旁养马。主仆三人从此便过上了忍辱负重的日子，他们吃的是粗茶淡饭，穿的是粗布单衣，住的是一座冬天如冰窟、夏天似蒸笼的破烂石屋，每天都是一身土、两手粪，这样的生活一直持续了三年。夫差出门坐车时，为了羞辱勾践，他总是要求勾践在车前为他领马。每当勾践从人群中走过时，就会遭到他人的讥笑："看，堂堂一个国王现在沦落成马夫，这样还活着，要是我啊，早就死了算了。"勾践每每听到这样的讥笑时，心在滴血，但他脸上仍然表现得笑容可掬，装作不在意的样子。他知道，一旦他不能将自己所有的情绪伪装好，自己东山再起的心思就会被夫差识破，到时候要忍受的就不只这些了。所以，勾践忍受了权势、地位发生翻天覆地变化的巨大痛苦，忍受了夫差的奴役。

一次夫差病了，勾践前去探望，正好赶上夫差大便，待吴王出恭后，勾践尝了尝吴王的粪便，便恭喜吴王说他的病即将痊愈，请夫差放宽心。

正是因为这件事改变了夫差对勾践的看法，因而也转变了勾践的命运。或许勾践真的精通医道；或许勾践是在奉承吴王；或许是上天给勾践东山再起的机会。总之，夫差在勾践探望过后，病情真的好转了，而且很快就痊愈了。夫差见勾践对自己忠心耿耿，经过这三年的磨难已经放弃了复兴越国的想法，便决定将他放了。

现实生活中，人们所遇到的困难或挫折，有哪些能与勾践遭遇到的相比呢？又有谁能像勾践一样，在近乎于残忍的羞辱上忍辱负重呢？这是一般人无法做到的事情。

勾践之所以会忍耐、顺从与屈辱，是为了尽快回到自己的国土，卷

287

土重来，一展雄风。他深知，要逃离夫差的掌控，只有用忍耐来隐藏自己的心思。否则，很可能会断送性命。

做人做事一点通

忍耐与"宁为玉碎，不为瓦全"、"士可杀不可辱"这种做人态度不相同，忍耐是一种低调做人的智慧。勾践正是具备了这种忍辱负重的智慧，才有了东山再起的机会。

4. 柔能克刚，先退后进

宁折不弯虽然是做人的一个原则，但是，忍辱求全却是低调处世的一种智谋，越王勾践卧薪尝胆，最终灭掉吴国，他的成功可以归结为一个"忍"字，这种意义的忍不但不是懦弱的表现，还恰恰是意志坚强的象征，可谓是一种超出常人的大境界。

在成大事者的眼中，任何艰难困苦都不足以让人心灰意冷，相反更加鼓舞士气，激发起一定要做成大事的欲望。在遇到困难的过程中，不与对手直接对抗，而是稍稍低一下头，避开强劲的疾风才是明智之举。

用忍耐应对不利的局面是高明的办法，当人们遇到一时难以解决的问题时，以忍耐应对当前的屈辱与刁难是最理想的方法。很多人都无法体会到忍耐的好处，取而代之的是冲动、过激的行为，其实，适时地忍耐一下，以退为进，可以改变局势，转败为胜。

唐代武则天专权时，为了给自己当皇帝扫清道路，先后重用了武三思、武承嗣、来俊臣、周兴等一批酷吏。以严刑厉法、奖励告密等手段，实行高压统治，对抱有反抗意图的李唐宗室、贵族和官僚进行严厉镇压，先后杀害李唐宗室贵戚数百人，接着又杀了大臣数百家，至于所杀的中下层官吏，其人数更是无法统计。

武则天曾下令在都城洛阳四门设置"匦"（意见箱）接受告密文书。对于告密者，任何官员都不得询问，告密核实后，对告密者封官赐禄；告密失实，并不受罚。这样一来，告密之风大兴，不幸被株连者不下千万，朝野上下，人人自危。

一次，酷吏来俊臣诬陷平章事狄仁杰等人有谋反行为。来俊臣出其不意地先将狄仁杰逮捕入狱，然后上书武则天，建议武则天下旨诱供，并说如果罪犯承认谋反，可以减刑免死。狄仁杰突然遭到监禁，既来不及与家里人通气，也没有机会面奏武后，说明事实，心中不由焦急万分。

审讯的日子到了，当来俊臣在大堂上读武则天的诏书的时候，就见狄仁杰已伏地告饶。他趴在地上一个劲地磕头，嘴里还不停地说："罪臣该死，罪臣该死！大周革命使得万物更新，我仍坚持做唐室的旧臣，理应受诛。"狄仁杰不打自招的这一手，反倒使来俊臣弄不懂他到底唱的是哪一出戏了。既然狄仁杰已经招供，来俊臣将计就计，判他个"谋反属实，免去死罪，听候发落"。

来俊臣退堂后，坐在一旁的判官王德寿悄悄地对狄仁杰说："你也要再诬告几个人，如把平章事杨执柔等几个人牵扯进来，就可以减轻自己的罪行。"狄仁杰听后，感叹地说："皇天在上，厚土在下，我既没有干这样的事，更与别人无关，怎能再加害他人？"说完一头向大堂中央的顶柱撞去，顿时血流满面。

王德寿见状，吓得急忙上前将狄仁杰扶起，送到旁边的厢房里休息，又赶紧处理柱子上和地上的血渍。狄仁杰见王德寿出去了，急忙从袖中抽出手绢，蘸着身上的血，将自己的冤屈都写在上面，写好后，又将棉衣撕开，把状子藏了进去。一会儿，王德寿进来了，见狄仁杰一切正常，这才放下心来。

狄仁杰对王德寿说："天气这么热了，烦请您将我的这件棉衣带出去，交给我家里人，让他们将棉絮拆了洗洗，再给我送来。"王德寿答应

289

了他的要求。

狄仁杰的儿子接到棉衣，听到父亲要他将棉絮拆了，就想：这里面一定有文章。他送走王德寿后，急忙将棉衣拆开，看了血书，才知道父亲遭人诬陷。他几经周折，托人将状子递到武则天那里，武则天看后，弄不清到底是怎么回事，就派人把来俊臣叫来询问。来俊臣做贼心虚，一听说武则天要召见他，知道事情不好，急忙找人伪造了一张狄仁杰的"谢死表"奏上，并编造了一大堆谎话，将武则天应付过去。

又过了一段时间，曾被来俊臣妄杀的平章事乐思晦的儿子也出来替父伸冤，并得到武则天的召见。他在回答武则天的询问后说："现在我父亲已死了，人死不能复生，但可惜的是法律却被来俊臣等人给玩弄了。如果太后不相信我说的话，可以吩咐一个忠厚清廉，你平时信赖的朝臣假造一篇某人谋反的状子，交给来俊臣处理，我敢担保，在他酷虐的刑讯下，那人没有不承认的。"

武则天听了这话，稍稍有些醒悟，不由想起狄仁杰之案，忙把狄仁杰召来，不解地问道："你既然有冤，为何又承认谋反呢？"

狄仁杰回答说："我若不承认，可能早死于严刑酷法了。"

武则天又问："那你为什么又写'谢死表'上奏呢？"

狄仁杰断然否认说："根本没这事，请皇帝明察。"

武则天拿出"谢死表"核对了狄仁杰的笔迹，发觉完全不同，才知道是来俊臣从中做了手脚，于是，下令将狄仁杰释放。

做人做事一点通

有时候忍耐住刚强直率的性格与对手周旋，是斗争中的良策。相反以硬碰硬，会让自己吃大亏，这样做无论从哪方面来讲都是不明智的。必要的时候，忍人所不能忍，必能保全自己。

5. 耐心把冷板凳坐热

每个人都企盼"一朝成名天下知",渴望功成名就的辉煌,但在此之前,还需要有"十年寒窗无人问"的努力,有把冷板凳坐热的耐心。放低姿态,平和心情,耐心寻找机会。

机遇就像天空一闪而过的流星,不是什么时候都有的。如果没有充足的耐心,即使出现了机遇,也未必能把握住。

看看足球场上,有些人现在叱咤风云,风光无限,可是几个月前也许他还在冷板凳上苦熬时光。每支球队的人数大都是在二十人左右,能够上场的却只有十一人,其他的就是坐在板凳上等待机会的替补球员。在一场比赛中,这些板凳队员有的只能上场几分钟,有的连上场的机会都没有,即使一个赛季,一些替补也没能上场几分钟。如此时光,可谓难熬之极。

人生就是这样,不可能什么时候都是"场上的主力",机遇也不可能时刻都有。很多时候,都得坐在冷冰冰的板凳上,等待着机遇的出现。

每个人都抱怨命运的不公,埋怨自己没有获得良好的发展机会,但是事实上,如果对自己所做的每件事情进行细致地分析,也许会发现,机会不是没有,只是在不自觉中把它浪费掉了。成功不只是需要热忱的干劲,还需要充足的耐心。

也许人们在逛商场的时候,经常会发现这样的情景:

一位顾客想要买一款诺基亚手机,他面前的柜台出售的是三星手机,而柜台后的售货员对他并不怎么热情。这位顾客对商场环境似乎不太熟悉,所以他转了一圈之后又回到了这里。眼前的这位售货员当然知道诺

291

基亚的柜台在哪儿，可是他只是很不耐烦地指了一个方向就继续跟朋友聊天，虽然这位顾客已经很礼貌地问过几遍了，售货员依然没答理他，最后也只是冷冰冰地说："问那边的售货员吧，他会告诉你怎么走的。"而这期间，这个售货员跟朋友讨论的无非是商场的不足或业绩不好等等。

与此相反的是这样一个故事：一个下午，突然下起了雨，街上的人纷纷开始找能避雨的地方。有位老太太走进某市的一家大型百货公司，漫无目的地在商场里面闲逛，很显然也是避雨的，一副明显不打算买东西的神态。这里大多数的售货员只看她一眼，然后就自顾整理商品或者跟同事们闲聊，也有少数人礼貌地问了老太太一声，在确定老太太只是进来避雨之后就不再说话了。最后，一位年轻的男售货员看到了她，先主动地向她打招呼，并很有礼貌地问她，是否有需要他服务的地方。这位老太太依旧说，她只是进来躲雨，并不打算买任何东西。这个年轻人并没有因此而冷落她，还主动和她聊天，显得很欢迎她。当她离去时，这个年轻人还陪她到公司门口，真诚地提醒老太太雨天路上要小心。

走之前，老太太很仔细地打量了这位年轻人一番，并向他要了一张名片。过了很长时间，这个年轻人几乎都忘了这件事情。突然有一天，他被公司老板叫进办公室，老板指派他去做一项工作，并给他看了一封信，信是那位老太太写给老板的。原来这位老太太是一位著名企业家的母亲，过去也是一位成功的商业人士。现在他们公司跟这家百货公司有业务上的来往，就直接要求这家百货公司的老板派这个年轻人前往。这项业务的交易金额数目巨大，本来这个年轻人是根本不可能参与的。但是老太太在信中说："有如此耐心对待顾客的职员，才是做好这个工作的最佳人选。"

境况不好时，也有机会，就看人们如何去把握。就像那两个售货员，都处在较低的位置上，最终，是耐心决定了他们能否抓住机会获得成功。

做人做事一点通

坐在冷板凳上，耐心地分析原因，努力地提高自己，低调地为人处世，总有把冷板凳坐热的时候。今朝的蛰伏会让明天飞得更高，耐得严寒方有梅花的傲雪芬芳。

6. 求胜不可心切，强进不如暂退

"退"其实是一种手段与权宜，而不是目的，所以，人们在做事时要掌握好进退的尺度，从而取得主动和利益，在占有优势的情况下恰当的采取"退"的策略，最终达到想要的结果，也不失是一种低调做人的大智慧。

知进而不知退，善争而不善让，必然会招来灾祸。对于一件事情，如果一味地为了达到目的而只强调好的一面，别人就很难相信。这时不如利用人类潜在心理的"别扭心态"，采取以退为进的方法来取得对方的信任。然而"求胜"心太切，目的性太强往往会导致不好的结果。

只退不进难成气候，一味地猛冲容易碰壁，所以，掌握好进退的尺度是一个人成功的关键。与其处处碰壁，不如迂回通达，适时进退。有时，"退"是一种做人的方法，"退"是为了更好地"进"。

宋朝抗金名将宗泽，曾在滑州保卫战中采取"联合抗金"的策略，同许多地方的义军共同打退了金兵的南犯，在滑州保卫战中取得了重大的胜利。

战争结束后，老将宗泽为了再次迎战金军，在开封修建了许多防御工事，并且招募了大批兵马，然后准备从扬州回东京，他多次上奏请求回东京，高宗却害怕宗泽的兵力日趋强盛，身为前朝重臣的他一旦迎回徽、钦两位皇帝，自己的皇位很难保住，因此，他派郭仲荀名义上做东京副留守，实则为监视宗泽。老将军满腔报国热忱，没想到会被高宗猜忌，心中难免愤愤不平，失望的气氛取代了报国热情，但也只是敢怒而不敢言，一口怨气无处发泄，刚直不阿的老将每天吃不下睡不安，不久，便病倒在床，后因背上毒疮发作身亡。

高宗丝毫没有因为失去一员大将而遗憾，宗泽一死，他继而派杜充为东京留守。杜充上任不久，便将宗泽采取的一切抗敌措施废除，他不但拆除宗泽主持修建的防御工事，还刻意打击义军将领。就这样，把老将宗泽费尽心血组织的百万武装力量，在一月之间就销毁得无影无踪。

在东京一切抗金力量土崩瓦解之时，金国再次南犯，统军大将粘罕，英勇无比，率金兵连克开封、大名、相州、沧州等地，宋军节节败退，很快粘罕率金军主力攻打到扬州，高宗赵构仓惶而逃，辗转多处，最终落足杭州。

昏庸的高宗皇帝，不但没有因为这次事件而清醒，反而变本加厉地宠信腐败无能的王渊、康履等人。而护送他到杭州的苗傅、刘正彦等人要求收复河北，他却不加理睬。

于是，苗傅、刘正彦等人一气之下，带领手下将士，举行了武装暴动。趁机杀死了无能的王渊，而后，带兵直闯宫中，杀了百余名宦官，见高宗说："陛下赏罚不明，战士们为国流血流汗，不见奖赏，而宦官逆臣不见为国做事，却得以厚赏；宦官王渊遇敌不战，抢先逃走，其同党内侍康履，更是贪生怕死之徒，这样的人居然得到重用，如何服众将士？现我二人已将王渊斩首，唯有康履仍在陛下身边，为谢三军，请陛下将其立斩。"

高宗见形势不妙，只得斩康履而求自保。哪知苗傅等人并不罢休，对高宗说："陛下，徽、钦两位皇帝尚在，您便登基做皇位，不知二位皇帝如果回朝您将如何？"

高宗当然无言答对，只得许苗傅、刘正彦二人高官职，但两人坚持请太后听政，高宗禅位皇太子。

这时，宰相朱胜非出来劝阻，结果仍然没有变化，高宗很难做出决断，但害怕苗、刘二人带人杀入宫中，更无回天之力，于是痛下决断，先解燃眉之急，高宗对朱胜非说："我应当退避，不过须有太后手诏，方可禅位。"宰相朱胜非因此将计就计，同高宗说："我曾听苗傅的一心腹说过，他二人虽有赤胆忠心，但书读的不多且生来固执，此时一定无法劝说，所以，陛下暂且禅位，日后再寻找机会铲除二人，方为上策。"

这样，高宗便借太后手诏，禅位皇子，遂太后垂帘听政。此后，国家大事都由宰相朱胜非处理。朱胜非怕引起苗、刘两人怀疑，于是，每日都让他二人上殿议事。苗发现高宗仍然在暗中处理国事，便与刘正彦共同提出让高宗迁出宫中。

高宗气愤至极道："他们也太过分了，居然敢来干涉我的起居……"朱胜非则加以劝阻："暂时去显宁寺居住也好，这样就不会再遭怀疑，对以后复辟成功来说是件好事。"高宗此时也很无奈，只有听从朱胜非的建议了。

高宗出宫不久，平江留守张浚等便联络众将发兵讨逆，大举进发杭州，苗、刘两人见大兵压境，没有太多战略经验的他们慌了手脚，于是和宰相朱胜非商议对策，朱胜非说："此时兵临城下，要打，没有足够的兵力，我认为迅速改正，方为上策！"二人虽然最不愿走这条路，可是再三思考，仍然毫无办法，只有听从朱胜非的建议，请高宗复位，可想而知，高宗复位，苗、刘二人性命不保，果不其然，不久后二人被杀。

在形势十分险恶的情况下，朱胜非劝高宗采取适当的退却，禅位于太子，不但保住了性命，还为以后的复辟做了铺路石，在时机成熟时，又重新登上了皇帝的宝座。不难看出，这种退却的把握是相当有度的，虽然失去了暂时的身份地位，却为赢得最终的胜利埋下了伏笔。

295

做人做事一点通

"手把青秧插满田，低头便见水中天；心地清净方为道，退步原来是向前。"读过陈丹青这首诗的人都知道，它告诉人们过分坚持自己的想法并不一定能取得预想的效果。相反，如果采取一种"退"的策略，也许就是向胜利的方向迈进了一大步，谨记："求胜不可心切，强进不如暂退。"

7. 小不忍则乱大谋

在与对手竞争时，如果某一阶段处于不利地位，无法与对手相抗衡，就暂时"忍"下来，待时机成熟再出手，将其击败。

综观古今中外名人的做事之道，有很多都是采用"忍"术而取得巨大成就的。忍一时之辱，实为大丈夫能屈能伸的表现；有些惊险的局面由不得你乱中行动，这时最好的办法是变乱为忍。具体来说，一是善于根据不同情况作出不同的反应，不拘泥成规，根据具体情况的变化，灵活多变地运用自己的智慧去解决问题。二是要跳出思维方法的固定模式，充分发挥人的主观能动性，全方位地看问题，不怕突发事件的发生。三是要临变不惊，临乱不慌，处理变乱要有恒心，有决心，有勇气，决不能心慈手软。四是应当多注意总结、分析，在变乱发生之前做好相应的准备工作，不至于事到临头，还不知如何应付，这样就会使自己处于被动局面。五是面对变乱要有积极地处理变乱的方法，而不能慌不择路，毫无根据可循。

做人做事一点通

忍耐与"宁为玉碎，不为瓦全"、"士可杀不可辱"这种做人态度不相同，忍耐是一种低调做人的智慧。勾践正是具备了这种忍辱负重的智慧，才有了东山再起的机会。

做事篇

第十章
认真做好每件事

无论做何等人，总不可有势利气。

无论习何等业，总不可有浮心。

清·王永彬《围炉夜话》

1. 先做小事，再做大事

一个出色做事的人，从来不因为小事而懈怠，相反小事也要认认真真办好，他们会把做好小事看成是一种磨练。的确如此，勿因小事而不为。眼前的小事或许正是将来大成绩的幼苗和基石。一般大的功业都是由小成功积累而来的。

如果你好高骛远，那就犯了一个大错误。你以为可以不经过程而直奔终点，不从卑俗而直达高雅，舍弃细小而直达广大，跳过近前而直达远方。你心性高傲、目标远大固然不错，但目标好像靶子，必须在你的有效射程之内才有意义。如果目标太偏离实际，反而无益于你的进步。同时，有了目标，还要为目标付出努力，如果空怀大志，而不愿为理想的实现付出辛勤劳动，那"理想"永远只能是空中楼阁，一文不值的东西。

被评为湖南省十大杰出青年农民的刘九生，是靠做木梳起家的。刘九生高中毕业时正赶上父亲因不慎失足而摔成了残疾，他为了照顾家庭，放弃了高考回到家里，整日过着"面朝黄土背朝天"的生活。年轻气盛的刘九生不安心这种一潭死水般的生活，梦想着有朝一日自己能够发家致富，创一番大事业。为此，刘九生曾做过多种生意，但总不能成功。刘九生的父亲有一手做木梳的手艺，劝他做木梳，可刘九生认为一个大男人，靠做小木梳有什么出息，不愿意学。

有一天，刘九生正坐在墙角叹气时，父亲走过来，心平气和地对他说："孩子，是我对不起你，耽误了你考大学。但三百六十行，行行出状元。如果你能把木梳做好，也可以发财啊，你如果愿意学，我明天就教你。要从小事做起，才能有大的成功。"

第二天，刘九生就跟父亲学起了做木梳。他专心致志地学，几天就学会了，但每天只能做几把木梳，他们家住的地方比较偏僻，拿到集市上去卖，价格很低，慢慢的刘九生有点灰心了。

但有一天，他到城里办事，发现城里一把木梳比家乡集市上要贵几毛钱，于是，他便挨家挨户去收购木梳，做起了木梳的批发生意。他很快就赚了五六万元钱，看到村里人手工做木梳靠的是传统的方法，生产速度慢，有时货源还短缺，他萌生了办一个木梳厂的想法。

厂子建起来了，他又四处寻找销路，1993年12月的一天，刘九生突然接到衡阳市一家公司老总打来的电话，说想订一些货经销，但不知木梳质量好坏，刘九生放下电话，一看手表，已经下午三点多钟了，如公共汽车不晚点，今天还来得及把梳子送到那家公司……当刘九生走进这家单位时，正好碰上这家公司的员工下班，他的心猛的一沉，以为老总可能早就下班了！

正当他有点灰心丧气时，忽然发现一个夹着公文包的人从公司走了出来，他怀着碰碰运气的心情上前去问道："请问××经理的办公室在哪里？"没想到那个人就是那位老总。他看到刘九生如此勤勉，十分感动，紧紧握住刘九生的手说："小伙子，你的精神感动了我，我相信你的梳子质量也是最好的。这一笔生意，给刘九生带来了两万元的利润，刘九生就是这样，从小事做起，凭着用心和刻苦，走上了事业成功的道路。现在刘九生的"天天见"公司一跃成为全国最大的木梳生产企业之一，产品远销东南亚各国，公司总资产已达到三千万元。刘九生的经历告诉大家，要成功首先要从小事做起，一点一滴去积累，许多人追求快捷的成功方式，终其一生也一事无成，因为他的精力主要耗损在焦躁的期盼之中，对要做的事情并未真正投入必要的精力，看上去很忙，实际上是"泡沫现象"。

好高骛远者首要的失误在于不切实际，既脱离现实，又脱离自身，总是这也看不惯，那也看不惯。或者以为周围的一切都与他为难，或者不屑于周围的一切，终日牢骚满腹，认为这也不合理，那也有失公允。

299

张三不行，李四也不怎么样，唯有自己出类拔萃，不能正视自身，没有自知之明，是好高骛远者的突出特征。你该掂量自己有多大的本事，有多少能耐，不要沾沾自喜于过去某方面的那一点点成绩，要知道自己有什么缺陷，不要以己之所长去比人之所短。不要心中唯有自己的高大形象，从不患不知人，难患人之不己知。一天又一天，一年复一年，总是有一种怀才不遇、英雄无用武之地的感觉。

脱离了现实便只能生活在虚幻之中，脱离了自身便只能见到一个无限夸大的变形金刚。没有坚实的基础，只有空中楼阁、海市蜃楼；没有确实可行的方案和措施，只有空空洞洞的胡思乱想，这是形成好高骛远者人生悲剧的前奏。

其次，好高骛远者大都是懒汉，害怕吃苦，惧怕困难，情绪懒散，从精神到行动都游游荡荡，好逸恶劳，贪图享受。甚至打心眼里瞧不起那些吃苦耐劳者，认为那是愚蠢。也打心眼里瞧不起每天围绕在身边的那些小事，不屑于做它，这是形成好高骛远者人生悲剧的根本性原因。

"图难于其易，为大于其细。天下难事，必做于易；天下大事，必做于细。是以圣人终不为人，故能成其大。"要想度过人生的危难，战胜人生中的种种挫折，完成天下的难事，要在年轻单纯的时候，觉得为人处世容易和顺利的时候就开始。要想成就高远宏大的事业，实现理想和追求，必须从最细小最微不足道的地方做起，从最卑贱的事情起步。

做人做事一点通

想成功就从那细小的事情开始做起，一步一个脚印地向前走。如果是连小事都做不好的人，大事也肯定做不好！

2. 认真筹划，杜绝盲目

　　防止盲目的唯一方法是认真，只有认真去做，才不会像无头苍蝇一样瞎撞一气，碰得头晕眼花还找不到做事的方法，其结果只能是失败。所以，做事之前要认真谋划，真正做到有的放矢，决不白白浪费工夫。

　　《列子·说符》中记载了一个故事：杨子之邻人亡羊，既率其党，又请杨子之竖追之。杨子曰："嘻！亡一羊，何追之者众？"邻人曰："多歧路。"既反，问："获羊乎？"曰："亡之矣。"曰："奚亡之？"曰："歧路之中又有歧焉，吾不知所之，所以反也。"杨子戚然变容，不言者移时，不笑者竟日。门人怪之，请曰："羊，贱畜，又非夫子之有，而损言笑者，何哉？"杨子不答，门人不获所命。

　　这段话翻译过来意思是说：杨子的邻居家跑丢了一只羊。邻人立刻率领亲戚朋友们去追寻，并邀请杨子的仆人一同前去。

　　杨子说："嘿！不就是跑丢了一只羊吗，何必要这么多人去追寻呢？"

　　邻居解释说："岔路太多了，人少了找不过来！"

　　过了一段时间，邻居带人回来了。杨子问道："羊找到了吗？"

　　邻居说："没找到，跑丢了。"

　　杨子又问："这么多人怎么会找不到一只羊呢？"

　　邻居说："岔路之中又有岔路，我站在岔路口，不知道应该选择哪一条路去找，只好回来了。"

　　杨子听了这话，神情变得忧愁，好长时间都不说话，整天没有笑容。

　　杨子的门徒感觉很奇怪，便向他请教说："羊不是很值钱的畜生，况且不是先生家的，您这样闷闷不乐、满脸忧愁，究竟是为什么呢？"

杨子没有回答，弟子们还是摸不着头脑。

这是一则成语故事，名字就叫"歧路亡羊"，意思是说事情复杂多变，没有正确的方向就会误入歧途，这对于那些做事的人来说，无疑敲响了警钟。

每一种事情都不是数着自己的手指头那么简单，如果盲目行动，不找准正确的方向，距离成功只会越来越远。相反，找准方向，有的放矢，则会让事情变得容易，更接近于成功。

甘先生现在是一位小有成就的商人，开着私家车，住着小楼房，还拥有相当的资产。但是三年前他完全不是这样，那时候他整天忧心忡忡，为自己的公司经营不善而绞尽脑汁。短短几年时间，甘先生何以有如此大的变化呢？

原因没有别的，甘先生以前的经营是盲目出击，如今是有的放矢而已。

几年前，甘先生看见服装行业有着非常好的前景，别人都在大把大把地赚钱，于是他也赶紧注册了一个公司，专门经营服装的批发销售。然而甘先生在开公司之前忽略了一点，那就是他自己并不太了解这个行业，更没有对此做过细致地分析，以至于半年下来，甘先生所有的积蓄就已经全部陷入其中，欲罢不能。

甘先生为此成天长吁短叹，心急如焚，可是要让他就此罢手，他又心有不甘，那意味着在短短半年时间，他前边十多年的努力有一半就打了水漂，可是如果不就此收手，该怎么办呢？甘先生看着堆积在店里无人问津的产品，一筹莫展。

偶然的一个机会，甘先生遇见了昔日的大学同学。那位过去在大学里表现平平的同学现在已经有了千万资产，这让甘先生大为惊讶。他没有想到，过去那个看起来毫不起眼，完全看不出能有什么大作为的人，十来年的工夫，竟然获得如此成就，想想自己的窘境，甘先生感叹不已。

在和同学的闲聊当中，甘先生问及那人从事的行业，对方倒也坦然相告，说是生产销售电子产品。甘先生不禁一怔，自己怎么就没有想到这一点呢？大学里学的就是这个，虽然说后来接触的少了，可是相对于一般人来说，自己知道的还是比较多的。和那位同学分手之后，甘先生就开始留意身边的那些电子产品，并不时咨询一下那位同学，经过半年时间的调查研究，甘先生感觉自己找到了正确的方向。

因为以前失败的教训，甘先生现在已经谨慎了很多，他先是亲自去南方那些生产电子产品比较集中的地方，仔细观摩研究，还做了详细的市场调查，最后还找自己的同学帮忙分析，经过综合研究，下定决心，不再做服装，一心做电脑的组装和维修。

半年过后，甘先生把自己的店铺扩张了三倍；一年以后，甘先生在外地开设了分店……

甘先生如今谈起这几年的经历，颇有几分感慨，他说："如果当初还是那么盲目，看见别人做什么自己也做什么，那么很可能到今天已经破产了。之所以能够有今天的这点成绩，完全是因为找准了目标，有的放矢。"

做人做事一点通

歧路亡羊的教训是每一个办事的人都应该谨记的，在做事的过程中很关键的一点就是不能盲目，应该抓住目标，有的放矢，这样才能接近自己的目标。

303

3. 认真争取，坚持到底

有些时候看似毫无希望，其实只要认真争取一下就有可能成功，所以，不管做什么事都要认真争取。

一位女大学生刚毕业时，到一家公司应聘财务工作，面试时便遭到拒绝，原因是她太年轻，公司需要的是有丰富工作经验的资深会计人员。女大学生却没有气馁，一再坚持。她对主考官说："请再给我一次机会，允许我参加完笔试。"主考官拗不过她，答应了她的请求。结果，她通过了笔试，由人事经理亲自复试。

人事经理对这位女大学生颇有好感，因她的笔试成绩最好，不过，女孩的话让经理有些失望，她说自己没工作过，唯一的经验是在学校掌管过学生会财务。找一个没有工作经验的人做财务会计不是他们的预期，经理决定到此为止："今天就到这里，如有消息我会打电话通知你。"

女孩从座位上站起来，向经理点点头，从口袋里掏出两块钱双手递给经理："不管是否录取，请都给我打个电话。"

经理从未见过这种情况，竟一下子呆住了。不过他很快回过神来，问："你怎么知道我不给没有录用的人打电话？"

"你刚才说有消息就打，那言下之意就是没录取就不打了。"

经理对这个年轻女孩产生了浓厚的兴趣，问："如果你没被录用，我打电话，你想知道些什么呢？"

"请告诉我，在什么地方不能达到你们的要求，我在哪方面不够好，我好改进。"

"那两块钱……"

女孩微笑道："给没有被录用的人打电话不属于公司的正常开支，所以由我付电话费，请你一定打。"

经理也微笑道："请你把两块钱收回，我不会打电话了，我现在就通知你，你被录用了。"

就这样，女孩用两块钱敲开了机遇大门。细想起来，其实道理很清楚：一开始便被拒绝，女孩仍要求参加笔试，说明她有坚毅的品格，财务是十分繁杂的工作，没有足够的耐心和毅力是不可能做好的。

她能坦言自己没有工作经验，显示了一种诚信，这对搞财务工作尤为重要。即使不被录取，也希望能得到别人的评价，说明她有面对不足的勇气和敢于承担责任的上进心。员工不可能把每项工作都做得十分完美，我们可以接受失误，却不能接受员工自满不前。女孩自掏电话费，反映出她公私分明的良好品德，这更是财务工作不可或缺的。

做人做事一点通

两块钱折射出良好的素质和高尚的人品。而人品和素质有时比资历和经验更为重要。同时还反映出了一个问题，如果这个女孩在一开始遭拒绝就收兵，那么就可能得不到这份工作。但她不放弃，积极主动要求、争取，她没有指望谁能帮上自己，她相信的是积极主动的进取心和自信心。这是成功人士必备的素质之一。

4. 低处认真，高处大成

海洋之所以能装下最多的水，是因为所处的位置最低。低处，并非看不到光明；低处，不是没有成功的希望。低处，是考验，功到自然成；低处，是锻炼，顽铁百炼可成钢。

筑百丈高楼，也要从地基打起，建空中楼阁，只是痴人说梦。每一个人，都是从低处、卑微慢慢走向成功。降低姿态，寻找机会，终会到达成功的巅峰。

在这个世界上，处于人生顶峰，能够尽情享受成功的只是少数人，虽然大多数人都在向成功奋力拼搏。但很多人还是不得不从事着不为人关注的工作，眼下似乎也看不到成功的希望，于是埋怨人生，牢骚满腹。不过看看这个事例，也许会带来一些不一样的思考。

林肯在当选总统的那一刻，整个参议院的议员们都感到尴尬，因为林肯的父亲是鞋匠，一个职业卑微的人。而当时美国的参议员大部分出身贵族，自认为是优越的上流人士，他们从未料到有一天要面对的总统是一个出身卑微的鞋匠的儿子。于是，就有议员想趁林肯在参议院发表演说的时候，在这一点上大做文章，以此来羞辱羞辱林肯。

在林肯刚刚走上演讲台的时候，有一位参议员就站起来，态度傲慢地说："林肯先生，在你开始演说之前，我希望你记住，你是一个鞋匠的儿子。"

所有议员都大笑起来，虽然他们自己不能打败林肯，但是有人羞辱了林肯，照样使得他们开心不已。

林肯脸色依旧很平静，等到大家的笑声停止，他才诚恳地对那个傲慢的参议员说："我非常感谢你使我想起我的父亲，他已经过世了，我一定会记住你的忠告，我永远是鞋匠的儿子，而且我还知道我做总统永远都无法像我的父亲做鞋匠那样好。"

参议院陷入一片静默里，林肯又接着对那个参议员说："就我所知，我父亲以前也为你的家人做鞋子，如果你的鞋子不合脚，我可以帮你改正它，虽然我不是伟大的鞋匠，但是我从小就跟随我父亲学会做鞋子。"然后他对所有的参议员说："对参议院的任何人都一样，如果你们穿的那双鞋是我父亲做的，而它需要修理或改善，我一定尽可能的帮忙，但是有一件事是可以确定的，我无法像他那么伟大，他的手艺是无人能比的。"说到这里，林肯流下了眼泪，看到这幅场景，所有的嘲笑声部都化成了雷鸣般的掌声。

林肯的父亲是个鞋匠，出身确实不好，可是经过了他自身的努力，最终他成为了深受美国人民尊敬和爱戴的国家最高领导人。林肯的事例说明一个道理：处低不是不能成功的理由，低处更不是走向成功的绊脚石。

人生就是一方舞台，你出身的贫寒，你现在工作的低微，你所处环境的恶劣都不会成为你扮演出色主角的障碍，也许最初的演出没有掌声，也许批评、讪笑、诽谤的语言会像石头一样向你砸来，但是，只要能像林肯一样，不以出身低微为耻，坚信自己，就能获得成功。每个人都生来平等，没有贵贱之分，只有分工的不同，不要妄自菲薄，更不要自轻自贱，要用自信、胆识与才华勇敢地把那些讥讽踩在脚下，创造自己事业的辉煌，那么，低处不仅不是前进的障碍，还会成为我们向上迈进的坚实台阶。

人生中的亮点需要寻找，即使上苍给了你一片贫瘠的土地，只要有雨水、阳光，你就没有理由不生出冲天傲骨；即使你的前途被黑暗笼罩，只要前方还有一丝光亮，你就没有理由用沮丧浇灭为事业奋斗的火种。让我们也学一下林肯总统的胸怀吧，相信人生在任何环境下都是春天；让我们在卑微不起眼的工作环境里想想家田惠子吧，每一步的成长都是在收获成功。

只要努力工作，胸怀大志，即使现在还很不起眼，总有一天会走向成功的康庄大道。

成功不会因为曾经的低谷而丧失光彩，而经历过风雨的彩虹会更加的绚丽。尊贵也不会因曾经的卑微而掉价，相反，以卑微起身会给迟来的尊贵镀上一层更耀眼的光芒。任何人都不必为现在的卑微而羞惭和懊恼，也不必为出身不好而沮丧和失望，重要的是能否潜下心以较低的姿态去努力，从而走出卑微，迈向成功。没有人甘于低处，也没有人甘于卑微，立足于低微又能心存高远，才能走上人生的前台，找到开启成功之门的金钥匙。

做人做事一点通

古罗马哲学家西刘斯曾说过："想要达到最高处，必须从最低处开始。"

低是起点，一时的低处并不能说明什么，成功更青睐于能走出低谷的人；低是事情的底端，既立足于低处，自然无所畏惧，能更勇敢地攀向高处。

5. 精心谋划，细心执行

做事离不开"二心"——精心与细心。精心是周密部署、严密策划，细心是指在执行的过程中做到百密而无一疏，做事过程中有效地将二者结合到一起定能无往不胜。

"精工舍"就是运用精心谋划，细心执行的策略力挫"欧米茄"的。

"精工舍"是日本人金太郎创建的制表企业。"欧米茄"也许人们不会陌生，因为有了世界顶尖模特辛迪·克劳复，使人自然想起名表与美女的最佳组合，正所谓豪华阵容。那么名不见经传的日本"精工舍"是不是就此放弃了呢？其实不然，1913 年，金太郎制造出了日本的第一块手表——"月桂牌十二型手表"。从那个时候开始，"精工舍"就名声大振，事业蒸蒸日上，突飞猛进。

到了 20 世纪 50 年代后期，"精工舍"已经发展成了一个大型企业——"精工集团"。到了 60 年代，精工集团推出了"马贝尔"手表，就是这种款式的手表，因为走时精确，在竞争中连续获得三连冠，成为日本最畅销的钟表。精工集团并没有在荣誉面前止步，而是乘胜追击，制定了三步走的策略：

第一步：抓住机会，敢于向名牌挑战。

在一片赞扬声中，精工集团的决策者们开始了他们的"虎山行"计划，向瑞士钟表挑战。他们的理由是：瑞士是世界最著名的钟表王国，只要一提起钟表，人们首先想起的必然是瑞士。可以这样说，瑞士人制造的钟表就像他们国家美丽的自然景色一样，在全世界人民的心目中留下了十分美好的印象。

瑞士钟表王国的地位是十分坚固的，谁要是能够向他发起进攻，并且取得胜利，谁就可以领先世界潮流。精工集团"明知山有虎，偏向虎山行"，他们悄悄地逼近对手，瞄准机会发起进攻。

机会终于来了！

1960 年，国际奥委会决定 1964 年的奥林匹克运动会在日本的首都东京举行。消息传来，精工集团的决策者和员工都精神振奋，都希望借此机会大显身手——向瑞士手表中的名表"欧米茄"挑战。

说起"欧米茄"可是名声在外：这种表是驰名世界的名牌，曾经独占奥运会计时的鳌头达十七年之久。1964 年的日本东京奥运会，"欧米茄"凭着自己的实力和权威，自然不会放弃计时权的。

对此，精工集团走的第一步就是派出一支精悍的考察队。

考察队到了罗马之后发现，整个奥运会简直成了"欧米茄"的展览会。那些对时间要求比较高的项目如短跑、中长跑、马拉松等项目自然是"欧米茄"的天下，而其他的各种项目，也几乎都是在"欧米茄"指针的严密监视下决出胜负的。

可以毫不夸张地说，从各种各样的大小时钟到裁判员手中的秒表，都是"欧米茄"时钟一统天下。让"精工集团"考察队感到特别惊讶的是，"欧米茄"的产品在国际奥委会官员的心目中具有绝对的权威。

面对这种情况，精工集团的决策者并没有产生退缩之意，而是信心更足了。这是因为他们有了"新的发现"。这个发现就是"欧米茄"的手表几乎都是清一色的机械表，而石英表只有几部。突破"欧米茄"的缺口就在这里，石英钟表正是精工集团的拳头产品。

他们自信：自己的钟表已经具备了与瑞士钟表竞争的能力，但是却远远没有瑞士钟表的知名度。如果不敢与瑞士钟表争高低，就可能永远都只能屈居二流了，如果敢于与瑞士钟表争高低，自己即使败下阵来，也不会有什么损失，反而会因为与世界一流瑞士手表集团进行竞争而名声大振。很多小人物靠骂大人物而出了名，其原因恐怕就在这里。

精工集团经过精心准备，立即写了一份报告。报告明确指出："精工集团"对担任东京奥运会的计时装置充满信心。本集团完全可以提供比目前比赛中使用的更先进的计时设备，为东京奥运会服务。当时精工集团还提出了这样一个口号："让'欧米茄'见鬼去吧！"

很快，精工集团就组织了精干的力量，为四年后在东京奥运会上取代"欧米茄"而奋斗。他们当时提出的口号是"制造比罗马奥运会更先进的计时装置"。不管是对内还是对外，这样的口号都是极具号召力和挑战性的。对内来说，在有限的时间之内完成最高水平的产品，无疑是一种巨大的挑战；对外来说，奥运会的官员当然欢迎最先进的产品进入奥运会。这是需要胆量的，精工集团具有这样的胆量。

不过，"火车不是推的，牛皮不是吹的"，如果拿不出产品来，一切胆量都是于事无补的。过了不久，他们研制出了一款世界级的产品：石英表九五一二型。这种钟表主要用于马拉松等长跑项目，重量只有三公斤，两个干电池可以使用一年，平均日差只有两秒，裁判可以用一只手轻松地提起来。原来用来进行这一类比赛的钟表都有一部小型卡车那样大，与之相比，的确是鸟枪换炮了。

后来有这样的传说，国际奥委会之所以确定在东京奥运会上用日本生产的计时装置，就是因为石英表九五一二型给他们留下了非常深刻的印象。

1963年1月，精工集团正式向国际奥委会提交了一份文件，希望为东京奥运会提供跑表、大钟等精密计时设备。同年5月，国际奥运会正式回答：同意与精工集团全面合作。

精工集团取得了具有重要意义的胜利：

精工集团挑战世界钟表霸主瑞士的时代已经到来。时任精工集团总裁的服部正次甚至公开宣布：精工表已经超过了瑞士表，我们打破了瑞士表不可战胜的神话。

在后来举办的东京奥运会上，精工表出尽了风头，大受日本人赞赏，成为了日本的骄傲。

第二步：参加钟表大赛，争取知名度。

"欧米茄"在东京奥运会的失利，在瑞士引起了一些震动，但是这一点浪花就像日内瓦湖面上荡起的一些涟漪，不久就消失了。在瑞士人的心目中，精工表之所以能够在东京奥运会取得一时的胜利，只不过占了一时的天时、地利而已。钟表王国还是瑞士，谁也动摇不了其地位。

可是危机很快就来到了。

事情要从纽沙蒂尔天文台的钟表大赛谈起。

为了提高瑞士的钟表制造水平，提高瑞士钟表在世界上的地位，瑞士的纽沙蒂尔天文台每年举行一次钟表大赛。

1963年底，精工集团终于取得了到瑞士参加钟表大赛的资格。这是一件很困难的事情。纽沙蒂尔天文台举行钟表大赛虽然历史悠久，但是都是瑞士钟表互相角逐，外国的钟表向来都是被排除在外的。虽然四年以前瑞士已经向外国产品打开了参加比赛的大门，但是，到那时为止，还没一种外国的产品参加过这种比赛。日本精工集团能够参加比赛，的确是属于破天荒的事件。

从实力上而言，精工表在日本是处于绝对优势的，参加国内比赛的意义不大，所以他们及时把注意力投向了瑞士，决定到瑞士去拼一拼。

精工表在瑞士的比赛并没有给自己带来什么好消息。在机械表方面，精工表的确是费尽了九牛二虎之力，可是结果还是"大败麦城"，只获得了第144名。很多钟表行家都认为，有关发条式的钟表，瑞士的确是不可战胜的。

可是日本人不服气，精工表的制造者们更不服气。他们下定决心，经过三年的准备，一定要雪耻。

1967年，经过精心准备的精工表参加了纽沙蒂尔天文台的钟表大赛。按照惯例，参赛的厂家要按照规定时间将参赛的钟表当面交给这场国际比赛的组织部门，经过评委会45天的检查，就会把参赛厂家钟表的测定结果送给厂家，下一年公布比赛结果。

可是，事事难以捉摸，精工集团左等右等，测定的结果就是没有送来。一直到了第二年的春天，精工集团才收到一封从瑞士评委会寄来的

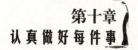

信，内容极为简单，大意是：本年度的钟表比赛不公布名次，从下一年起，终止这种比赛。

精工集团对此大惑不解。不久，测定的资料送来了，精工集团的情况如下：石英表取得了第一名、第二名、第三名、第四名、第五名；机械表取得了第四名、第五名、第七名、第八名。很明显，因为精工集团的钟表成绩很突出，瑞士纽沙蒂尔天文台就不公布比赛名次，并且从此取消了这项历史悠久的比赛。

从1860年开始，这项比赛已经进行了一百多年了。为了维护自己的霸主地位，不惜终止这项著名的比赛，可见瑞士方面是何等心虚。

第三，力求大众化，变阳春白雪为下里巴人

精工精团看到这种没有竞争意识的保护主义在作怪，就下决心离开这种比赛。日本的钟表之所以发展到今天，这种胆量起着很重要的作用。否则，恐怕我们现在就不会看到日本强大的钟表实力了。

精工集团的决策者们看到，一块石英表价值只有十美元左右，随时都可以丢弃，而每个月的误差都在十五秒以内。机械表之王的"劳力士"，价值昂贵，而月误差不会少于五百五十秒。两种表进行比较，毫无疑问，石英表占有绝对的竞争优势。

他们因此认为，在未来的一段时间里，石英表一定能够在市场上广为流行。

1969年，精工集团把石英电子表投放到世界市场，一时间名声大振。紧接着，他们又推出了显示式的电子表。一句话，精工集团不断推出各种款式的钟表，价格也不断下降。手表成了人们日常生活中的必需品。

精工表大量畅销海外，瑞士的手表处于被动招架的地位。精工集团因此获得了巨大的利润。

下面是精工集团的一些大事记录：

1974年，服部谦太郎出任精工集团第四任总裁，开始了小批量、多款式的"密集型发展"战略，使不同阶层、不同兴趣和爱好的人都喜欢和戴上了手表。

不久，他又推行"多样化发展"策略，不仅向医学、电脑等方向发展，还向国外输出技术，精工集团正在全面发展。

1980 年，精工集团收购了瑞士名列第二的钟表公司，开始了对世界钟表帝国的进攻战……日本就这样把瑞士从"钟表之王"的宝座上请了下来，而自己成了钟表市场的新霸主，精工集团功莫大焉。

精工人决心赶超"欧米茄"，并且成功了，靠的就是精心谋划、细心执行的战略战策！

做人做事一点通

做任何事情都要花点心思，不用脑子、不动心思很难把事情做好。心思到了，事情自然也水到渠成。

6. 以真心换人心

三顾茅庐得诸葛，闹市驾车为侯嬴。得人心者得天下，能够真心待人，不但可以处理好人际关系，受人欢迎、讨人喜欢，还可以招揽人才，成就一番伟业。

看过电影《天下无贼》的人应该还能记得那句经典的台词："二十一世纪，什么最重要？人才！"楚汉之争为什么刘邦能够得到最后的胜利？还是同一个原因，因为人才。其实，关键中的关键也就是这一点："如何收服人心。"设想一下，假如韩信没有追随刘邦，假如诸葛亮辅佐的不是刘备，那么现在人们看到的历史会是一番什么情景呢？

信陵君"窃符救赵"这个典故想必很多人都听说过了，不过在这个典故的背后，还隐藏着一个魏无忌放下身份，真心实意招揽人才收服人

313

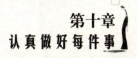

心的故事。

　　战国时期，齐国的孟尝君、赵国的平原君、魏国的信陵君、楚国的春申君为人仗义好客，都很有贤名，四方人士前来投奔，致使每个人都养了数千个门客，为人们所称颂。人们将他们和起来称为"战国四公子"。其中，又以魏国的信陵君最为敬重人才。

　　信陵君是魏国公子，名叫无忌。魏昭王死了以后，魏安厘王继位，加封无忌为信陵君。信陵君为人仁义谦和，从来不因为自己富贵有名而对士人有丝毫的怠慢，因此，在数千里外的士人也争着来投靠他，以至于门下的宾客有好几千人。当时，中原各国也正是因为魏国的信陵君为人贤明而且门下能人众多，而不敢小看魏国。

　　信陵君文韬武略样样精通，曾经几次带领东方六国军队与秦抗争，而且他卑身虚心待士，留下许多美谈，其中最为著名的，就是他真心实意、以尊屈贱结交大梁守门人侯赢的故事。

　　侯赢是魏国大梁的看门人，年已古稀，是个很有谋略的人，但是因为为人做事不张扬，所以没有人知道他的能耐。信陵君听说他以后，就亲自前往侯赢家里拜访，并送给他厚礼。但是侯赢不肯接受，并对信陵君说："我这么做已经好几十年了，从来没有受过别人的财物，也决不会因为穷困而受公子的财物。"

　　信陵君于是专门为侯赢摆了丰盛的酒宴，并请了很多宾客，准备隆重介绍他。同时，他空着车上代表尊贵的左边的座位，亲自赶车去迎接侯赢。侯赢上了车，一点都不谦让，就直接坐在上座，想试探一下信陵君的态度。但是他发现这时魏公子信陵君对他的态度显得更加恭敬起来。

　　马车走了一段路后，侯赢又对信陵君说："我有一位朋友在市场里，想顺道去看看他。"

　　就这样，信陵君又赶着车进入了闹市，等侯赢下车会见自己的朋友朱亥——一个杀猪匠。侯赢一边故意长时间地跟朱亥谈话，一边注意看信陵君的表情，发现信陵君依旧和颜悦色，非常有耐心地在旁边等着。这时候，魏国的大臣贵族，名人雅士都坐满大堂，全部等着公子来开始酒宴。市集上所有的人都来观看国王的弟弟信陵君亲自为侯嬴执辔赶车，以至于信陵君的随从人员都在暗中骂侯嬴，认为他故意折腾人。好长时间以后，侯嬴见公子始终耐心地等待，没有一点不耐烦的样子，才向朱亥告辞，跟信陵君走了。

等到了信陵君家里，信陵君立刻把侯嬴请到上座，并介绍给在座的宾客，宾客见了没有一个不惊讶的。等到上过酒菜之后，信陵君便起身举杯给侯嬴祝寿。侯嬴非常感动，对信陵君说："今天太辛苦公子了，我年龄已老，还只是个大梁的看门人，却让公子亲自赶车来迎接我，还故意让公子在闹市里等我和朱亥谈话。不过我这么做也是有目的的，那就是想让公子尊敬人才的举动让普通人看的更清楚。这件事情之后，人们只会当我是小人，而越发地认为公子是个礼贤下士尊重人才的明主。"他又说："我所拜访的屠户朱亥也是个人才，只是他不习惯于表现，别人不知道而已。"

侯嬴果然是老谋深算，他的一番举动一方面可以试探公子能否真正尊重人才，另一方面也为公子尊重人才的行为做了一次宣传，而途中拜访朋友也另有深意，也是为了能让信陵君结交人才。后来正是侯嬴与朱亥这两个人在赵国危难之际，帮助信陵君导演了流传千古的一幕好戏——"窃符救赵"，使得信陵君的声誉达到了顶峰。

真心实意招揽人才最终成就一番事业的，信陵君只是其中一个。为蜀汉三分天下立下汗马功劳的诸葛亮，也是刘备真心实意，三顾茅庐招揽所得。其实曹操和孙权的用人并不比刘备差，但是三顾茅庐的行为却让刘备的贤名为天下人传诵，成为那个时代识人才用人才的典范。

315

做人做事一点通

人敬我一尺，我敬人一丈。真心实意、发自内心的尊敬和礼貌是赢得别人认可的最好方法，是招揽人才、收服人心的千古良方。

7. 降低门槛，认真做事

龙游浅滩，暂时放下身段；虎落平阳，姑且降低姿态。身处困境能低头，是一种智慧，也是一种勇气。不拘于一时的得失，终能实现长远的发展。

步入社会，会遭遇大大小小的事情，碰到许许多多的人，无论你是高官显贵还是平民百姓，也无论你是亿万富翁还是一贫如洗，都有身处困境一筹莫展的时候，而始终保持较低的姿态，更容易得到别人的认可，少走很多弯路。

传说中有一座金字塔，却只有一个很低的门，昂首挺胸肯定要碰壁，而弯一下腰，低一下头，就能很轻松地走进去。这是一个在西方流传很久的故事，对于世俗中的每一个人，是不是也能从这个遥远的传说中得到一点启发，学到一些为人处世的学问呢？

每一个人都想找到一份好的工作，做自己想做的事情，都想获得成功。也许你知识渊博、文采斐然，也许你出口成章、聪敏过人，但是这一切都还没有体现出你的成绩，你还没有创造价值，也没有创造效益，还没有得到众人的认可。尽管你有才有能，但在社会中，更多时候，你都显得心有余而力不足，更需要别人的帮助，经常处于一种求人的尴尬处境。在这样的情况下，你就需要弯一下腰，低一下头，降低自己的姿态，学会说谦卑的话、低就的话、礼貌的话。

或许你担心别人会傲慢地对待你，轻视你，会让你抬不起头来，更重要的是你觉得伤害了自己的尊严，在众人面前丢了面子，所以丧失了勇气，你退缩了，还打出"万事不求人"的牌子。

这不能说明你多么地有尊严，只能说明你是脆弱的，没有勇气，也白白浪费了聪明才智。因为别人怎么看待你是一回事，自己怎么看待自己是另一回事，应该把别人怎么看待你和你自身的价值分开。你有无数的理由重视自己，也有无数的理由看到自身的价值，而不是终日生活在别人对你的指指点点中。

　　一个人的尊严可以分为内在的尊严和外在的尊严。一个人外在的尊严取决于他的实力和成就，而内在的尊严取决于一个人对自我生命价值的肯定，和别人的评价无关。内在的尊严是一个人尊严的起点和基础，一个人首先要自尊，然后他才能具有真正的尊严。设想一下，如果一个人因为上司的微笑就昂首挺胸，因为别人的白眼就垂头丧气的话，那么他还有什么尊严可言。当一个人还没有足够实力的时候，就不能对外在的尊严抱过高的奢望，而必须依靠自己内在的尊严生活和工作，也就是说，在身处困境的时候，要能更清醒地认识自己的生命价值。

　　你去求别人，并不说明别人比你更有价值，也不能说明别人比你更有尊严。它只说明：在你要办的这件事上，别人由于种种原因比你有更多的主动权。因为主动权操之于人，所以你要表现出低姿态，你表现低姿态只是向对方说明在这件事情上，你的实力不如对方，你需要对方的帮助，并不说明你的人格低贱。

　　降低姿态，与你的人格尊严和实力没什么关系，你有你自己的优势，只是在具体的事情上没有体现出来而已。如同遨游四海的蛟龙，当身处浅滩的时候，可能连动一动的力气都没有，连小虾都敢和它嬉戏，可是谁能就此认为蛟龙的实力不如小虾呢？身处矮檐下，低头又何妨？看清处境，降低姿态，是勇气和智慧的表现。倘若拘于一时得失，与成功失之交臂，岂不是天大的遗憾？其中的道理，不言自明，究竟值不值得？孰轻孰重？一目了然。

　　降低姿态，低调做人不仅仅是展现了敢于拼搏的勇气，也是个人智慧的体现。在工作中，往往有老资格的同事，他们对工作熟悉，职务较高，如果能降低姿态，给予他们特别的尊重，得到他们的认同，将会使

317

以后的工作顺利地进行，遇到困难时也有了随时可以请教的指路人。

看看那些成功人士的经历就会发现，现在风光地站在人生金字塔顶的这些人，也有过坎坷和屈辱，也有过求人的尴尬，也曾遭遇弯腰和低头，只不过他们不甘现状，付出了比常人更多的努力，历经磨难、几番辛苦才走上成功的人生巅峰，如果硬是昂首挺胸而不肯低头，也许永远都跨不过成功的那道门，走上人生的金字塔顶。相反，只要你弯弯腰，低低头，跨过这道门，坦途也许就在眼前。

赵明曾经是一位大学英语教师，而且，在课堂上一直深受学生欢迎，后来还自己办了考试培训班。

经过这一阶段的磨炼，他下决心干一番属于自己的事业，于是他离开了曾经工作的大学校园，只身到北京去发展。到北京后，并不像他想象得那么容易，后来几经周折，到一家俱乐部工作。北京的俱乐部大多数为会员制，要想有所发展，必须要大力发展会员。在这家俱乐部里，衡量一个人的工作业绩，主要是看他发展会员的多少，以及卖掉多少张会员卡。经理告诉他，在这里要想干出成绩，唯一需要的方法是：把会员卡卖出去，自然越多越好。

从此，赵明的生活彻底改变了，以前他是一名令人羡慕、受人尊敬的大学教师，而现在他只是一个最普通的刚入道的推销员。他没有什么关系，也不会什么推销技巧，只能采取每个推销员都用过的笨办法——扫楼。"扫楼"是推销术语，因为大大小小的公司都聚集在写字楼里，刚入道的推销员要一家一家地跑，一家一家地问。当然，不管到哪一家公司，都要找经理以上的高级管理人员，最好是总经理，因为，一般的白领很难接受价格不菲的会员卡。

众所周知，到这种写字楼里推销，冷如冰霜的客气就算是最大的礼遇，公司里的秘书小姐可以随便找个理由将推销员拒之门外。况且，在许多公司的大门上都贴有"谢绝推销，推销人员禁止入内"的字样！在这种情况下，推销员必须拿出一副视而不见的样子，而且一直说到别人忍无可忍、大动肝火为止。

赵明也像老推销员一样，面对冷冰冰的面孔，如数家珍般的述说俱乐部会员卡的种种好处。起初那段时间，赵明的内心十分失落，如果自己继续留在大学教课，不是挺好吗？免得每天遭人白眼！

后来，有一个朋友跟赵明聊起他转行的事情，当时那个朋友轻描淡写地问："'扫楼'是不是很威风，一层一层，挨门逐户，就像鬼子进村扫荡一样的？"赵明听完这番话，都有一种想哭的感觉。往事不堪回首，他至今还清楚地记得"扫楼"之初的那种艰难困苦。他曾经精确地统计过，他"扫楼"的最高记录是一天内跑了几栋写字楼，"扫"了几十家公司，浑身酸痛难忍，像生了一场大病一样，每挪动一步都很困难。在电梯间里，他感到自己的胃里正在一阵阵痉挛、抽搐，这时他才记起自己已经是一整天水米未进了。

赵明利用"扫楼"这种方式推销，持续了大约一年时间后，开始出现在俱乐部召开的各种招待酒会上。出席这类酒会的人都是些事业有成、志得意满的公司经理或成功商人。在这里，赵明发现那些冷冰冰的面孔不见了，尖刺刻薄的冷言冷语也不见了，出现在眼前的是真正意义上的彬彬有礼。他感到一下子就放开了，他知道他们需要什么，知道他们需要听什么样的劝告，这是很重要的，因为这样可以很容易就能拉近与这些人之间的距离。他的语言开始流畅起来，似乎又找回了昔日做老师的自信，仿佛带有一种难以抗拒的鼓动力。他告诉他们，俱乐部将会给他们最为优质的服务，而购买价格昂贵的会员卡，那就是一种地位、身份和财富的象征。

在一次专为外国人举办的酒会上，赵明真正找到了英雄用武之地，因为他曾经是大学里一位优秀的英语教师，有一口纯正、流利的英语，这让他一下子就与那些老外们打成了一片。他曾经一个下午同时向几个老外推销会员卡，结果竟然每人售出了一张，其中有一个人还多买了一张，是送给朋友的。要知道，每张会员卡 3 万美金，而每售出一张会员卡，销售人员可以从中提取百分之十五的提成。赵明一下午的收入就很容易算出来了。

赵明已经彻底不用再去"扫楼"了，在几个俱乐部之间跳来跳去，后来，他终于在一家俱乐部安营扎寨。即使是参加招待酒会，他也不用鼓动别人去买会员卡了。他有很高的学历，良好的敬业精神和销售业绩，所以，他从销售员、销售经理、销售总监一直坐到了俱乐部副总裁的位置上。但是，有一点很显然：如果没有当年的"扫楼"经历，没有那么多次的弯腰低头，没有放下大学老师的姿态，没有去做一个遭人拒绝受人白眼的推销员，哪里会有后来的俱乐部副总裁呢？

做人做事一点通

社会是个群体，由众人构成，一个人不可能干好所有的事情，也不可能永远都不需要别人的帮助，当身在屋檐下的时候，当遭遇困境的时候，不妨弯弯腰，降低一下姿态，低调一些，兴许会发现，有更多道门就在眼前。

8. 做事要先从小事做起

刘备临死时对刘禅说："勿以恶小而为之，勿以善小而不为！"的确，认真做好小事才有可能成就大事；放纵小事，就有可能一事无成还不明就里。

很多时候，成功在常人眼中是力所不能及的事情，但在成功者看来，成功就是你身边的那些"琐碎小事"。

小事不做，将在更小的事情上操劳，如果你肯弯一次腰的话，那么成功就是给你准备的。

如果认为成功就一定要干一些惊天地泣鬼神的事，那样的人肯定是不实际的人，而是比较浮躁的人。

实际上，许多具有"成功信息"的东西，就隐藏在随处可见的小事中。其实，帮助你成功的路径就摆在你面前，而你却一次次地漠视它，昂首阔步地从它面前走过。你总以为自己重任在身，总是习惯抬头远望，做一些自己达不到的事情，这样的行为就像你在寻找着第十个饼一样。

反过来说，"成功信息"也会装扮成圣诞老人，来考验那些不做小事的人，看着你捡了芝麻，然后再捧出西瓜。

做人做事一点通

古人说："合抱之木，生于毫末；九层之台，起于累土；千里之行，始于足下；勿以善小而不为，勿以恶小而为之。"这些话共同强调了一点，就是任何事物的形成都是从点滴开始的，它提醒人们做事要从小处着手的重要性。

9. 要有"防患于未然"的意识

做事要有"防患于未然"的意识，因为事物的发展并非一条路，往往有多种可能，既可能向好的方向发展，也可能向坏的方向发展。正因为这样，在办事情、想问题的时候，应该立足于事情的复杂性，从最坏处着眼、向最好处努力，千万不可掉以轻心、麻痹大意。

321

明朝洪武年间，郭德成担任骁骑指挥，有一次进内宫面见太祖，明太祖屏退左右，拿出两锭黄金放在他的袖子里，说："只管回去，不要对任何人说。"郭德成深受感动，恭敬地答应了。但当他走出宫门的时候，就立即把金子装在靴筒里，装出喝醉的样子，故意脱下靴子，露出

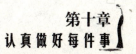

了金子。这时候被守门的人看见了，于是立刻将这事报告给太祖，太祖笑着说："是我赏给他的，没什么问题。"朋友知道这事后，为此都责备郭德成。郭德成摆了摆手，说道："九重宫门防守这样严密，如果暗藏金子一旦被发觉，别人岂不要说是我偷的？更何况我的妹妹在宫中侍候皇上，我进出皇宫比较自由，你们怎么知道皇上不是以这个办法试探我呢？还是防备点好！"朋友们听了，都为郭德成的见识所折服。

还有一件事情，宋仁宗由于无子，听韩琦等大臣的劝谏，就立了宗室之子为太子。不久，仁宗驾崩，太子即位，历史上称之为宋英宗。宋英宗身体不好，于是下诏请皇太后一同处理军国大事，因为小人的挑拨离间，英宗和太后的关系渐渐地疏远了。

事情发展得越来越不妙。一天，太后给韩琦送来一封密信，信中历数了皇帝对她不孝顺，并请韩琦"为孀妇做主"，还派了一名心腹之臣专门等候他的回话。韩琦读完信后，认真做了斟酌，说："我一定办。"就送走了太后的使者。

几天后，韩琦找了个机会，把这件事告诉了英宗，并嘱咐说："这事千万不要外泄。您有今日，全是太后的支持，恩不能忘，虽然你们不是亲母子，但是如果您能尽力孝敬她，她就不会说什么了，而且双方的关系也会融洽，一切麻烦都会消失，这样对国对家都是有利的。"英宗思考了片刻，说道："好，我按你的意思办。"韩琦说："这件事是极为要紧的，事情一旦泄露出去，恐怕那些别有用心的人就要借机生事、编造谣言了，到时候，形势恐怕就难以控制了。因此，我不敢留下那封信，已经把它烧掉了。"英宗称赞韩琦做得非常好。

从此以后，宋英宗和太后的关系开始慢慢地融洽了，其他人却一点也不知到底发生了什么。

通过这两个例子可以看出，郭德成和韩琦都是很有远见的。为防止意外事件的发生预先采取防范措施，稳扎稳打，步步为营，从而把事情做得非常圆满。

聪明的人有许多种，但懂得"防患于未然"道理的人才是聪明人。做事情不要寄希望于亡羊补牢，等到出现严重后果的时候，才知道自己做错了，如此为时已晚。

10. 对自己做的事情要有热情

热情和兴趣是做好一件事的根本，要想把事情做得更好、更出色，就要拿出自己的热情和兴趣！

松下幸之助很小的时候就开始了他的打工生涯。十三岁时在一家名为五代的自行车店当学徒，要强的松下非常喜欢这份工作，对此也付出了自己满腔的热情，他一直想独立卖一辆自行车。但是，由于当时他的年龄太小，自行车又是高档品，老板不放心，所以松下一直没有自己销售过，顶多是跟着伙计去送车。

有一天，一位客户打来电话想看看自行车，要五代派人给送过去。可是，店里的伙计都被老板派出去了，只有留在店里的松下，于是老板对他说："对方很急，你先给他送一辆过去吧！"松下一听心里乐开了花，认为表现自己的机会来了，他精神百倍地把自行车送到客户那里。

因为当时的松下只有十三岁，人家根本没有把他当做销售人员看待，只认为他是个孩子。所以买方的老板看他拼命讲解的模样，笑着对他说："你是个好孩子。你的工作也很出色，所以我决定买下来，不过条件是要打九折。"

由于太过兴奋，松下没拒绝并表示要回去征求老板的意见。说完转身就跑回店里，并将对方的意见转达给了老板。

323

老板却说："打九折不行，九五折好了。"

松下为了能完成自己的这笔交易，很不愿意再跑一次去说九五折。他对老板说："请不要说九五折，就以九折卖给他吧。"说着眼泪夺眶而出。

老板对此感到很意外，不知道松下是怎么回事。

一会儿，对方的伙计到店里，看到了松下在哭，就询问怎么回事。

老板说："这个孩子非要我给你们打九折，说着说着就哭了起来。"

伙计听后，被松下的这种精神感动了，立刻回去告诉他的老板。那位老板说："看在这个小学徒的分上就按他们的意思买下吧！他是一个十分可爱又相当敬业的好孩子。"

就这样，终于成交了。松下在老板心目中的形象也有了进一步的提升。

做人做事一点通

人生中最令人快乐的事情之一就是可以做自己想做的事，换句话说，就是依照自己的兴趣爱好行事。假如你对一件工作有着浓厚的兴趣，毋庸置疑，肯定能将此事做得很好。这样一来，不但获得了表现自己的机会，还能获得他人的赞赏。